U0239833

城市、浅层地热能和热泵技术

主　编　卫万顺

副主编　于　湲　郑　佳　张文秀　孙力强

北京科学技术出版社

图书在版编目（CIP）数据

城市、浅层地热能和热泵技术 / 卫万顺主编. — 北京：北京科学技术出版社，2024. 3
ISBN 978-7-5714-3769-5

Ⅰ. ①城…　Ⅱ. ①卫…　Ⅲ. ①地热勘探②热泵 – 技术
Ⅳ. ①P314②TH3

中国国家版本馆 CIP 数据核字（2024）第 043688 号

责任编辑： 李　鹏
责任校对： 贾　荣
装帧设计： 耕者设计工作室　美宸佳印
责任印制： 吕　越
出 版 人： 曾庆宇
出版发行： 北京科学技术出版社
社　　址： 北京西直门南大街 16 号
邮政编码： 100035
电　　话： 0086-10-66135495（总编室）　0086-10-66113227（发行部）
网　　址： www. bkydw. cn
印　　刷： 雅迪云印（天津）科技有限公司
开　　本： 787 mm × 1092 mm　1/16
字　　数： 348 千字
印　　张： 21
版　　次： 2024 年 3 月第 1 版
印　　次： 2024 年 3 月第 1 次印刷
ISBN 978-7-5714-3769-5

定　价： 149. 00 元

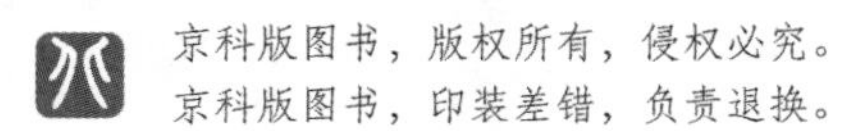

序

进入21世纪，我国城市化实现了跨越式发展，涌现出一批特大、超大城市，这些城市为我国经济繁荣和社会发展作出了重大贡献。随着城市规模快速增长，“大城市病”也日益突出。虽然产生“大城市病”的原因很多，但其中能源环境问题尤为突出。如何从碳中和角度研究解决城市发展中的能源环境关键问题，对缓解“大城市病”，促进特大、超大城市高质量发展有着重要的现实意义。

实现特大、超大城市CO_2减排，减轻环境污染的关键是加强非化石能源矿产的勘查、开发、利用。地热能是非化石能源矿产中最重要的一员，地热能总量约为全球煤热能总量的1.7亿倍，是当前全球一次性能源年度消费总量的200万倍以上。由此可见，从碳中和角度研究解决城市发展中的能源环境关键问题需要大力开发利用地热能。地热能可分为浅层地热能和中深层地热能两种，其中浅层地热能在城市市域范围内的分布更为广泛，在城市建筑供暖（冷）方面具有独特优势。浅层地热能是一种可再生、储量大、可就地开采、清洁环保的优质新型非化石能源，大力开发利用浅层地热能可有效缓解“大城市病”，促进特大、超大城市高质量发展。

近年来，热泵技术广受关注，是当今世界十大前沿（突破）技术之一。2022年，热泵技术与元宇宙、量子计算等技术被《科技智囊》评为世界十大前沿技术。2024年，热泵技术与人工智能、基因编辑等技术被《麻省理工科技评论》评为世界十大突破技术，文章指出，针对日益严峻的气候问题，热泵技术有望成为更好的解决方案，该技术在家庭、建筑、生产制造和能源领域的大规模普及，将帮助人们走向脱碳的未来。所有迹象都表明热泵技术正在进入黄金时代。

自2010年以来，我国利用地源热泵技术开发浅层地热能的规模以年均28%的速度递增，全国规模已居世界首位，且呈现“城市集中连片规模化、单体热泵工程大型化”的突出特点，其发展模式为规模速度增长型。不过，热泵技术在快速增长过程中也出现了一些突出问题，严重影响了城市应用热泵技术，科学、合理、规模化地开发浅层地热能。未来15年内，我国在该领域仍将呈现“全国高速度、城市规模化、单体工程大型化”的发展态势，但发展模式将转为质量效益增长型。

为了进一步促进城市应用热泵技术，科学、合理、规模化地开发浅层地热能，北京市科学技术研究院成立了热泵系统高效换热工程技术中心。以北京市科学技术研究院副院长、北科院热泵系统高效换热工程技术中心主任、首席科学家卫万顺研究员为首的科研团队，针对当前我国热泵技术发展中的关键核心技术问题，于2023年完成了“大型地源热泵系统高效换热（冷）关键核心技术研究与应用”项目，在总结项目研究成果的基础上，结合未来15年内我国浅层地热能质量效益增长型发展的实际需要，撰写了《城市、浅层地热能和热泵技术》一书。

本书首次将城市发展、浅层地热能勘查评价和热泵技术应用有机统一起来，系统地论述了问题的提出、超大城市能源环境问题与解决方案、什么是浅层地热能、什么是热泵技术、城市规模化开发浅层地热能的路径与方法、未来大型地源热泵技术发展方向6个方面，明确指出未来15年我国浅层地热能发展模式将转为质量效益增长型，提出城市规模化开发浅层地热能的路径分为两个层面：一是市域范围浅层地热能科学有序开发层面，要发挥政府引导作用，解决资源与环境协调发展的矛盾，开展市域范围浅层地热能资源调查评价，编制市域范围浅层地热能开发利用规划，建设市域范围浅层地热能开发利用监测网，关注城市规模化开发浅层地热能的影响因素，大力推进浅层地热能资源的有序开发利用；二是单体热泵工程高效换热层面，要发挥市场驱动作用，解决大型地源热泵工程高效换热关键问题，开展浅层地热能开发利用可行性场地勘查评价，优化超大型地源热泵系统设计，遴选大型地源热泵系统施工工艺，推进大型地源热泵工程的科学施工和高效运行。

本书突出体现了理论创新与工程实践、科学研究与科学普及相结合的特点。理论创新与工程实践相结合是指尽可能地采用新理论、新技术、新方法解决工程实践中的传统认识和工程问题，比如用“VUCA”现象分析“大城市病”的病因，用换热贡献率理论研究解决地埋管工程铺设问题；科学研究与科学普及相结合是指将科学研究成果和科学普及结合起来，如第四章“城市规模化开发浅层地热能的路径与方法”和第五章“未来大型地源热泵技术的发展方向”属于科研成果，而第二章“什么是浅层地热能”和第三章“什么是热泵技术”则属于科普范畴。

本书是一部内容丰富的专著，首次运用“VUCA”现象分析“大城市病”的病因，提出了城市规模化开发浅层地热能的路径与方法，指出了未来大型地源热泵技术的发展方向，建立了一套完整的工作体系，即开展浅层地热能勘查评价→应用热泵技术开发浅层地热能→解决城市发展中能源环境关键问题→缓解“大城市病”→促进城市高质量发展，是一个理论研究与工程实践相结合、科学研究与科学普及相结合的成功范例，为指导支撑未来15年我国城市应用热泵技术规模化开发浅层地热能，缓解“大城市病”作出了开创性贡献。因此，本书的出版非常必要、十分及时、意义重大。最后，对本书的出版表示热烈祝贺！对以卫万顺研究员为首的科研团队取得开创性工作成果表示由衷的敬意！

中国工程院院士：[signature]

2024年2月1日

前　言

进入21世纪，我国城市化实现了历史性的跨越式发展，涌现出一批特大、超大城市，城市人口迅速增加并首次超过农村人口，这些特大、超大城市为我国经济繁荣和社会发展作出了重大贡献。影响城市发展的自然因素、经济因素和社会因素交织混杂在一起，使城市发展具有明显的易变性（Volatility）、不确定性（Uncertainty）、复杂性（Complexity）和模糊性（Ambiguity），这4种特性交织混杂在一起的现象被称为城市发展的“VUCA”现象，城市发展的“VUCA”现象诱发了“大城市病”，随着城市规模快速增长，“大城市病”也日益突出。产生“大城市病”的原因很多，既有自然因素，也有经济因素或社会因素，但自然因素中的能源环境问题尤为突出。如何从碳中和角度研究和解决城市发展中的能源环境关键问题，对缓解“大城市病”，促进特大、超大城市高质量发展有着重要的现实意义。

据报道，2019年全球CO_2排放量为401亿吨，86%来自化石能源矿产（煤炭、石油、天然气等）的使用；2019年因污染死亡人数为900万人，相当于全球总死亡人数的1/6。因此，实现CO_2减排、减轻环境污染的关键是加强非化石能源矿产的勘查、开发、利用。地热能是非化石能源矿产中重要的一员，地热能总量约为全球煤热能总量的1.7亿倍，是当前全球一次性能源年度消费总量的200万倍以上，城市可持续发展、治理“大城市病”需要地热能。地热能可分为浅层地热能和中深层地热能两种，其中浅层地热能在城市市域范围内的分布更为广泛，在城市建筑供暖（冷）方面具有独特优势。浅层地热能又称浅层地温能，是一种可再生、储量大、可就地开采、清洁环保的优质新型非化石能源，大力开发利用浅层地热能可有效缓解“大城市病”，促进特大、超大城市高质量发展。

热泵技术是当今世界前沿（突破）技术之一，属于新能源技术，近年来广受关注。2022年，热泵技术与元宇宙、量子计算等技术被《科技智囊》评为世界十大前沿技术，国际能源署（IEA）在《能效2021》报告中提出，对于力争在2050年实现的零碳排放目标，热泵将是空间供暖电气化方面的关键支撑技术。2024年，热泵技术与人工智能、基因编辑等技术被《麻省理工科技评论》评为世界十大突破技术。文章指出，针对日益严峻的气候问题，成熟的热泵技术有望成为更好的解决方案，该技术在家庭、建筑、生产制造和能源领域的大规模普及，将帮助人们走向脱碳的未来。所有迹象都表明热泵技术正在进入黄金时代。

地源热泵技术是浅层地热能开发利用的关键依托技术，在建筑供暖（冷）中应用地源热泵技术，不但能够提高能源利用效率，还可以改善室内空气的质量，提高舒适度，并有效减少温室气体排放，对实现碳中和目标、治理大气污染有着重要的现实意义。自2010年以来，我国利用地源热泵技术开发浅层地热能的规模以年均28%的速度递增，全国规模已居世界首位，且呈现“城市集中连片规模化、单体热泵工程大型化”的突出特点，不断出现单体供热（冷）面积大于100万m^2的超大型地源热泵系统，其发展模式为规模速度增长型。由于部分地区管理不严格，从事热泵工程人员的技术水平参差不齐，热泵市场不规范，出现了“水源热泵”“浅层地热能行业谁都行”和“摩托罗拉手机”三大现象，影响了城市应用热泵技术科学、合理、规模化地开发浅层地热能。未来15年内，我国仍将呈现“全国高速度、城市规模化、单体工程大型化”的发展态势，但发展模式需转为质量效益增长型。

为了进一步促进城市应用热泵技术科学、合理、规模化地开发浅层地热能，北京市科学技术研究院成立了热泵系统高效换热工程技术中心，并针对当前我国热泵技术发展中的关键核心技术问题，于2023年完成了“大型地源热泵系统高效换热（冷）关键核心技术研究与应用”创新工程研究项目，重点开展了浅层地热能换热贡献率理论及勘探评价方法、地下换热管材和新材料、地源热泵系统温度传感器的柔性纳米发电机自供电技术、热泵系统高效运行智慧化控制系统、全生命周期碳足迹和碳排放等方面的研究，并已在这5个方面取得了理论模型、新材料、自供电元器件、复合式系统调控、碳足迹评价方法和标准等多项成果。

本书是“大型地源热泵系统高效换热（冷）关键核心技术研究与应用”项目中的成果之一。笔者在系统综合项目成果的基础上，结合未来15年内我国浅层地热能质量效益增长型发展的实际需要，撰写了本书，希望能引起城市管理者、浅层地热能勘查开发者和热泵技术从业者的高度重视，共同推进城市应用热泵技术的发展，加快规模化高效开发利用浅层地热能的步伐。

本书首次运用“VUCA”现象分析“大城市病”的病因，提出了城市规模化开发浅层地热能的路径与方法，指出了未来大型地源热泵技术的发展方向。从问题的提出、超大城市能源环境问题与解决方案、什么是浅层地热能、什么是热泵技术、城市规模化开发浅层地热能的路径与方法、未来大型地源热泵技术发展方向6个方面，将城市发展、浅层地热能勘查评价和热泵技术应用三者有机统一起来。本书指出，未来15年内我国浅层地热能发展模式将转为质量效益增长型，提出城市规模化开发浅层地热能的路径分为两个层面：一是市域范围浅层地热能科学有序开发层面，要发挥政府引导作用，解决资源与环境协调发展的矛盾，开展市域范围浅层地热能资源调查评价，编制市域范围浅层地热能开发利用规划，建设市域范围浅层地热能开发利用监测网，关注城市规模化开发浅层地热能的影响因素，大力推进浅层地热能资源的有序开发利用；二是单体热泵工程高效换热层面，要发挥市场驱动作用，解决大型地源热泵工程高效换热关键问题，开展浅层地热能开发利用可行性场地勘查评价，优化超大型地源热泵系统设计，遴选大型地源热泵系统施工工艺，推进大型地源热泵工程的科学施工和高效运行。

本书突出体现了理论创新与工程实践、科学研究与科学普及相结合的特点。理论创新与工程实践相结合是指尽可能采用新理论、新技术和新方法阐释传统认识，解决以往的传统问题，如用“VUCA”现象分析“大城市病”的病因，用换热贡献率理论研究解决地埋管工程铺设问题；科学研究与科学普及相结合是指将科学研究成果和科学普及结合起来，如第四章“城市规模化开发浅层地热能的路径与方法”和第五章“未来大型地源热泵技术的发展方向”属于科研成果，而第二章“什么是浅层地热能”和第三章“什么是热泵技术”则属于科普范畴。本书建立了一套完整的工作体系，即开展浅层地热能勘查评价→应用热泵技术开发浅层地热能→解决城市发展中能源环境关键问题→缓解“大城市病”→促进城市高质量发展，是一个理论研究与工程实践相结合、科学研究与科学普及相结合的成功范例。

全书共分6个部分。前言由卫万顺编写，绪论由卫万顺、于湲、刁晓华编写，第一章由孙力强、戴岩、何琦、郑佳、胥彦玲、刁晓华、卫万顺编写，第二章由郑佳、于湲、郭艳春、李翔、聂曼、邓明荣编写，第三章由张文秀、李翔、邓明荣、戴岩、韩征编写，第四章由卫万顺、于湲、张文秀、李翔、马静晨、郭艳春编写，第五章由卫万顺、刘伟丽、赵松美、沈春明、刁晓华、陈琳、韩征、胥彦玲编写。卫万顺、于湲负责全书的统稿、修改工作，最终由卫万顺修改定稿。

中国工程院多吉院士十分关心和支持我国浅层地热能勘查开发工作，百忙中审阅了书稿，提出了许多宝贵意见和建议，并为本书作序，在此对多吉院士表示衷心的感谢！

北京市科学技术研究院党组书记方力同志关心支持本书的编撰工作，本书编写由北京市科学技术研究院牵头组织，得到了北京市科学技术研究院新材料与先进制造研究所、科技情报研究所、城市系统工程研究所、辐射技术研究所、资源环境研究所，以及自然资源部浅层地热能重点实验室等单位的大力支持，在此一并表示诚挚的谢意！

卫万顺

北京市科学技术研究院副院长

北科院热泵系统高效换热工程技术中心主任、首席科学家

2024 年 1 月 20 日

目 录

绪 论

问题的提出

摘要：近 10 年来，我国城市建设和发展取得明显成效。未来 10 ~ 15 年，我国城市发展将具有明显的“VUCA”特点，城市化过程所带来的问题将日益凸显，尤其是“大城市病”更加突出。本章从城市发展安全风险角度，科学诊断“大城市病”的病因，提出了“大城市病”的有效能源防治方案，指出未来 10 ~ 15 年城市发展必须加强政府引导，创新热泵技术，大力开发利用浅层地热能，强化“大城市病”防治力度，有力支撑城市建设和经济社会协调发展。

城市化已经为我国经济繁荣和社会发展作出了重大贡献。未来 10 ~ 15 年，我国城市发展的“VUCA”特点将日益明显，城市化过程所带来的问题也将日益凸显，尤其是“大城市病”更加突出。本章从城市安全风险角度，科学诊断“大城市病”的病因，提出未来 10 ~ 15 年城市发展的有效能源防治方案：加强政府引导→强化热泵系统高效换热技术创新→推动浅层地热能大规模开发利用→促进“大城市病”防治过程中的能源结构转型与大气污染防治，以此有力支撑城市建设和经济社会协调发展。

0.1 “大城市病”病因探析

0.1.1 影响城市发展的三大因素和“VUCA”环境

“VUCA”一词是 Volatility（易变性）、Uncertainty（不确定性）、Complexity（复杂性）和 Ambiguity（模糊性）的缩写。“VUCA”一词出现于 20 世纪 90 年代，美国军界发现国际局势变化具有这 4 个特点；进入 21 世纪，商界精英们发现商场如战场，瞬息万变，引入了“VUCA”理念；接着教育培训咨询界也开始日益重视“VUCA”这一理念及其带来的需求变化。

2016 年，卫万顺在研究我国城市发展和城市地质安全风险防控战略时提出[1]：未来 10 ~ 15 年我国城市发展和城市地质安全风险具有明显的“VUCA”特征，或者说未来 10 ~ 15 年我国城市发展和城市地质安全的“VUCA”时代即将到来。

城市发展主要受自然、经济和社会三大因素制约（图 0 – 1）。其中，自然因素是经济发展和社会治理的基础和前提，经济发展和社会治理又会影响和改变自然因素，自然因素的改变又有可能引发社会问题、影响经济发展。影响城市发展的自然（地质、地理）因素、经济因素和社会因素交织混杂在一起，使城市发展具有明显的易变性（Volatility）、不确定性（Uncertainty）、复杂性（Complexity）和模糊性（Ambiguity），这4种特性交织混杂在一起的现象被称为城市发展的“VUCA”环境或“VUCA”现象；城市发展的“VUCA”环境诱发了“大城市病”。

（1）Volatility（易变性）：指影响城市发展因素的易变性，有可能是自然因素，也有可能是经济因素或社会因素；如前几年是经济因素，后几年就有可能是社会因素或自然因素。

（2）Uncertainty（不确定性）：指城市发展安全风险结果的不确定性，有可能造成经济问题，也有可能造成社会问题或自然（灾害）问题。

（3）Complexity（复杂性）：指产生城市发展安全风险原因的复杂性，自然、经济和社会因素间的关系无法定量分析。

（4）Ambiguity（模糊性）：指影响城市发展因素规律认知的模糊性，尤其是在大城市和超大城市，模糊性更加突出。

易变性、不确定性、复杂性和模糊性相互交织、相互混杂、相互影响，诱发“大城市病”。图0－1是自然、经济和社会三大因素关系图。A区：自然环境好，经济发展快，但社会不稳定；B区：自然环境好，社会稳定，但经济发展慢；C区：经济发展快，社会稳定，但自然环境差；D区：自然环境好，经济发展快，社会稳定，D区是城市发展的最高目标，但D区的范围很小。

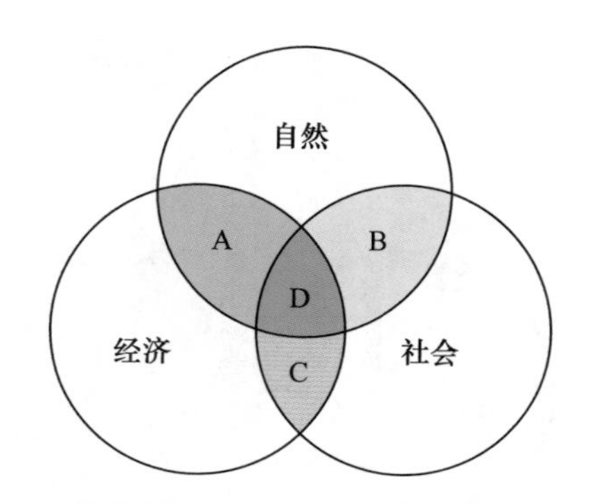

图0－1 自然因素—经济因素—社会因素关系图

0.1.2 自然因素和城市地质安全“VUCA”环境

北京在城市发展方面十分重视对自然因素的研究，《北京城市总体规划》(2004—2020 年) 中明确提出：正确处理城市化快速发展与资源环境的矛盾，充分考虑资源与环境的承载能力。土地、水、能源等自然资源的节约与合理利用是保障北京城市可持续发展的前提条件，生态环境承载能力是制约北京城市发展的重要因素[2]。

自然因素主要包括地质条件、资源条件和环境条件（图 0 – 2）[3]，即地质条件的适宜性，土地、水、能源等战略资源的保障能力和生态环境容量的承载能力，统称为城市地质资源环境承载力。地质资源环境承载力方面的问题称为城市地质安全问题，城市地质安全问题若发展到一定程度，就会严重影响城市运行，诱发“大城市病”，这种风险称为“城市地质安全风险”。

未来 10 ~ 15 年，城市范围内的地质、资源、环境三大因素交织混杂在一起，使城市地质安全风险具有明显的易变性（Volatility）、不确定性（Uncertainty）、复杂性（Complexity）和模糊性（Ambiguity），这 4 种特性交织混杂在一起的现象被称为城市地质安全风险“VUCA”环境。图 0 – 2 是地质 – 资源 – 环境条件关系图，其中 A_1 区：地质条件适宜性好，战略资源保障能力强，但环境承载能力低；B_1 区：地质条件适宜性好，环境承载能力强，但战略资源保障能力弱；C_1 区：战略资源保障能力强，环境承载能力强，但地质条件适宜性差；D_1 区：地质条件适宜性好，战略资源保障能力强，环境承载能力强，是城市发展过程中地质资源环境承载能力的最高目标，但 D_1 区的范围很小。

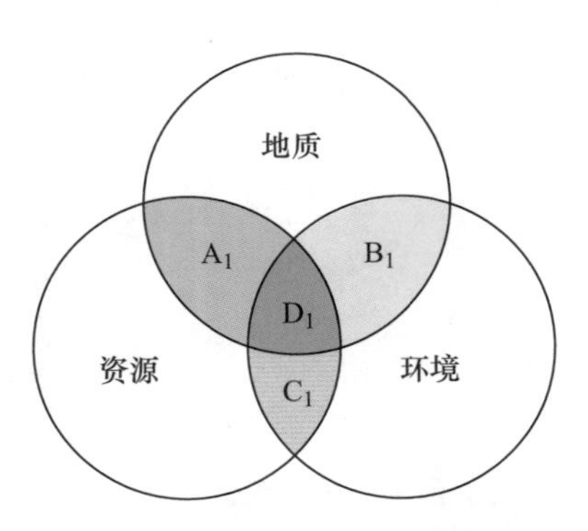

图 0 – 2 地质 – 资源 – 环境关系图

0.1.3 “大城市病”四大根源

全球城市可持续发展面临“四大挑战”：提供安全居住空间、提供安全饮水和卫生设施、控制空气污染、严格管理固体垃圾（联合国生活环境署，2006）[3]。虽然城市化为我国经济繁荣和社会发展作出了重大贡献，但城市化过程所带来的问题也日益凸显，尤其是“大城市病”更加突出。北京“大城市病”也比较突出，北京市发展和改革委员会提出北京“大城市病”的四大根源[4]。

人口增长过快。“十二五”以来，北京市常住人口年均增长50万人以上，人口无序增长导致城市不堪重负（社会因素）。

中心区域功能过度集中。全市71%产业活动和71.8%从业人员集中在城六区，如果功能和产业在中心城区继续集聚，交通拥堵只会更加严重（经济因素）。

资源能源禀赋不足。从资源能源看，人均水资源量不及全国平均水平的1/20。约70%的用电、40%的成品油、98%的煤炭、100%的石油和天然气均需外部供应。如果继续发展“大而全”的产业体系，城市正常运行甚至安全稳定都会受到影响（自然因素）。

环境形势严峻。大气污染形势依然严峻，垃圾处理、水环境治理形势依然不容乐观（自然因素）。

由此可见，虽然产生“大城市病”的原因很多，有自然方面的原因，有经济方面的原因，也有社会方面的原因，但其中自然因素的资源与环境问题尤为重要，研究和解决自然因素方面的资源与环境问题，对缓解北京“大城市病”，促进首都城市可持续发展有着重要的现实意义[8]。

0.2 大力开发利用浅层地热能可有效缓解“大城市病”

0.2.1 浅层地热能理论体系创立，为大力开发浅层地热能提供理论支撑

浅层地热能又称浅层地温能，自2006年首次提出浅层地温能概念和资源属性以来，笔者开展了一系列的浅层地温能研究和勘查评价工作，先后撰写并出版了《北京浅层地温能资源》《浅层地温能资源评价》《中国浅层地温能

资源》3部专著和“浅层地温能开发利用中的关键问题研究”“北京平原区浅层地温场特征及其影响因素研究”等40多篇浅层地温能方面的关键性论文；创立了完整的浅层地热能地质学理论体系，首次明确了浅层地热能属于资源范畴的概念，科学厘定了浅层地热能概念，研究了浅层地热能资源的特点及其影响因素，创立了完整的浅层地热能资源勘查评价体系，系统阐述了浅层地热能资源评价理论基础，提出了资源赋存条件评价、开发利用方式适宜区划、资源潜力评价、经济效益评价、环境影响评价和评价信息系统建立的原理和方法[5-7]。

0.2.2 浅层地热能可再生清洁环保，大力开发浅层地热能可缓解城市环境压力

据报道，2019年全球CO_2排放量为401亿吨，86%来自化石能源矿产（煤炭、石油、天然气等）的利用；2019年因污染死亡的人数约900万人，大约相当于全球总死亡人数的1/6。因此，实现CO_2减排、减轻环境污染的关键是加强非化石能源矿产的勘查、开发、利用。地热“两能”（浅层地热能和中深层地热能）是非化石能源矿产的重要成员，因为地热能总量约为全球煤热能总量的1.7亿倍，是当前全球一次性能源年度消费总量的200万倍以上。可见，城市可持续发展、治理“大城市病”需要地热“两能”。

浅层地热能是一种可再生、储量大、可就地开采、清洁环保的优质新型非化石能源，在城市建筑供暖（冷）方面具有独特优势，自2010年以来，我国利用地源热泵技术开发浅层地热能以年均28%的速度扩大开采规模，全国规模多年来已居世界首位，且呈现“城市集中连片规模化、单体热泵工程大型化”等突出特点。

北京雾霾曾一度非常严重，造成雾霾的三大根源为工业污染排放、汽车尾气排放和建筑供暖（冷）排放，前两者通过产业结构升级转型、疏解非首都功能，以及机动车总量严控、大力引导使用新能源车等举措，已得到较为有效的控制，但建筑供暖（冷）排放方面仍存在极其迫切的改进需求。据统计，北京市建筑能耗占总能耗的32%左右，对PM2.5的贡献率约为17%，北京治理雾霾的一项重要治本之举就是大力开发浅层地热能，调整能源结构，提高全市建筑供暖（冷）一次能源中的浅层地热能比重；相关规划中明确提出，新建工程项目必须优先采用热泵技术供暖（冷）、可再生能源比例不低于

40%，出台了采用热泵技术供暖（冷）工程补贴30%的优惠政策[9]。

0.2.3 浅层地热能资源潜力巨大，大力开发浅层地热能可加快城市能源结构转型

北京已探获6900 km^2 平原区（含延庆区平原部分）浅层地热能，资源量每年折合标准煤0.66亿吨，每年可保障7.2亿 m^2 建筑供暖（冷），年替代标准煤当量可达857万吨。截至2022年底，北京市浅层地热能供暖（冷）面积已达6400万 m^2，仅占浅层地热能探明资源量可支持建筑供暖（冷）面积的9%，仍存在着很大的开发利用空间。

目前336个地级以上城市80%的土地适宜开发利用浅层地热能，浅层地热能每年可开采量折合标准煤7亿吨，每年可实现建筑物供暖面积323亿 m^2，每年可实现建筑物供冷面积326亿 m^2（据中国地质调查局资料）[9]。

由此可见，我国浅层地热能资源条件优越，浅层地热能资源潜力巨大。加大浅层地热能资源开发利用力度，能够加快我国城市能源结构战略转型的步伐，全力支撑我国城市"双碳"目标的实现。

0.3 大力开发利用浅层地热能亟须加强热泵技术创新

0.3.1 热泵技术是当今世界十大前沿（突破）技术

由制冷与空调技术发展而来的地源热泵技术是浅层地热能开发利用的关键依托技术，近年来广受关注。在建筑供暖（冷）中应用地源热泵技术，不但能提高能源利用效率，还可以改善室内空气质量、提高舒适度，并有效减少温室气体排放，对实现碳中和目标、治理大气污染有着重要的现实意义。

《科技智囊》将热泵技术与元宇宙技术、量子计算等评为2022年度世界十大前沿技术。国际能源署（IEA）在《2050年能源零碳排放路线图报告》中提出，为实现"1.5 ℃"温控目标，建议各国自2025年起不再新增化石燃料锅炉使用量，并在2045年实现在全球采暖中的热泵使用比例达到或超过50%；2021年11月，国际能源署（IEA）在其年度旗舰报告《能效2021》中提出，对于力争在2050年实现的零碳排放目标，热泵将是空间供暖电气化方面的关键支撑技术[10]。

《麻省理工科技评论》将热泵技术与人工智能、基因编辑技术、增强型地热系统等评为2024年度世界十大突破技术。文章指出，针对日益严峻的气候问题，成熟的热泵技术有望成为更好的解决方案，它在家庭、建筑、生产制造和能源领域的大规模普及，将帮助人们走向脱碳的未来，大量迹象表明，热泵技术正在进入黄金时代。虽然热泵自20世纪中叶以来就已经在建筑物中得到使用，但该技术目前正在以新的方式取得突破。2022年，全球热泵销量增长11%，这已是连续第二年实现两位数增长。欧洲的变化最明显，2022年的热泵安装量增长了40%，这主要是能源危机以及摆脱天然气的需求引起的。使用热泵的另一个热点区域是亚洲，中国的热泵安装量全球领先。自2010年以来，中国和日本申请的热泵技术专利合计占热泵技术新申请专利总量的一半以上。新方法使热泵能够达到更高的温度。总的来说，到2030年，热泵技术有望减少全球5亿吨 CO_2 的排放，相当于今天欧洲所有汽车的总排放量。这一目标的实现需要安装大约6亿台热泵，约占全球所有建筑物供暖需求的20%[11]。

0.3.2 过去10～15年我国热泵技术主要进展

过去10～15年，我国热泵技术应用呈现“全国高速度、城市集中连片规模化、单体热泵工程大型化”的发展态势，数量快速增长。此前，热泵工程技术主要追求发展规模和速度，曾带来一系列问题，尤其是大型地源热泵换热效率不高的问题日益凸显，已严重制约了地源热泵技术的大规模运用，该情况已引起高度重视。北京市在浅层地热能换热理论研究、热泵系统技术研发和重大热泵工程实践方面积累了丰富的经验和数据，优势明显，走在全国前列。已建设运行多个单体供热（冷）面积大于100万 m^2 的大型热泵工程项目，在复合式空调系统搭建、多种能源技术耦合、智慧化监测控制等方面实现多项突破，并取得了显著的降低能耗、减少排放等节能环保效益。其中，北京城市副中心行政办公区地热“两能”近零碳排放地源热泵示范工程、奥运村再生水热泵工程、北京大兴国际机场及临空经济区地埋管地源热泵工程，在技术应用、工程体量、减排效果等方面均具有很强的代表性和先进性[9]。

0.3.3 未来10～15年我国热泵技术创新发展趋势

未来10～15年，我国热泵技术应用仍将呈现“全国高速度、城市集中连片规模化、单体热泵工程大型化”的发展态势，且将转为质量效益增长模式。为此，北京市科学技术研究院成立了热泵系统高效换热工程技术中心，针对当前我国热泵技术发展中的关键核心技术问题，于2023年完成了“大型地源热泵系统高效换热（冷）关键核心技术研究与应用”项目，重点开展了浅层地热能换热贡献率理论及勘探评价方法、地下换热管材和新材料、地源热泵系统温度传感器的柔性纳米发电机自供电技术、热泵系统高效运行智慧化控制系统、全生命周期碳足迹和碳排放等方面的研究，并已在这5个方面取得了理论模型、新材料、自供电元器件、复合式系统调控、碳足迹评价方法和标准等多项成果；未来将认真梳理已在浅层地热能大规模开发利用中取得的技术研发成果和相关工程实践经验，因地制宜地推广应用到天津、河北以及东北地区，并探索解决我国北方寒冷地区冬季运用热泵供暖、南方运用热泵制冷的技术瓶颈问题。

参考文献

[1] 卫万顺，郑桂森，于春林，等. 未来五年我国城市地质战略思考 [J]. 城市地质，2016，11 (2).

[2] 北京市人民政府. 北京城市总体规划（2004—2020年）[J]. 北京规划建设，2005 (2).

[3] 卫万顺. 未来10~15年北京城市地质工作的战略思考 [J]. 城市地质，2007，2 (1)：1-5.

[4] 卫万顺. 北京建设世界城市亟需解决的关键地质问题 [J]. 城市地质，2010.

[5] 卫万顺，等. 北京浅层地温能资源 [M]. 北京：中国大地出版社，2008.

[6] 卫万顺，李宁波，等. 中国浅层地温能资源 [M]. 北京：中国大地出版社，2010.

[7] 卫万顺，郑桂森，等. 浅层地温能资源评价 [M]. 北京：中国大地出版社，2010.

[8] 卫万顺. 城市可持续发展对地质工作需求研究 [N]. 中国国土资源报，2009-02-06.

[9] 卫万顺，李翔. 未来10~15年我国浅层地热能发展趋势展望 [R]. 昆明：中国可再生能源学会，2020.

[10] 本刊编辑部. 2022年度世界十大前沿趋势 [J]. 科技智囊，2020 (1).

[11] DeepTech深科技.《麻省理工科技评论》2024年“十大突破性技术”正式发布 [EB/OL]. http://m.xinhuanet.com/yn/2020-09/22/c_139385571.htm，2024-01-08.

第一章

城市发展与能源结构优化

摘要：城市是集中体现人类文明发展成果的一种载体，聚集了劳动力、技术、资金、信息和基础设施等多种要素。21世纪，我国城市化实现了跨越式发展，城市人口迅速增加并首次超过农村人口，涌现出一批特大和超大城市，特大、超大城市为我国经济繁荣和社会发展作出了重大贡献。但城市在发展过程中所带来的问题也日益凸显，"大城市病"更加突出。虽然产生"大城市病"的原因很多，但能源与环境问题尤为突出。本章从碳中和角度研究城市发展中的能源与环境问题，通过总结超大城市的特征，分析"大城市病"的根源，找准超大城市的能源与环境关键问题；借鉴国际典型城市碳中和经验，提出我国超大城市能源环境问题的解决路径和解决方案；分析我国实现碳中和目标战略措施，收集并整理了国家层面、各省（自治区、直辖市），以及北京市支持开发利用地热能的相关政策，指出大力发展地热能对实现超大城市碳中和目标、缓解"大城市病"、促进超大城市高质量发展有着重要的现实意义。

1.1 超大城市能源环境问题

1.1.1 超大城市的特征

城市作为人口的集聚地，是人类文明发展的集中体现。改革开放后，随着国民经济快速增长，我国的综合国力极大增强，人民的生活水平极大提高。进入21世纪，随着城镇化进程加速和城市数量增多，我国城市化实现了历史性的跨越式发展，城市人口迅速增加并首次超过农村人口，涌现出一批特大城市和超大城市。

根据《国务院关于调整城市规模划分标准的通知》（2014），城区常住人口1000万以上的城市为超大城市，城区常住人口500万以上1000万以下的城市为特大城市。根据住房和城乡建设部公布的《城市建设统计年鉴（2021年）》，截至2021年年末，全国共有超大城市8个，分别为上海、北京、深圳、重庆、广州、成都、天津、武汉；全国有特大城市11个，分别为杭州、东莞、西安、郑州、南京、济南、合肥、沈阳、青岛、长沙、哈尔滨。综合8个超大城市的特点，可将超大城市的主要特征概括为以下5个方面。

（1）人口规模过大，城区常住人口超1000万。人口规模是影响城市发展的重要因素之一，超大城市人口规模过大，对影响城市可持续发展的自然、经济、社会、环境等方面提出了更高要求。

（2）经济发展水平高，产业链条和市场体系完善。超大城市是国家或地区经济发展的重要引擎，具备完善的产业链条和高度发达的市场体系，经济总量在国内占据较大比例，经济规模和贡献率相对较高。

（3）功能和影响力强，要素聚集效应突出。超大城市通常拥有先进的交通、通信和信息技术设施，吸引了大量的人力资源和资金，具有高度的要素聚集效应，不仅在经济方面具备较强的竞争力，还在文化、科技、教育、政治等领域具备较大的影响力，在全国或全球的影响力也较强。

（4）基础设施完善，交通运输发达。超大城市拥有更多的高速公路、铁路、机场、港口等交通枢纽，以及更多的高水平大学、研究机构和医疗机构。其交通、教育、医疗、文化娱乐等方面的基础设施发达完善。

（5）规划水平高，治理能力强。超大城市在城市规划和城市治理方面通常具备较高的水平，拥有专业的城市规划机构和管理团队；注重城市绿色化、智能化、创新化等方面的可持续发展，积极应对人口密集、资源紧缺和环境污染等问题。

1.1.2 “大城市病”的根源

城市化为我国的经济繁荣和社会发展作出了重大贡献。未来10～15年，我国城市发展的“VUCA”特点将日益明显，城市化过程所带来的问题也将日益凸显，尤其是“大城市病”更加突出。所谓“大城市病”是指人口过于向大城市集中而引起的一系列自然（灾害）、经济和社会问题，表现为：城市规划和建设盲目向周边“摊大饼式”扩延、大量耕地被占、人地矛盾尖锐、人口膨胀、交通拥挤、住房困难、环境恶化、资源紧张、物价过高等“症状”将会加剧城市负担、制约城市化进程、引发市民身心疾病等，直接影响着超大城市的可持续发展。产生“大城市病”的四大根源如下。

1.1.2.1 人口膨胀

在我国快速城镇化进程中，城镇常住人口占总人口比重呈逐年上升的趋势，每年大约有2000万的农业转移人口进入城市。据统计，2010—2020年，超大城市人口占全国总人口比重由9.07%提高到10.63%，常住人口净增2843.27万人，占同期全国新增人口的39.93%。在此期间，超大城市外来人口由3509.68万人增加到5261.28万人，占超大城市常住人口的比重由28.86%增至35.06%，其中深圳的比重高达70.85%。2022年中国常住人口城镇化率达到65.22%，已达到城镇化成熟标准。

超大城市是我国流动人口的重要承载地，是我国经济社会高质量发展的重要引擎，2021年，北京、天津、上海、广州、深圳、重庆、成都这7个超大城市的GDP总量达205 887亿元、占全国GDP总量的18%，人均GDP是全国平均水平的1.69倍，城市总人口为15 031.7万、城区总人口为12 638.9万，分别占全国总人口和全国城镇总人口的10.64%、13.82%。

从表1-1可以看出，2022年，深圳市常住人口为1768.16万人，人口密度达到7173人/km^2，位居中国城市人口密度排名第一；其次为东莞市，常住人口为1053.68万人，人口密度达到4259人/km^2；上海市常住人口为2489.43万人，人口密度达到3926人/km^2，排名第三；北京市常住人口为2188.6万人，人口密度达到1334人/km^2，排名第十七。

表1-1　2022年中国部分城市人口密度

城市	常住人口/万人	面积/km^2	人口密度/（人/km^2）
深圳	1768.16	2465.00	7173
东莞	1053.68	2474.00	4259
上海	2489.43	6340.50	3926
厦门	528.00	1700.61	3105
佛山	961.26	3797.72	2531
广州	1881.06	7434.40	2530
中山	446.69	1783.67	2504
汕头	553.04	2245.00	2463
郑州	1274.20	7567.00	1684
无锡	747.95	4650.00	1608
武汉	1364.89	8569.15	1593
苏州	1284.78	8657.32	1484
成都	2119.20	14 335.00	1478
南京	942.34	6587.02	1431
珠海	246.67	1725.00	1430
嘉兴	551.60	3915.00	1409
北京	2188.60	16 410.00	1334
西安	1316.30	10 108.00	1302

资料来源：《城市建设统计年鉴（2022）》

根据表 1-1，人口密度高的城市主要集中在长三角、珠三角、京津等地。人口密度高的十大城市分别是深圳、东莞、上海、厦门、佛山、广州、中山、汕头、郑州和无锡，其中前 8 个城市的人口密度超过了 2000 人/km^2。

人口膨胀导致资源紧张。为追求更好的生活水平、公共资源和生活质量，大量人口纷纷向城市转移，特别是北京、上海、广州、深圳这样的超大城市，吸引着三四线城市人口“暴风式”转入；中小城市也吸引着农村人口的转入，并以较快的流动速度聚集在城市。超大城市高速增长的经济和膨胀的人口形成了巨大的生态环境需求量及城市生态环境的承载压力，土地空间有限，能源、水资源短缺，人口负荷重，交通拥堵，环境承载力严重透支等问题日益突出。

1.1.2.2 交通拥堵

随着我国城镇化率提高，汽车保有量大幅增长，以交通拥堵为代表的城市问题开始成为中国大城市的顽疾，尤其是几个超大城市，如北京、上海、广州等，交通拥堵的情况与日俱增。交通拥堵不仅影响人们的正常工作和个人生活幸福感，还带来了环境污染加重、交通事故率上升、物流速度下降等问题，制约着全国经济和社会的可持续发展。

随着我国经济增长，城镇人口和机动车数量不断增加，我国城市路网交通面临着愈发艰巨的挑战。据公安部交通管理局数据，2022 年全国机动车保有量达 4.17 亿辆，其中汽车 3.19 亿辆；机动车驾驶人达 5.02 亿人，其中汽车驾驶人 4.64 亿人。2022 年全国新注册登记机动车 3478 万辆，新领证驾驶人 2923 万人。全国有 84 个城市的汽车保有量超过百万辆，39 个城市超 200 万辆，21 个城市超 300 万辆，其中北京、成都、重庆、上海超过 500 万辆，苏州、郑州、西安、武汉超过 400 万辆，深圳、东莞、天津、杭州、青岛、广州、佛山、宁波、石家庄、临沂、长沙、济南、南京 13 个城市超过 300 万辆。其中，北京、上海、广州 3 个超大城市的交通拥堵问题尤为突出。

北京市：我国首都，是我国的政治、经济、文化中心，常住人口超过 2000 万，在大量的人口基数和较快的经济发展速度影响下，北京市机动车保有量一直处于上升状态，交通压力也持续上升，交通拥堵问题日趋严重。2021 年，北京市汽车平均行驶速度为 25.84 km/h，在《2021 年中国城市交通报告》中位列全国十大交通拥堵城市榜首。北京市公安局公安交通管理局网站统计数据显示，截至 2022 年年底，全市机动车保有量为 712.7 万辆，比

2021 年增加 27.8 万辆，上升 4.06%，与 2000 年年底比较，机动车保有量 22 年来增加了 554.9 万辆；全市机动车驾驶员为 1211.7 万人，比 2021 年增加 19.2 万人，上升 1.61%，与 2000 年年底比较，驾驶员保有量 22 年来增加了 985.6 万人。

上海市：国内的特大城市，外来人口众多，机动车数量快速增长。虽然上海市的交通设施一直在不断优化完善，地铁、磁悬浮列车等交通方式发展较快，但上海市的交通拥堵问题依然严重，越江隧道和徐浦大桥等地常年发生大面积拥堵，上海市中心城区的早晚高峰时段，平均通行车速在 2013—2017 年短短几年间，从 38.8 km/h 降低到了 29.04 km/h。

广州市：广东省省会及中国第三大城市，多年来一直处于快速的城市化进程中，目前已成为拥有 7434 平方千米土地面积和超千万人口（2022 年常住人口已达 1881.06 万）的超大城市。伴随着城市规模的不断扩大，广州市的交通需求总量不断增加。目前，广州市机动车保有量超 370 万辆，驾驶人保有量超 690 万人，城市交通拥堵问题越来越严重。

1.1.2.3　资源能源短缺

（1）水资源匮乏

水资源是地球上一切生物维持生存发展的天然物质基础，也是使一个国家和地区的社会经济体系保持稳定发展的动力因素和限制性资源。我国水资源总量占世界水资源总量的 7%，人均水资源拥有量仅为 2200 m^3，只及世界平均水平的 1/4，被列为全球 13 个人均水资源贫乏的国家之一。并且我国工业用水浪费十分严重，万元工业增加值取水量达 90 m^3 左右，约为世界平均取水量的 2.5 倍，为发达国家的 3 ~ 7 倍。城市中高密度的人口聚集现象，加剧了中国城市生活供水量的不足，成为整个城市可持续发展能力的瓶颈。

2020 年，北京市水资源量为 25.76 亿 m^3（不含水库蒸发渗透量超 1.7 万亿 m^3），其中地表水资源量占 32%；地下水资源量为 17.51 亿 m^3，占比 68%。近年来，随着常住人口逐年增加，水资源的需求量逐年增大，供需严重不平衡，2020 年，常住总人口城镇化率达到 87.5%，北京市人均水资源占有量为 118 m^3，面临较大的水资源短缺压力。

（2）能源短缺

能源短缺是全球性的问题，也是我国城市化进程中面临的严峻问题。能源是指可以提供能量的资源，包括煤炭、石油、天然气等不可再生能源，还包括太阳能、风能、生物质能、潮汐能等新型可再生能源。我国是一个多煤、少油、缺气的国家，我国的石油资源量占世界的3.5%，人口却占世界的22%，这是我国的基本国情。据资料显示，2021年和2022年，煤炭消费占我国能源消费的比重均为56%左右，未来一段时期内，煤炭仍是我国的主体能源。能源是国民经济发展的物质保障，而我国的城市作为经济社会活动的中心，以全国3/5的人口、4/5的GDP消耗了全国3/4的能源，产生了2/3的碳排放。

（3）土地资源紧张

我国土地资源占世界土地资源的6.8%，却养活了世界上22%的人口。在工业化、城镇化加速阶段，我国城市土地资源短缺现象尤为突出，扣除农、林、水域以及其他维持生态所必需的用地，可用于城乡建设的土地规模明显受到限制。未来10~15年，城市发展可用土地资源将更加紧张，土地资源保障形势不容乐观，因此，应对土地资源“分等定级”，严格控制建设用地，进一步节约与合理使用土地。

1.1.2.4 环境污染

随着我国经济的快速发展，城镇化水平越来越高，但城市工业产生的废水、废气、固体废物，以及大量的汽车尾气排放和城镇居民生活污水排放等，导致城市环境质量急剧下降。同时，城市水污染、大气污染、土壤污染、噪声污染等问题，严重影响了我国的社会发展和城市居民的生活品质，越来越引起人们的广泛重视。

（1）大气污染

空气质量与人类生存息息相关，城市大气污染日趋严重。近年来，大气污染已成为全球面临的巨大挑战。中国的快速城市化过程带来了严重的空气污染，2020年在全球环境绩效评估排名的180个国家和地区中位列第120位，恶劣的大气环境不断加重“城市病”问题。大气污染包括工业废气、汽车尾气等。受到污染源的影响，雾霾天气比较常见，雾霾中存在较多的颗粒性污染物，极易损伤居民的心脏和呼吸系统，一些城市的雾霾天气发生率较高，颗粒性污染物在空气中不断扩散，不利于相关部门控制污染源头，给大气污染治理工作带来严峻挑战。

（2）水污染

城市水污染问题日益严重，主要是因为工业废水和生活污水的排放。工业废水对水体环境的影响较大，这是由于在工业生产过程中，各个环节都可能产生废水，而对水环境质量影响较大的工业废水主要来自冶金、电镀、造纸、印染、制革等行业。在这些行业中，有些工业废水未得到有效处理，没有达到相应的排放标准就直接排入水环境，从而造成了严重的水环境污染。城市居民生活污水对城市水环境质量的影响也不容忽视，当前，由于我国城市化进程发展过快，城市基础建设跟不上城市化的发展速度，一些区域城市的污水主管网铺设较为完整，但污水支管网配套却不完善，导致一些居民生活污水不能完全进入城市污水管网，在没有进行有效处理的情况下直排环境，给城市水环境质量带来了一定的负面影响。

（3）噪声污染

在城市中，影响人们正常休息、学习和工作的噪声污染问题不容忽视。城市噪声主要来自工业噪声、交通噪声、建筑施工噪声、社会生活噪声。在建筑施工噪声中，一些机械设备引起的噪声可达到 80 ~ 125 dB，这种高噪声的工作环境可能对人体造成极大的伤害。

（4）固体废物污染

城市固体废物指工地区域中产生的废渣废土、城市居民的生活垃圾和废弃物等。目前我国社会整体经济发展水平不断提升，固体废弃物污染问题日益严重，这是现阶段环境保护工作中应着重治理的一种污染类型。以上海市为例，2021 年上海市危险废弃物产生量约为 155. 4 万吨，其中企业自行利用处置 54. 5 万吨，储存 2. 9 万吨，委外利用处置 98 万吨；委外处置中，市内转移约 67. 9 万吨，跨省转移约 30. 1 万吨；在这些委外转移的危险废弃物中，位居前三的分别为 HW18 焚烧处置残渣、HW31 含铅废物和 HW17 表面处理废物，这些均是目前上海市暂时无法直接无害化处置的危险废弃物。

（5）碳排放量大

城市是现代经济活动的中心，也是最主要的能源、资源消耗者和温室气体排放者。在我国，为数不多的超大、特大城市占据着相当比例的碳排放量。中国科学院陈明星课题组曾对城市尺度下全国碳排放进行了初步核算，结果显示，作为世界上最大的碳排放国，2019 年全国碳排放总量约为 109 亿吨，而北京、上海等 7 座超大城市和武汉、东莞、西安等 14 座特大城市的总排放量约 21 亿吨，占比为 19. 45% 。

1.1.3 超大城市能源环境的关键问题

能源是发展国民经济和提高人民生活水平的重要保障[1]，能源问题直接关系到城市高质量发展的进程，超大城市必须把坚持节约能源、优化能源结构、提高能源利用效率、保障能源与环境安全放在首位。随着社会、经济发展与人类各种社会活动的增多，城市能源消费也呈现快速增长的趋势[2]。近年来，居民日常消费和工矿业、建筑业等均大量消耗化石燃料，并向大气排放大量温室气体，从而导致温室效应问题[3]，对于人类自身的生存，以及地球环境均产生了重大影响。超大城市拥有大量人口和数量众多的企业，在经济快速发展的同时消耗着大量能源，常因本地能源匮乏导致能源供需矛盾日益突出；又因能源结构不合理，导致大气污染形势严峻。以下以北京市为例，分析研究超大城市能源与环境安全问题及对策。

1.1.3.1 能源供应以外地调入为主，建筑能耗在总能耗中占比较大

北京市的能源资源极为有限，能源供应以外地调入为主。自产煤炭主要分布在京西的门头沟区和房山区，有少量的水力发电资源，石油和天然气尚未发现可供开采的工业储量。电力供应的60%从华北电网调入，天然气来自长庆油田和华北油田，原油全部由外地调入，原煤主要由山西调入。

建筑能耗在全社会总能耗中所占比例较大。发达国家建筑能耗占全社会总能耗的35%，我国建筑能耗占全社会总能耗的37%，北京建筑能耗占全社会总能耗的30%，而城市住宅中的供暖、制冷又占了绝大部分，如果供暖、制冷所需能源的70%~80%利用浅层地热能，那么社会总能耗的10%以上可来自可再生能源。目前，我国水电总量占全国总能量的7%，可以预见，在不远的将来，浅层地热能得到充分利用，其意义巨大。

浅层地热能具有可再生、储量大、清洁环保和可用性强等特点，是一种新型的优质环保能源，主要应用于建筑供暖、制冷。与中深层地热能相比，浅层地热能分布广泛、再生迅速、储量巨大、采集方便，开发利用价值更大。

1.1.3.2 能源消费量大、结构不合理，是导致大气污染的主要因素之一

根据《北京市统计年鉴（2022年）》（表1-2），2005—2021年，北京市一次能源生产量呈总体下降的趋势，2021年北京市一次能源生产量仅为2005年的56.75%。在2008年之前，北京市一次能源生产主要为原煤和水电。风

电和光伏发电分别从 2008 年和 2013 年开始逐渐发展，但是从总量上来看，2018 年之前，一次能源生产仍以原煤为主，水电、风电和光伏发电占比很小。2019 年开始，原煤生产量呈断崖式下跌，当年生产量为 36.1 万吨，仅为 2005 年的 3.82%。2020 年开始，大台等 5 座国有煤矿全部关停，600 万吨煤炭产能全部退出，北京结束了千年采煤史[4]。原煤停产后，北京市一次能源生产主要为水电、风电和光伏发电。2005—2021 年，北京市二次能源生产量呈总体上升的趋势，2021 年北京市二次能源生产量较 2005 年增长了 22.34%，主要能源类型包括汽油、煤油、柴油、燃料油、液化石油气、热力、电力。

2000 年，北京市主要能源消费量由多到少排列依次是煤炭、原油、焦炭、煤油、汽油、柴油、电力和天然气，其中煤炭为主要消费能源类型，占当年能源消费总量的 48%。到 2012 年，北京市主要能源类型按消费量由多到少排列依次是煤炭、原油、天然气、电力、煤油、汽油、柴油、燃料油和焦炭，其中煤炭、原油、天然气和电力是主要的能源消费类型，合计占消费总量的 75% 以上[5]。

北京市的能源消费总量整体呈现快速上升的趋势，从 2000 年的 4726.73×10^4 tce 迅速增长到 2012 年的 7205.53×10^4 tce，增长了 1.77 倍，年均增长率为 4.51%，其中 2003—2007 年能源消费总量增长速度最快，为 7.83%；2007—2012 年的能源消费增长速度放缓，为 2.69%。[6]

北京市能源消费总量的增速与当地社会经济发展状况密切相关。2003—2007 年，在我国经济发展运行良好的大背景下，北京市大批高耗能工业项目和设备集中上马，其间的能源消费总量持续上升。2007—2012 年，受全球金融危机和产能过剩的影响，以及国家对节能减排的日益重视，各主要能源消费产业的增速缓慢，变化趋势趋于平稳。[6]

表 1－2 北京市能源生产量(2005—2021 年)

年份	一次能源合计(万吨标准煤)	原煤(万吨)	水电(亿千瓦时)	风电(亿千瓦时)	光伏发电(亿千瓦时)	二次能源合计(万吨标准煤)	汽油(万吨)	煤油(万吨)	柴油(万吨)	燃料油(万吨)	液化石油气(万吨)	热力(万百万千焦)	电力(亿千瓦时)
2005	679. 5	945. 2	4. 0			2772. 6	142. 2	12. 4	154. 7	64. 5	47. 3	11 335. 7	209. 8
2006	460. 6	642. 1	4. 1			2632. 9	145. 6	11. 6	167. 1	57. 9	23. 0	12 181. 6	209. 7
2007	466. 1	648. 8	4. 2			2767. 9	160. 4	36. 4	244. 7	36. 7	41. 0	12 686. 9	224. 2
2008	414. 2	578. 5	4. 5	0. 9		3104. 9	202. 3	85. 2	354. 8	28. 6	42. 9	13 650. 5	244. 7
2009	475. 7	641. 3	4. 4	1. 4		3146. 9	242. 1	111. 6	314. 8	28. 0	28. 8	14 226. 1	241. 9
2010	499. 9	500. 1	4. 3	3. 1		3397. 8	247. 7	116. 1	314. 5	33. 7	29. 0	15 345. 0	262. 0
2011	500. 3	500. 1	4. 5	3. 1		3080. 9	245. 3	126. 4	309. 3	21. 3	27. 2	14 795. 5	256. 1
2012	507. 2	493. 1	4. 2	3. 1		3135. 6	255. 2	132. 9	274. 5	18. 4	31. 9	15 400. 5	283. 3
2013	541. 7	500. 1	4. 7	3. 3	0. 1	3000. 2	223. 9	99. 4	194. 7	16. 9	28. 1	14 893. 6	326. 7
2014	514. 0	457. 5	6. 8	2. 8	0. 1	3314. 3	287. 4	152. 3	219. 8	4. 7	32. 1	15 055. 4	351. 6
2015	545. 6	450. 1	6. 6	2. 6	0. 5	3460. 4	296. 3	160. 0	180. 4	1. 4	34. 0	15 819. 7	412. 5
2016	445. 8	317. 6	12. 2	3. 3	1. 1	3267. 7	260. 5	149. 8	152. 5	0. 7	41. 3	16 091. 9	419. 0
2017	416. 9	265. 0	11. 2	3. 5	2. 0	3316. 6	271. 0	190. 8	156. 6	3. 6	41. 6	16 473. 3	376. 2
2018	611. 5	176. 2	9. 9	3. 5	3. 1	3523. 4	276. 2	187. 6	159. 8	4. 2	42. 4	18 380. 0	432. 1
2019	691. 1	36. 1	10. 2	3. 4	4. 8	3601. 5	285. 5	191. 3	173. 1	0. 7	46. 1	18 195. 2	443. 0
2020	576. 8	0. 0	11. 5	3. 7	6. 2	3311. 2	207. 8	103. 1	160. 4	4. 8	29. 3	19 774. 0	436. 1
2021	385. 6	0. 0	13. 7	4. 0	6. 2	3392. 0	227. 3	106. 3	140. 0	3. 6	52. 7	19 178. 1	448. 7

资料来源:《北京市统计年鉴(2022 年)》

图1-1至图1-3为北京市不同年份的能源消费组成。[6] 在北京市的主要能源类型中，煤炭的比重最大，但煤炭的消费量在过去十几年间呈现先上升后下降的趋势，煤炭消费量从2000年的1997.07×10^4 tce上升到2005年的峰值2192.17×10^4 tce，此后消费量逐年下降。煤炭在能源消费中的比例呈现逐年下降趋势，由2000年的48.19%下降到2012年的22.53%。煤炭消费量的变化趋势反映了北京在过去10多年间，经历了从高耗能工业项目蓬勃发展到产业转型，重工业产能向周边地区扩散转移的过程。煤炭是发电、供热、钢铁、水泥等第二产业必不可少的能源，2000—2005年，煤炭的能源消费总量持续上升，这与北京市总体的能源消费量的变化过程相似，说明该时期北京的重工业项目纷纷上马，产能不断提升，第二产业能源消费量随之上升；此后，伴随着产业升级转型和相应节能减排措施的施行，首钢等重工业企业迁出北京，产能向周边地区转移，举全市之力全面实施各类用煤设施电力、天然气等清洁能源替代，北京市的煤炭消费量随之下降，全市电厂、锅炉房、工业和居民采暖用煤总量大幅压减，平原地区基本实现无煤化[4]。

北京市的焦炭消费量自2000年到2010年呈现明显的逐年下降趋势，年消费量从435.06×10^4 tce下降到2010年的214.15×10^4 tce。焦炭是最传统的煤化工产品，是冶金、铸造、化肥等传统重工业的重要原料，被喻为钢铁工业的“基本食粮”，世界焦炭产量的80%以上用于高炉炼铁，焦炭的消费量与钢铁工业发展状况息息相关。2011年以后，北京市以首钢、焦化厂等为代表的传统重工业企业纷纷完成停产、搬迁和改造工作，北京市焦炭消费量出现断崖式下降，2011年和2012年的年消费量仅为32.33×10^4 tce和31.26×10^4 tce，在能源消费中占比均小于0.5%。

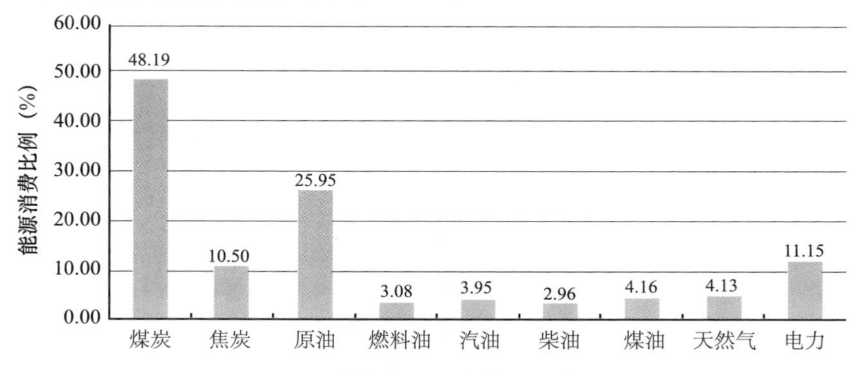

图1-1　北京市2000年能源消费组成

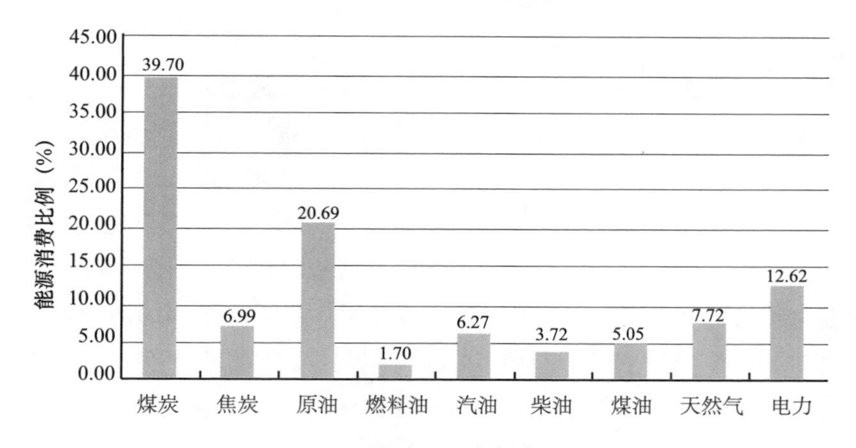

图 1－2　北京市 2005 年能源消费组成

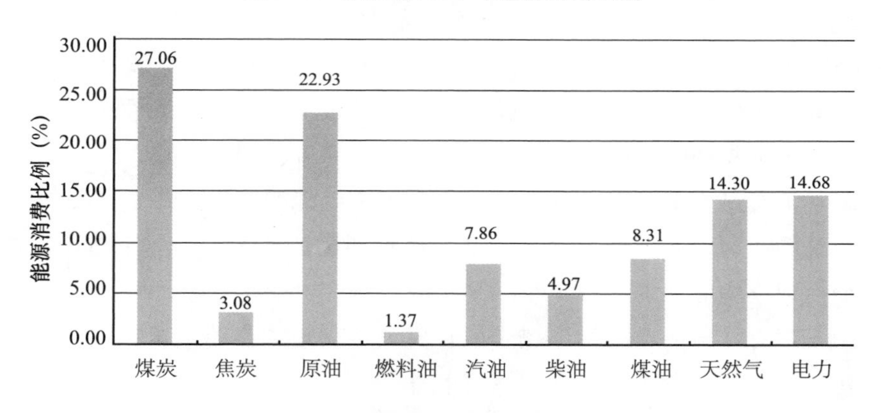

图 1－3　北京市 2010 年能源消费组成

北京市原油消费量从 2000 年的 1075.22 × 10^4 tce 增长到 2012 年的 1532.65 × 10^4 tce，年均增长率为 2.76%。而原油在能源消费中的比重一直稳定在 22% 左右。石油产品既是重要的动力燃料，也是重要的化工原料。在北京市石油产品消费中，汽油、柴油和煤油的消费量逐年增加。2000—2012 年，汽油的消费量增加了 446.67 × 10^4 tce，在能源消费总量中的比重上升了 4.55%，在能源消费中的比重达到 8.50%。汽油消费年平均增长率为 11.59%，且增长速度呈逐年下降趋势，增速由 2001 年的 31.21% 下降到 2012 年的 6.41%。柴油的消费量增加了 191.11 × 10^4 tce，年均增长率为 8.15%，在能源消费总量中的比重由 2.96% 上升到 4.37%。2000—2008 年，北京市柴油消费量呈波动式上升趋势，增长 2.70 倍，年均增速 8.61%；2008 年以后，北京市的柴油消费量趋于稳定，增速放缓。由于柴油车辆排放的氮氧化物占机动车辆排放总量的50%以上，且控制氮氧化物排放量对于控制机动车排气污染、改善北京市大气环境质量和防止雾霾具有重要意义，近年来，北京市颁行了一系列地方性法规，严控柴油车，以减少空气污染。2003 年，北京市颁布了《柴油车加载减速烟度排放标准》。自 2015 年 6 月 1 日起，北京市开始实施重型柴油车的国 V 标准，希望将单车的氮氧化物排放量削减 40%。上述措施，使北京市的柴油消费量增速明显放缓。北京市煤油的消费量在 2000 年到 2012 年间增加了 477.97×10^4 tce，年均增长率为 11.69%。煤油在能源消费结构中的比重逐年增加，由 4.16% 增长到 9.06%。煤油消费量的快速增长反映了北京市航空运输业蓬勃发展的现状。

北京市燃料油消费量在 2008 年之前呈逐年下降趋势，由 2000 年的 127.65×10^4 tce 下降到 2008 年的 36.47×10^4 tce，在能源结构中的比重从 2000 年的 3.08% 下降到 2008 年的 0.58%，呈现消费量和比重同时下降的趋势。北京市燃料油的使用量在多年下降后有所回升，趋于平稳。2012 年北京市燃料油消费量为 111.35×10^4 tce，占当年全市能源消费总量的 1.55%。由于燃料油能源利用效率低，燃烧产物容易对环境造成污染，北京市应对燃料油的使用建立相应规划。

由于现有能源消费结构中煤炭的比重较高，煤炭燃烧后的污染物是我国大气污染的主要诱因，而提高天然气和非化石能源的消费比重，降低煤炭的消费比重，是减少烟尘排放、控制大气污染的根本途径。近年来，北京市天然气的消费量增长迅速，从 2000 年的 171.12×10^4 tce 增长到 2012 年的 1221.19×10^4 tce，年均增长率高达 17.79%，其中 2008 年的增速高达 29.79%。天然气在能源消费中的比重也日益显著，从 2000 年的 4.13% 上升到 2012 年的 17.01%，天然气已经成为北京市能源消费的重要组成部分。

自 2000 年以来，北京市的耗电量持续上涨，电力能源在社会经济发展和日常生活中所起到的作用愈加重要。电力消费量从 2000 年的 461.94×10^4 tce 上升到 2012 年的 1117.71×10^4 tce，增长 241.96%，年平均增速为 8.07%，远高于北京市能源消费总量增速，在能源消费总量中所占的比重也由 2000 的 11.15% 增长到 2012 年的 15.57%。

2000—2010 年，北京市能源消费的主体是煤炭、原油和电力，但是在此期间北京市煤炭所占比重减少了 21.13%，原油消费量所占比重减少了约 3 个百分点，电力消费增加了约3个百分点。2010—2021年，北京市能源消费的主体是煤炭、原油、天然气和电力，到2021年，天然气已成为北京市最大的能源消费主体（表1-3）。

表1-3 北京市能源消费总量及构成情况（2010—2021年）

年份	能源消费总量（万吨标准煤）	占能源消费总量的比重						非化石能源占能源消费总量的比重（%）
		煤炭	石油	天然气	一次电力	电力净调入（+）、调出（-）量	其他能源	
2010	6359.49	29.59	30.94	14.58	0.45	24.35	0.09	
2011	6397.30	26.66	32.92	14.02	0.45	25.62	0.33	
2012	6564.10	25.22	31.61	17.11	0.42	25.38	0.26	
2013	6723.90	23.31	32.19	18.20	0.35	24.99	0.96	
2014	6831.23	20.37	32.56	21.09	0.41	24.03	1.54	
2015	6802.79	13.05	33.79	29.18	0.40	21.71	1.88	
2016	6916.72	9.22	33.14	31.88	0.66	23.37	1.73	4.60
2017	7088.33	5.06	34.00	32.00	0.65	26.15	2.14	7.20
2018	7269.76	2.77	34.14	34.17	0.61	25.68	2.63	7.80
2019	7360.32	1.81	34.55	34.01	0.67	25.79	3.17	7.90
2020	6762.10	1.50	29.27	37.16	0.84	26.96	4.26	10.40
2021	7103.62	1.44	28.66	36.15	0.90	28.70	4.15	12.00

资料来源：《北京市统计年鉴（2022年）》

2020年，北京市煤炭消费量由2015年的1165.2万吨大幅削减到135万吨，占全市能源消费比重由13.1%降为1.5%，天然气、调入电约占能源消费的比重分别达到37.2%和27.0%，比2015年分别提高8.2个和5.1个百分点。同时随着能源消费结构的调整，北京市的可吸入颗粒物、细颗粒物、二氧化硫、二氧化氮的年平均浓度值，以及化学需氧量排放量、二氧化硫的排放量均呈逐年下降的趋势（表1-4）。

表 1-4　北京市环境指标情况(2000—2021 年)

年份	可吸入颗粒物(PM10)年平均浓度值(微克/立方米)	细颗粒物(PM2.5)年平均浓度值(微克/立方米)	二氧化硫(SO_2)年平均浓度值(微克/立方米)	二氧化氮(NO_2)年平均浓度值(微克/立方米)	化学需氧量(COD)排放量(万吨)	二氧化硫(SO_2)排放量(万吨)	区域环境噪声平均值(分贝)
2000	162		71	71	17.9	22.4	53.9
2001	165		64	71	17.0	20.1	53.9
2002	166		67	76	15.3	19.2	53.5
2003	141		61	72	13.4	18.3	53.6
2004	149		55	71	13.0	19.1	53.8
2005	142		50	66	11.6	19.1	53.2
2006	161		53	66	11.0	17.6	53.9
2007	148		47	66	10.7	15.2	54.0
2008	122		36	49	10.1	12.3	53.6
2009	121		34	53	9.9	11.9	54.1
2010	121		32	57	9.2	11.5	54.1
2011	114		28	55	19.3	9.8	53.7
2012	109		28	52	18.7	9.4	54.0
2013	108	89.5	27	56	17.8	8.7	53.9
2014	116	85.9	22	57	16.9	7.9	53.6
2015	102	80.6	14	50	16.2	7.1	53.3
2016	92	73.0	10	48	8.7	3.3	54.3
2017	84	58.0	8	46	8.2	2.0	53.2
2018	78	51.0	6	42	5.6	1.1	53.7
2019	68	42.0	4	37	5.1	0.6	53.7
2020	56	38.0	4	29	5.4	0.2	53.6
2021	55	33.0	3	26	4.9	0.1	53.7

资料来源:《北京市统计年鉴(2022 年)》

1.1.3.3 能耗水平较高，能源浪费明显

（1）绿色低碳发展水平与国际一流水平仍有差距。经济社会发展拉动能源消费总量持续刚性增长，化石能源占比高，交通、工业等重点领域能效与国际一流水平仍有差距，碳排放总量处于高位平台期。

（2）能源安全与服务保障仍存“短板”。城市电网安全保障能力与首都城市功能定位和构建新型电力系统要求存在差距，天然气应急储备能力需要加速提升，液化石油气使用安全隐患较多，部分供热企业服务管理方式比较粗放，能源应急保障体系建设仍需完善。

（3）能源创新能力和智慧水平有待进一步提升。北京国际科技创新中心资源优势发挥不足，绿色低碳技术推广应用和智慧能源系统建设还处于起步阶段，能源运行管理智能化、精细化水平有待提升。

（4）能源体制机制改革亟待深化。与碳达峰、碳中和相适应的能源政策、法规、标准和价格体系亟待健全完善；能源领域“放管服”和营商环境改革仍需深入推进；政府对能源行业的监管能力、监管手段有待加强和创新。

1.1.3.4 能源与环境安全不确定因素增多

（1）能源安全不确定、不可控风险增多。未来一段时期，受国际形势、地缘政治、全球突发公共安全事件等不确定因素影响，我国能源安全风险挑战进一步加大。“十四五”时期，我国建立多元安全、自主可控能源供应保障体系的要求更为紧迫，增量能源消费逐步实现可再生能源替代、减少进口化石能源依赖的必要性更加凸显。北京作为能源资源高度依靠外部的超大城市，将持续面对国际天然气、原油市场波动的供给侧风险。全球气候变化引发的能源供应不确定因素增加，网络安全、技术安全新风险日益增多，高比例可再生能源接入电网，供热系统低碳重构对能源系统安全运行带来新的挑战。北京必须强化底线思维，主动调整城市能源安全策略，加快转变能源供给消费方式，加快完善多源多向、区域协同、可控韧性的首都能源安全保障体系。

（2）能源绿色低碳转型形势更加紧迫。绿色低碳发展代表世界能源发展方向，也是我国实现可持续、高质量发展的必然要求。欧盟、日本等120多个国家和地区先后提出了碳中和目标。作为负责任的大国，我国已向国际社会承诺 CO_2 排放力争在2030年前达到峰值、2060年前实现碳中和。北京作为中国的首都和世界首个“双奥之城”，具备能源绿色低碳转型的良好基础和条

件，有能力、有责任在全国碳达峰、碳中和行动中发挥示范引领作用，在全球共同应对气候变化中彰显负责任大国首都形象。

（3）科技革命推动能源系统重塑。展望未来，世界科技变革加速推进，能源革命和数字革命齐头并进。随着风电、光伏发电成本的持续下降，储能、氢能等技术的不断突破，将推动能源产业格局深刻调整。5G、大数据、人工智能、物联网等现代信息技术与传统能源行业加速融合，能源新模式、新业态持续涌现，在能源的生产、消费各环节呈现全新应用场景，并将带来能源供需方式、产业形态的根本性变革。实现碳达峰、碳中和的目标，将全面提速能源革命进程，迫切要求突破绿色低碳关键核心技术，提升能源产业基础和产业链现代化水平。北京是国际科技创新中心，拥有国内一流的创新资源，有条件、有责任发挥能源科技创新示范引领作用，加快推进现代信息技术、数字技术与传统能源行业融合发展，打造一批能源绿色低碳智慧发展的“北京样板”。

（4）经济社会高质量发展、重点功能区高水平建设激发能源绿色发展新动能。“十四五”是北京城市功能和空间格局优化、产业绿色转型、消费提质升级、京津冀一体化融合发展的关键时期。服务型、都市型能源需求特征日趋明显，终端能源需求向第三产业和居民生活消费领域转移。北京城市副中心、北京大兴国际机场临空经济区、“三城一区”等重点功能区域高水平开发建设，必将对能源设施安全可靠保障能力和精细智慧管理服务提出新的、更高的要求，从而为推动能源消费利用方式变革、能源技术和管理服务方式创新、能源企业转型发展增添新动能、开辟新空间。

1.1.4 结论

（1）进入21世纪，我国城市化实现了历史性的跨越式发展，城市人口迅速增加并首次超过农村人口，涌现出一批特大和超大城市，特大、超大城市为我国经济繁荣和社会发展作出了重大贡献。

（2）城市发展过程中所带来的问题日益凸显，“大城市病”日益突出，出现人口膨胀、交通拥挤、住房困难、环境恶化、资源紧张、物价过高等“症状”，直接影响着超大城市的可持续发展。

（3）虽然产生“大城市病”的原因很多，但能源与环境问题尤为突出，集中表现为碳中和压力大、形势严峻。实现碳中和目标，减排 CO_2、减轻大气污染、解决能源与环境问题的根本之道是优化能源结构，提高低碳的可再生能源在一次能源中的比重。

（4）提高超大城市低碳的可再生能源比重的必然选择是科学开发利用地热能。地热能是非化石能源矿产的重要一员，地热能总量约为全球煤热能总量的1.7亿倍，是当前全球一次性能源年度消费总量的200万倍以上，城市可持续发展、治理“大城市病”需要地热能。

（5）地热能包括浅层地热能和中深层水热型地热能，是取之不尽、用之不竭的清洁可再生能源，具有储量大、无污染、清洁高效等特点。浅层地热能主要用于建筑供暖、制冷，与中深层水热型地热能相比，浅层地热能分布广泛、再生迅速、储量巨大、采集方便，开发利用价值更大。

1.2 能源环境问题的解决路径

1.2.1 国际典型城市的碳中和经验

当前，国际超大、特大城市的可持续能源利用路径仍在探索之中，但已有的城市经验可为我国解决大城市、超大城市能源问题提供借鉴。

1.2.1.1 德国汉堡市的碳中和经验[5]

汉堡市是德国的第二大城市，也是德国最大的港口，市区面积仅755平方千米，人口184万，大城市群的居民总数超过500万人。汉堡市也是德国最大的工业区之一，聚集了全球领先的综合铜业集团、钢厂和铝冶炼厂，其能源转型的进程走在欧洲城市的前列。汉堡市自20世纪90年代以来，减排成效显著，居民人均碳排放量从1990年的12.5吨下降到2018年的8.9吨。汉堡市设立了2050年碳中和的目标，并在供暖、建筑、交通、经济和气候保护等5个方面制订了行动计划。

（1）供暖方面。汉堡市主要通过改善管道能源类型提高可再生能源的比例，对燃料进行脱碳，提高供热效率。

（2）建筑节能方面。汉堡市联合金融机构共同推进住宅和非住宅建筑改造的扶持计划，通过使用可再生能源为建筑供能、使用绝缘性能较好的新型建筑材料降低房屋的热量需求，实现建筑节能。虽然汉堡市的居住空间增加了约17%，但CO_2的排放总量却减少了。

（3）交通管理方面。汉堡市鼓励民众多使用公共交通工具，积极推动公交车辆采用清洁能源。从2020年开始，汉堡市仅支持购买纯电动交通车等无排放公交车。汉堡市计划将公共交通在总交通量中的份额提高到30%，建立以用户为中心的公共交通系统和更密集的交通运输网，如引入用来分流的XpressBus网络、扩建夜间巴士网络、路线基础设施的现代化、移动平台（Switch应用）等，鼓励民众从私家汽车转向公共交通。汉堡市也积极鼓励自行车出行。

（4）经济发展方面。汉堡市政府督促工业和商业、贸易与服务等行业在气候和资源保护方面增加投资以保护气候和资源；通过借鉴成功的能效网络，2015年前汉堡市工业部门每年的减排量超过50万吨，2015年后每年减排量40万吨。截至2019年4月，汉堡工业协会组织的3个能效网络共同实现了约110万兆瓦时的节能，相当于减少了42.5万吨的CO_2排放。

（5）气候保护举措方面。汉堡市开发了城市气候电子地图，定期更新城市气候分析模型，更新泛洪区划定和暴雨预测方案，拟定在“2030年雨水结构计划”中引入“汉堡水计划”作为水管理和废水管理框架。其配套措施有雨水渗透、雨水存储、雨水滞留、延迟雨水径流等，但需要经过全面测试。

1.2.1.2 丹麦哥本哈根的碳中和经验

哥本哈根对外能源依赖曾高达90%以上，在经历了20世纪70年代2次石油危机后，哥本哈根政府开始推动能源转型。哥本哈根政府出台了一系列能源专项政策，在加大新能源投入、大力发展风能产业、着力降低能耗水平、完善区域供暖系统、倡导工业节能和生活节能等方面提出了具体要求，其综合能源供应水平得到不断发展，最终形成了节能减排与经济发展相融合的“哥本哈根模式”。2009年，哥本哈根市议会通过《哥本哈根2025气候规划》（Copenhagen 2025 Climate Plan）（以下简称“规划”），提出主要从能源结构调整、绿色出行、通过城市管理提升建筑能效等方面采取行动，计划在2021—2025四年间共减排20万吨。在哥本哈根节能减排举措的大力推行下，能源转型效果显著。

（1）能源结构调整方面。哥本哈根“规划”中提出将风能、生物质能、地热能作为发电供热的主要来源，具体目标是区域供暖和制冷实现100%零碳、风能和生物质能发电量超本地需求、有机垃圾完全生物气化。

（2）建筑节能方面。通过政府引导和加强监管等举措，以规定新建建筑能源效率指标、征收建筑采暖燃料税等方式降低建筑能耗。

（3）绿色出行方面。主要举措是大力推广电力、氢气和生物新能源汽车，规划公交运输实现100%零碳，20%~30%的轻型车辆和30%~40%的重型车辆使用新能源；自行车通勤比例提高至50%。

目前，哥本哈根已成为全球不多的清洁能源集散地之一，市区供电主要为风能和生物质能，已实现区域60%的供热来自生物质能、风能、地热能等清洁能源。据相关数据显示，哥本哈根2019年的碳排量为140万吨，较2005年下降42%，而2022年哥本哈根市的CO_2排放量已比2009年减少了80%，虽然哥本哈根推迟了2025年“碳中和”的目标，但“零排放”计划仍在稳步推进。

1.2.1.3 荷兰阿姆斯特丹的碳中和经验[7]

阿姆斯特丹是荷兰的首都、荷兰最大的城市和第二大港口，市区人口74万，整个阿姆斯特丹都市圈人口为120万。阿姆斯特丹也是荷兰最大的工业城市和经济中心，拥有7700多家工业企业，工业用钻石产量占世界总产量的80%。

阿姆斯特丹市中心的旧街道非常狭窄，而且因运河发达，往来的船只与汽车所造成的噪声与空气污染问题相当严重。因此，阿姆斯特丹市中心在2000年推出了智慧城市计划（Amsterdam Smart City，ASC），以提高市民生活水平并创造新的就业机会。20世纪80年代开始，阿姆斯特丹市政府开始进行长远的环境保护战略规划，力图在这一新的愿景中抢占领军地位。2009年，阿姆斯特丹开始了智慧城市项目，标志着其环保工作的开始。2010年，阿姆斯特丹出台了《阿姆斯特丹2040年远景规划》，确立了可持续发展转型的基本目标和框架。之后，相继颁布了《2020年的阿姆斯特丹：可持续发展机遇可持续未来》《2011—2014阿姆斯特丹可持续发展规划》《阿姆斯特丹可持续发展日程》等政策文件，将其可持续发展战略细化为持续的、目标统一的政策措施和实施项目，并对城市的交通、能源、建筑、水资源和垃圾系统进行全面的改进。根据荷兰阿姆斯特丹《2050年气候中和路线图》，该城市将在建筑、电力、交通、工业与港口，以及市政5个方面采取行动，目标是到2030年比1900年减排55%，2050年实现碳中和。

（1）绿色建筑方面。阿姆斯特丹以智慧建筑节能改造为主。阿姆斯特丹在其建筑中安装基于传感器的智慧电表，以保证照明系统、制热制冷系统和保安系统的低能耗正常运行，在减少碳足迹的同时，可以反馈能源消耗情况，并向用户提供个人节能建议。另外，智能插座可以关闭未使用的家用电器或电灯。在整个城市安装“智能工作中心”和“共享工作空间”也可以减少每天的通勤排放。安装在公共场所的传感器，根据占用情况进行加热、冷却和照明，可以防止能源浪费。此外，阿姆斯特丹还启动大型研究项目，探索地热供暖的可能性，采取将照明灯替换为 LED 节能灯等建筑节能措施。

（2）电力节能方面。阿姆斯特丹使用新智能电网服务。阿姆斯特丹西部新区 4 万居民中有近 1/4 的居民在使用 Alliander 新智能电网服务，该区域智能量表普及率很高，并安装太阳能板，被荷兰政府选为首个建设智慧电网的地区。智能电网的安装，能够可持续监测电流和电压，提供更精确的监控功能，使得远程控制电网成为可能，并可选择性地为关键区域提供更多的电量，网络结构也得到改善。智能电网的安装有助于实现西部新区的可持续发展和应用，有利于能量的节约。

（3）绿色交通方面。阿姆斯特丹要求市政车辆在 2025 年之前全部实现零排放，推进充电站安装；通过优先使用电动出租车等方式加快向电动交通的转换，并发放无排放车辆补助；推广公共交通，加强自行车基础设施建设。据统计，这座城市 2/3 的人使用自行车出行，自驾通勤者只占 19%。此外，鼓励乘坐公共交通工具、对老旧的燃油车辆提出限制令等措施也是阿姆斯特丹实现交通领域碳减排的主要举措。阿姆斯特丹计划在 2030 年，禁止任何燃油汽车进入。为实现该目标，阿姆斯特丹从 2019 年开始计划用 10 年时间加快基础设施建设，为电动交通工具提供动力；从 2022 年起，只有拥有电动或氢动力发动机的公交车和长途汽车才能进入市中心。

（4）能源方面。阿姆斯特丹鼓励新能源的利用。一是有计划地安装风力涡轮机，并把风能的安装利用纳入国家区域能源战略；二是按计划实现太阳能的使用量，与租房公司达成协议，向租户提供太阳能股份分红。

（5）工业方面。在工业方面，阿姆斯特丹迅速制订能源转换计划和可替代方案，创造有利于吸引创新和可持续发展的良好商业环境，敦促政府基于“污染者付费”原则实现公平的能源过渡，引入 CO_2 定价等措施；尽快关闭高污染高碳排的工厂。

1.2.1.4　瑞典斯德哥尔摩的碳中和经验[8]

瑞典斯德哥尔摩被誉为欧洲第一个“绿色之都”。斯德哥尔摩在 1990 年至2020年间，人口从67万增长至97万，人均碳排放却从5.4吨减少至2.7吨，人均GDP从约11万人民币增加至约28万人民币。对斯德哥尔摩来说，环境治理的动因除了“先污染后治理”外，更深层次的动因是来自从制造业到服务业转型的需求。

作为一个岛屿众多的城市，大块的土地一直是斯德哥尔摩的稀缺资源。快速上涨的土地成本，迫使众多制造业企业搬到远郊或其他城市，曾经繁荣的斯德哥尔摩港逐渐衰落，被更具远洋航运优势的港口替代，航运业为斯德哥尔摩留下的与海事相关的保险、金融企业在中央车站附近聚集，形成初具规模的中央商务区，但不断恶化的城市环境影响这些企业的留存与发展，环境问题成为城市经济发展的绊脚石。20世纪初，斯德哥尔摩实施了一系列环境治理措施，如城市卫生管理局开始主导城市污物的清洁处理，建设污水处理厂等，不断改善城市环境。20世纪40年代至70年代，斯德哥尔摩发展多中心城市，开启了长达20多年的城市更新和新城建设，成为此后城市在交通、环境等方面实施碳中和的基石。1972年，联合国人类环境会议在斯德哥尔摩召开，以及1973年第一次石油危机爆发引发欧洲整体经济增长下降，这些事件都促使绿色转型成为斯德哥尔摩的重点发展方向，碳中和之路由此开启。

斯德哥尔摩碳中和的目标是2040年成为全球首个无化石燃料和气候友好型城市，2045年实现碳中和。在碳中和绿色转型过程中，斯德哥尔摩主要采用以下方案。

（1）提升环境绿色价值。一方面，城市政府发布“斯德哥尔摩公园计划”，公园、绿地要成为公众生活品质的载体；市内90%住宅300米范围内有公园绿地；制定政策措施，增加城市生物的多样性；提升城市环境质量，促进服务业发展。此计划推行后，斯德哥尔摩拥有1000多个公园、7个自然保护区、1个文化保护区、1个国家公园，形成由城市内部公园、新城间的生态廊道、外围自然保护区共同构建的公园系统（占城市面积的40%），是城市最大的碳捕集与封存系统。另一方面，斯德哥尔摩水域占城市面积的10%以上，城市政府在海岸线建立了24个官方城市海滩，海滩由“沐浴水域行动计划”保护，成为欧洲最高环境标准的浴场区，也是体现城市特色的度假旅游磁极。

（2）促进能源转型。在减碳治理重点门类选择上，斯德哥尔摩主要聚焦于电力、交通、社区3个排碳大户，并带动了相关的技术发展。在电力方面，自1972年以来，斯德哥尔摩就开始了多元化的能源替代，城市主要电力来源并不是太阳能或风能，而是核能、水电、垃圾焚烧。在交通方面，由于地理空间的限制，斯德哥尔摩很早就开始发展轨道交通，到了新城建设时代，轨道交通网络上发展起了一个个自给自足的新城，这在一定程度上减少了出行的碳排放，但随着新城人口的激增、产业的失衡，很多新城逐渐成为“睡城”，小汽车替代轨道交通成为主流通勤工具，也成为碳排放的“生力军”。为了减少碳排放，政府开始推广新能源车，通过拥堵税、碳税两种税收控制燃油车的使用和增幅，加强自行车网络的建设，引导市民绿色出行等。在可持续生态社区建设方面，为社区住宅加装太阳能、并入城市供热系统是常见的减碳改造方式；探索生态、能源可循环的建设模式，形成了诸如哈马碧湖城（1996—2018年）的生态新城建设的典型范式，哈马碧湖城制定出十二条绿色开发导则，将土地修复、交通组织、绿色建筑、废弃物利用、水循环、能源开发等因素，系统化地组织到一起，形成一套行之有效的实施标准。

（3）制造业升级转型。一方面，在钢铁、化工等传统制造行业进行技术升级，使用建筑节能设备、太阳能、地源热泵等低碳设备，促使众多传统制造业减碳发展。另一方面，发展一批ICT（信息及通信技术）等新制造业，如今斯德哥尔摩的制造业出口产品中，ICT的产品份额已远远超过传统制造业。

1.2.1.5 美国纽约的碳中和经验[9]

纽约的碳排放总量于2005年达到峰值，而后随着能源效率及结构的改善，碳排放总量逐步下降。从碳排放的结构来看，纽约碳排放主要来源于建筑、交通、废弃物等，其中建筑领域碳排放占比最大，高达68%；其次是交通领域，占比28%。纽约的碳中和举措较为宽泛，但主要集中在建筑节能、交通节能、能源结构转换和市政管理4个方面。

（1）建筑方面。制定规则，规范建筑能源利用。早在20世纪70年代，美国就开始制定并实施建筑物及家用电器的能源效率标准，每3~5年进行一次更新。近年来，美国制定最低能耗标准的能耗产品品种越来越多，标准也越来越严格，而且不同的州有不同的具体内容和要求，其中纽约州、加州等经济比较发达的州，建筑节能的标准比联邦政府的标准还要严格，而且是以强制性法律、法规的形式颁布执行。

（2）交通方面。纽约推行电动车辆等可持续出行方式，2017 年 3 月，纽约首次推出“清洁驾驶”返利计划，该举措旨在鼓励人们在该州购买电动汽车并减少其碳足迹。

（3）能源方面。纽约首先在政府部门实现 100% 可再生电力，再在社区等保证 100% 清洁能源电力。

（4）管理方面。采取可持续生活方式，实践智慧城市规划，在政府部门实现垃圾的零废弃等。

1.2.2 超大城市能源环境问题解决路径

大城市和超大城市是碳排放的集中来源，探讨大城市和超大城市“碳中和”实现路径已成为全球范围内的重要课题之一。为实现碳中和目标，国际上许多发展较快的大城市已制定了以产业政策为主的减排路线图，考虑到能源消耗是温室气体排放量的主要贡献者，许多大城市从能源结构、交通运输、新能源、产业等方面采取了一系列降碳措施，取得了显著效果，为实现碳中和目标作出了较大贡献。总结以上经验，本文提出超大城市实现碳中和主要技术路径如下。

1.2.2.1 调整能源利用结构，减少煤电供应[10]

过去几十年，传统化石能源（煤、石油、天然气）在全球能源供给中占主导地位，清洁能源占比较小。据国际能源署（IEA）数据，1990—2019 年，传统化石能源占全球能源供给的八成。近年来，为了实现碳中和目标，许多先进国家的大城市首先从能源结构的调整着手，鼓励发展可再生的清洁能源，尤其是地热能，降低煤电供应比重。

（1）加快传统能源的转变。加拿大和英国于 2017 年在联合国 COP 23 气候大会上宣布联合成立“弃用煤炭发电联盟”（The Powering Past Coal Alliance），旨在 2030 年前淘汰煤炭发电。截至 2021 年底，该联盟已有 32 个国家、22 个地区和 22 个企业或组织加入，联盟成员承诺未来 5 ~ 12 年内彻底淘汰燃煤发电。瑞典于 2020 年 4 月关闭了国内最后一座燃煤电厂，成为第三个淘汰化石燃料的欧洲国家。丹麦能源部 2020 年 12 月宣布，停止发放新的石油和天然气勘探许可证，计划到 2050 年全面停止化石燃料的生产。

（2）发展清洁能源和提高能效利用率。由于可再生能源具有分布广、潜力大、可持续利用等特点，成为各国实现“碳达峰、碳中和”的重要选择。

如德国，作为欧盟开发利用可再生能源的标杆国家和全球可再生能源利用最成功的国家之一，在风能、太阳能、水力发电、生物质能等可再生能源利用方面居世界领先地位。德国以《可再生能源优先法》为核心，形成一系列市场激励法规体系，其目的是通过提供各种优惠和补贴来促进可再生能源发电量不断增长。美国2009年颁布了《2009美国复苏与再投资法案》（American Recovery and Reinvestment Act 2009），通过税收抵免、贷款优惠等方式，重点鼓励私人投资风力发电、保障节能和能效提升等，成功地调动了市场参与者的积极性。美国能效管理和服务机构也非常重视能效技术从研发、转化到应用推广全过程的支持保障措施，特别是以政府资金为引导，吸收社会资本形成相关专项基金，支持能效技术推广和对民众的教育培训活动。欧盟2020年7月发布了《气候中性的欧洲氢能战略》（A Hydrogen Strategy for a Climate - Neutral Europe），大力促进氢能产业的发展以及氢能的广泛应用。英国、丹麦均提出发展氢能源，为工业、交通、电力和住宅供能。

1.2.2.2 推进建筑节能，打造绿色建筑[11]

打造绿色建筑，虽然前期投资成本高、投资回收期长，但从长远来看减碳量最大，是解决城市碳排放问题最基础、最容易、投入产出比最好、效益最可观的方法。近年来，许多国家和地区都在加强建筑节能的推广应用，以应对气候问题并实现碳中和目标。各国建筑行业实现碳中和的主要途径就是打造绿色建筑，也就是在建筑生命周期内，最大程度地节约资源和保护环境，提高空间的使用效率，促进人与自然和谐共生，降低碳排放。各国及地区主要做法如下。

（1）出台绿色建筑评价体系，推广绿色能效标识。绿色建筑评价体系和节能标识是建筑设计者、制造者和使用者的重要节能指引，有助于在建筑的生命全周期中最大程度实现节约资源、保护环境。在评价体系方面，英国在1990年出台了全球首个绿色建筑评估体系（BREEAM，Building Research Establishment Environmental Assessment Method），成为国际公认的环境评估标准，被誉为“绿色建筑界的奥斯卡”；目前全球70多个国家和地区的建筑已通过BREEAM认证，多数在发达国家。继英国的BREEAM之后，美国绿色建筑协会（USGBC）推出了LEED（Leadership in Energy and Environmental Design）评估体系，将建筑项目分为新建和改建、已有建筑运营维护、室内装修、学校、医疗建筑和住宅等不同的评价体系，评价结果首先要求达到最低要求和先决条件，在此前提下，需要得到一定的分值，建筑才能得到认可。以 BREEAM 和 LEED 两套评估体系为代表形成的第一代绿色建筑评估体系，经过近 30 年的推广，得到了广泛的应用和认可。德国在分析研究第一代绿色建筑体系的基础上，于 2008 年正式推出了第二代可持续建筑评估体系——DGNB（Deutsche Guetesiegel Nachhalteges Bauen），该体系完善了第一代绿色建筑评估体系的不足，全面涵盖了经济质量、生态质量、过程质量、技术质量、基地质量、功能和社会等全部内容和要求。新加坡在《建筑控制法》（Building Control Act）中加入了最低绿色标准，出台了 Green Mark 评价体系，对新建建筑、既有建筑及社区的节能标准作出了规定。

（2）改造老旧建筑，新建绿色建筑。欧洲八成以上的建筑年限已超 20 年，维护成本较高。欧盟委员会于 2020 年发布了其“革新浪潮”战略，目标是使欧盟住宅和非住宅建筑的能源翻新，提出 2030 年所有建筑实现近零能耗。法国“绿色复苏计划”的首要措施便是设立翻新工程补助金，帮助高能耗住房进行翻新，使其符合低能耗建筑标准，降低建筑能源内耗。英国推出“能源税自动调整计划”，以退税、补贴等方式鼓励民众为老建筑安装减排设施，对新建绿色建筑实行“前置式管理”，即建筑在设计之初就综合考虑节能元素，按标准递交能耗分析报告。

（3）推广建筑能耗控制技术。最具代表性的国家便是德国，其节能技术研发和推广机制值得学习。德国建筑供暖和供水消耗的能源占德国能源消耗的 1/3 左右，因而德国非常重视建筑节能，并采取了许多卓有成效的举措，目前德国的建筑节能体系和技术在全球处于领先地位。德国采用的技术主要有通过计算机模拟进行能耗使用测算、综合利用多种制热方式和建筑材料性能改进技术。其中利用地源热泵系统制热，或者利用地源热泵系统制热配合屋顶太阳能集热板系统制热，用于冬季室内采暖和提供生活热水，是其重要的常用建筑供暖供水方式。此外，德国建筑遗产丰富，在对遗产建筑进行节能改造时，为保护建筑遗产，在外墙上加装用无刺激性保温材料制成的保温板和保温材料来提高整体的节能性能；为提高室内的舒适度，通过在建筑中安装新风系统和地源热泵来实现通风和供暖，减少能耗。

1.2.2.3 降低交通运输业碳排放量，加快新能源交通工具布局[12]

随着城市的扩张和人口的增加，车辆、交通流量不断攀升，交通成为城市最大的能源消耗领域。各国政府及产业界日益关注交通行业的低碳发展，所采取措施主要集中于以下 2 个方面。

（1）推广新能源汽车等碳中性交通工具及相关基础设施。各国积极推出激励和约束政策，突破新能源汽车的关键技术，加快新能源汽车的发展。正向激励的举措包括资金优惠、公共服务优先等。如德国提高电动车补贴，挪威、奥地利对零排放汽车免征增值税，美国出台了“先进车辆贷款支持项目”，为研发新技术的车企提供低息贷款，哥斯达黎加对购买零排放车辆的公民给予关税优待及泊车优先待遇等。负向约束包括出台禁售燃油车时间表，主要发达国家及墨西哥、印度等发展中国家均公布了禁售燃油车时间表。在陆路和水路交通方面，各国积极推出法律、政令，推动零碳排放交通工具的使用。如美国出台《能源政策法案》（Energy Policy Act），建立低碳燃料标准并进行税收抵免；日本、智利、秘鲁、南非、阿根廷、哥斯达黎加等国政府发布了绿色交通战略或交通法令，统一购车标准，鼓励使用电动或零排放车辆；欧盟委员会公布了《可持续与智能交通战略》（Sustainable and Smart Mobility Strategy），计划创建一个全面运营的跨欧洲多式联运网络，为铁路、航空、公路、海运联运提供便利，推动 500 千米以内的旅行实现碳中和。

（2）发展交通运输系统数字化。数字技术可以升级交通，优化运输模式，降低能耗，节约成本。2021 年欧洲议会批准了更新版“连接欧洲设施”计划，预计在 2021—2027 年划拨 300 亿欧元，用于交通、能源和数字化基础设施建设；更新版的计划将有约 230 亿欧元用于交通项目，50 亿欧元用于能源项目，20 亿欧元用于数字化项目，将确保到 2030 年如期完成一系列泛欧重要基建项目。2022 年 11 月，美国交通部（USDOT）宣布，5 年提供 1.6 亿美元支持交通运输数字化、智能化。

1.2.2.4 减少工业碳排放，发展碳捕获、碳储存[13]

工业行业是高耗能、高排放的领域。据相关数据，2019 年，经合组织（OECD）国家的工业部门的 CO_2 排放量占其排放总量的 29%。为减少工业行业的碳排放量，各国采取了一系列措施。

（1）发展生物能源与碳捕获、碳储存技术（BECCS）。生物能源与碳捕获和储存是一种温室气体减排技术，运用在碳排放有关的行业，能够创造负碳排放，是未来减少温室气体排放、减缓全球变暖最可行的方法，但目前该技术成本高、过程不确定，尚处于初期阶段。2018 年，英国启动了欧洲第一个生物能源碳捕获和碳储存试点。根据 IEA 估计，至少需要 6000 个这类项目，且每个项目每年在地下存储100万吨CO_2，才能实现2050年碳中和目标。目前全球达到这个存储量的项目不足3‰。

（2）发展循环经济，提升材料利用率。欧盟委员会于2020年发布了新版《循环经济行动计划》（Circular Economy Action Plan），涉及产品的生产、经营、消费整个周期，特别是针对电子产品、电池和汽车、包装、塑料以及食品；出台欧盟循环电子计划、新电池监管框架、包装和塑料新强制性要求以及减少一次性包装和餐具，旨在提升产品循环使用率，减少欧盟的“碳足迹”。欧盟认为，循环经济代表着可持续发展模式，将带来新的商机，创造新的就业机会，促进欧盟与合作伙伴的经济联系。

1.3 大力发展地热能是解决城市能源、环境问题的关键举措

1.3.1 我国碳中和目标任务

2021年10月24日，《中共中央国务院关于完整准确全面贯彻新发展理念做好碳达峰碳中和工作的意见》（以下简称“意见”），对碳达峰、碳中和工作作出系统谋划和总体部署。2021年10月26日，国务院发布《2030年前碳达峰行动方案》，进一步明确了推进碳达峰工作的总体要求、主要目标、重点任务和保障措施。两份文件的发布，标志着我国碳达峰、碳中和工作正式由目标愿景转向具体行动，展现了中国应对气候变化的大国担当。

碳达峰是指CO_2排放（以年为单位）在一段时间内达到峰值，之后进入平台期，并可能在一定范围内波动，然后进入平稳下降阶段。它标志着碳排放与经济发展脱钩，达峰目标包括达峰年份和峰值。

碳中和是指国家、企业、产品、活动或个人在一定时间内，针对其直接或间接产生的二氧化碳或温室气体排放总量，通过植树造林、节能减排等形式，抵消自身产生的二氧化碳或温室气体排放量，实现正负抵消，达到相对“零排放”。碳中和的目的是通过平衡二氧化碳的排放和二氧化碳的去除，阻止二氧化碳在大气中的增加导致全球变暖。碳中和推行的意义是提倡环保主义，减少石油煤炭等化石能源的消耗，发展新能源。

当前，全球应对气候变化形势紧迫，日益严峻的气候危机是摆在全人类面前的又一场严峻大考，需要世界各国协同行动、携手应对。实现碳达峰、

碳中和目标意义重大，是深入推进生态文明建设的必然选择。“十四五”时期，我国生态文明建设进入了以降碳为重点战略方向、推动减污降碳协同增效、促进经济社会发展全面绿色转型、实现生态环境质量改善由量变到质变的关键时期。实现碳达峰、碳中和目标是一场广泛而深刻的经济社会系统性变革，将推动中国走出一条生态和经济协调发展、人与自然和谐共生的可持续发展之路。通过绿色用能、高效用能等方式，解决大城市和超大城市能源使用问题是中国在2030年前实现碳达峰的重要领域。

能源体系的重点在于多元化发展非化石能源，全面提升非化石能源占比。尽管“十四五”期间化石能源消费占比正在逐步走低，但2020年化石能源消费占比依然达到了84.1%，且基于富煤贫油少气的能源资源禀赋，我国单位碳排放量更高的煤炭消耗占比达到了56.8%，远高于美国的10.48%和欧盟的10.6%，且石油与天然气对外依存度较高。结合我国现状和“双碳”目标要求，我国需要多元化发展非化石能源；锚定2030年12亿千瓦以上的目标，大力发展风电和太阳能发电；坚持生态优先，科学布局开发建设水电站；在确保安全的条件下，积极有序推进核电建设；因地制宜推动生物质能、地热能等其他可再生能源的开发利用。

“意见”对我国不同时期碳中和工作的目标任务提出了明确要求。到2025年，绿色低碳循环发展的经济体系初步形成，重点行业能源利用效率大幅提升。单位国内生产总值能耗比2020年下降13.5%；单位国内生产总值CO_2排放比2020年下降18%；非化石能源消费比重达到20%左右；森林覆盖率达到24.1%，森林蓄积量达到180亿立方米，为实现碳达峰、碳中和奠定坚实基础。到2030年，经济社会发展全面绿色转型取得显著成效，重点耗能行业能源利用效率达到国际先进水平。单位国内生产总值能耗大幅下降；单位国内生产总值CO_2排放比2005年下降65%以上；非化石能源消费比重达到25%左右，风电、太阳能发电总装机容量达到12亿千瓦以上；森林覆盖率达到25%左右，森林蓄积量达到190亿立方米，CO_2排放量达到峰值并实现稳中有降。到2060年，绿色低碳循环发展的经济体系和清洁低碳安全高效的能源体系全面建立，能源利用效率达到国际先进水平，非化石能源消费比重达到80%以上，碳中和目标顺利实现，生态文明建设取得丰硕成果，开创人与自然和谐共生新境界。

1.3.2 实现城市碳中和目标的战略措施

1.3.2.1 加速产业结构调整优化

（1）推动传统产业优化升级。强化科技创新引领作用，加快推进经济发展新旧动能转换。严格落实钢铁等行业产能置换政策，加大落后和过剩产能淘汰力度，持续推进处置“僵尸企业”，鼓励企业兼并重组。加强“两高”项目节能审查，把好新上项目的节能环保低碳源头关。

（2）加快培育发展战略性新兴产业。加快发展以新一代信息技术、高端装备制造、新能源等为代表的战略性新兴产业，加快培育和壮大经济发展新动能。推动互联网、大数据、人工智能同实体经济深度融合，推动制造业加速向数字化、网络化、智能化发展。

（3）加快发展现代服务业。推动先进制造业和现代服务业融合发展，培育两业融合发展的新业态新模式。推动现代服务业和传统服务业相互促进，加快服务业创新发展和新动能培育。

1.3.2.2 推动重点领域节能降碳

节约能源是实现“双碳”目标的首要方式。必须明确节约优先，把节约能源资源放在首位，实行全面节约战略，持续降低单位产出能源资源消耗和碳排放，提高投入产出效率。根据我国2021年碳排放结构，发电、钢铁、建材、石化化工、有色金属、交通、建筑等高耗能产业碳排放占比达到全国碳排放总量的95.6%，属于高耗能产业。未来需要针对这些高耗能产业出台专项碳达峰实施方案，针对性地开展各产业的降碳工作。加大交通运输结构优化调整力度，推动“公转铁”“公转水”和多式联运，推广节能和新能源车辆。推动建筑领域绿色低碳发展，既能加快推进既有建筑节能改造，又能推进近零碳排放的示范项目建设和碳中和试点示范建设。

绿色低碳产业是未来产业升级的重要方向。《“十四五”可再生能源发展规划》显示，截至2020年底，我国可再生能源发电装机达到9.34亿千瓦，占发电总装机的42.5%，风电、光伏发电、水、电、生物质发电装机分别达到2.8、2.5、3.4、0.3亿千瓦，连续多年稳居世界第一。然而我国绿色产业发展仍存在不足，如海上风电装机、高端装备制造、生物技术、信息技术等产业的核心技术较发达国家仍存在一定差距，绿色低碳产业需要大力发展，需要增加绿色产业投入、创新绿色技术、培养绿色产业，以提升未来的产业竞争力。

1.3.2.3 依托技术的突破性进展

中国碳排放基数比较大，碳达峰和碳中和时间又比较短，我们必须以关键技术的重大突破支持高质量的可持续发展下的碳中和。深度脱碳要求发电、储能、电网、CCUS（碳捕集利用与封存技术）等领域的技术出现突破性进展。

（1）“双碳”目标对地热能等新能源产生了巨大需求，而新能源随机性、间歇性、波动性的特点使储能、电网领域同样面临转型升级的挑战。

（2）实现“双碳”目标也需要吸收端的助力，在 CCUS 方面，我国现有试点示范项目规模不断壮大，发展态势良好，但是 CCUS 整体处于工业示范阶段，重大战略技术仍存在缺口，与碳中和愿景的需求存在差距。

1.3.2.4 需要政府、市场双轮驱动

（1）政府层面，需要通过完善法律法规推动“双碳”目标实现。从全球来看，很多经济体通过立法、颁布法律法规等方式推动减碳工作，如欧盟在 2020 年通过了《欧洲气候法》（European Climate Law），以法律的形式来推动欧盟碳中和工作，利用法律法规的强制性，保障碳达峰、碳中和工作的有序推进；美国出台了《环境收入税法案》《2009 美国复苏与再投资法案》等政策法案，从税收、投资等方面支持降碳工作的开展。过去我国的节能减排工作主要的法律依据是《中华人民共和国节约能源法》，缺少针对碳排放的专项法律，也缺乏与降碳工作相配套的税收、投资等政策体系，因此需要加强法律法规间的衔接协调，研究制定碳中和专项法律，使法律法规更具针对性，更有效地从法律层面推进“双碳”工作。

（2）市场机制层面，需要通过完善全国碳排放权交易市场助力减碳工作。碳交易是碳减排的重要市场化机制，目前全球碳市场的份额已经覆盖了 16% 的碳排放，是推动企业自愿减排的重要方式。我国在碳排放权交易市场试点基础上，于 2021 年 7 月择时启动发电行业全国碳排放权交易市场上线交易，预计可覆盖全国 40% 的碳排放。在碳交易体系建设方面，我国较欧盟等发达经济体相对落后。欧盟碳排放交易体系起始自 2005 年，涵盖行业范围广、交易主体多，各方参与积极性较高，然而我国碳排放权交易市场一直处于试点

状态，全国碳排放权交易市场与欧盟间存在一定差距，如全国碳交易市场碳排放配额发放的企业主体目前限制在电力行业，仅在试点省市碳交易市场覆盖钢铁、水泥等行业，碳定价体系仍不够完善，市场主体交易不够活跃，交易品种不够丰富。

实现碳达峰、碳中和是我国向世界作出的庄严承诺，也是一场广泛而深刻的经济社会系统性变革，绝不是轻轻松松就能实现的。在2030年前实现碳达峰、2060年前实现碳中和，意味着中国作为世界上最大的发展中国家，将完成全球最大碳排放强度降幅，用历史上最短的时间实现从碳达峰到碳中和。受所处发展阶段、资源能源禀赋等因素影响，我国要用不到10年的时间实现碳达峰，要比欧美碳达峰过程克服更多的困难、付出更大的努力。另外，我国科技创新能力偏弱，当前制约我国重点行业、重点领域低碳发展乃至零碳发展的共性关键技术尚未取得实质性突破；当前我国仍处于工业化和城镇化深化发展阶段，未来15年是我国基本实现社会主义现代化的关键时期，经济发展仍需保持合理增速，能源资源需求将刚性增长。因此，必须认识到双碳工作的复杂性与挑战性，统筹推进。

1.3.3 大力发展地热能对实现城市碳中和目标意义重大

1.3.3.1 国家层面支持开发地热能的相关政策（2005—2023年）

我国发布了多项与地热能相关的法规、政策和规划，为地热能的开发利用提供了制度保障。2006年国务院发布了《国家中长期科学和技术发展规划纲要（2006—2020年）》，将地热能开发利用技术作为可再生能源低成本、规模化开发利用的重点研究领域。2006年1月1日实施的《中华人民共和国可再生能源法》，将地热能明确列入可再生能源范围，并将可再生能源开发利用的科学技术研究和产业化发展作为科技发展与高技术产业发展的优先领域。2006年1月1日开始实施的《地源热泵系统工程技术规范》规范了在工程技术方面，地源热泵系统工程勘查、施工、监测等操作相关要求。2020年4月，住房和城乡建设部办公厅发布了《地源热泵系统工程技术规范（征求意见稿）》，对原标准进行了局部修订，并公开征求意见。2006年8月颁布的《国务院关于加强节能工作的决定》提出，要大力发展地热能等可再生能源和替代能源。

2007年9月国家发展和改革委员会发布的《可再生能源中长期发展规

划》，明确可再生能源包括水能、生物质能、风能、太阳能、地热能和海洋能等，地热能热利用包括地热水的直接利用和地源热泵供热、制冷，此类技术在发达国家已得到广泛应用，近5年来全世界地热能热利用年均增长约13%。我国地热资源以中低温为主，适用于工业加热、建筑采暖、保健疗养和种植养殖等，资源遍布全国各地；适用于发电的高温地热资源较少，主要分布在藏南、川西、滇西地区，可装机潜力约为600万千瓦。初步估算，全国可采地热资源量约相当于33亿吨标准煤。该规划同时提出，加快发展水电、生物质能、风电和太阳能，大力推广太阳能和地热能在建筑中的规模化应用，降低煤炭在能源消费中的比重，是我国可再生能源发展的首要目标。

2008年12月，国土资源部发布了《关于大力推进浅层地热能开发利用的通知》，要求摸清浅层地热能资源，编制开发利用规划，科学利用浅层地热能，统筹当地经济社会与资源、环境协调发展。加强组织领导，抓好技术培训，制定优惠政策，实行规范管理，促进浅层地热能开发利用工作健康发展。并对推进浅层地热能资源的调查评价、开发利用规划和监测等进行了详细部署。

国家发展和改革委员会会同有关部门制定的《节能减排综合性工作方案》，积极推进能源结构调整，提出大力发展可再生能源，推进风能、太阳能、地热能、水电、沼气、生物质能利用以及可再生能源与建筑一体化的科研、开发和建设。2021年国务院印发的《“十四五”节能减排综合工作方案》提出，各地区“十四五”时期新增可再生能源电力消费量不纳入地方能源消费总量考核。

2013年9月，国务院印发《大气污染防治行动计划》，提出加快清洁能源替代利用；积极有序发展水电，开发利用地热能、风能、太阳能、生物质能，安全高效发展核电。

2014年，国务院办公厅印发《能源发展战略行动计划（2014—2020年）》，明确提出，积极发展地热能、生物质能和海洋能。坚持统筹兼顾、因地制宜、多元发展的方针，有序开展地热能、海洋能资源普查，制定生物质能和地热能开发利用规划，积极推动地热能、生物质能和海洋能清洁高效利用，推广生物质能和地热供热，开展地热发电和海洋能发电示范工程。到2020年，地热能利用规模达到5000万吨标准煤。

2016年，国务院印发《关于深入推进新型城镇化建设的若干意见》，提出推动新型城市建设。推动分布式太阳能、风能、生物质能、地热能多元化规模化应用和工业余热供暖，推进既有建筑供热计量和节能改造，对大型公共建筑和政府投资的各类建筑全面执行绿色建筑标准和认证，积极推广应用绿色新型建材、装配式建筑和钢结构建筑。

2017 年，国务院印发《“十三五”促进民族地区和人口较少民族发展规划》，提出大力发展循环经济。完善民族地区再生资源利用体系，组织开展循环经济示范行动，促进生产和生活系统的循环链接。加快发展民族地区风能、太阳能、生物质能、水能和地热能，推进分布式能源发展。同年的《“十三五”节能减排综合工作方案》中提出，推进利用太阳能、浅层地热能、空气热能、工业余热等解决建筑用能需求。

2018 年 7 月，国务院印发《打赢蓝天保卫战三年行动计划》，提出加快发展清洁能源和新能源。到 2020 年，非化石能源占能源消费总量比重达到 15%。有序发展水电，安全高效发展核电，优化风能、太阳能开发布局，因地制宜发展生物质能、地热能等。农村地区利用地热能向居民供暖（制冷）的项目运行电价参照居民用电价格执行。

2021 年 3 月，十三届全国人大四次会议表决通过并批准了《中华人民共和国国民经济和社会发展第十四个五年规划和 2035 年远景目标纲要》，提出构建现代能源体系。因地制宜开发利用地热能。6 月，住房和城乡建设部等 15 部门印发《关于加强县城绿色低碳建设的意见》，提出大力发展绿色建筑和建筑节能。全面推行绿色施工。提升县城能源使用效率，大力发展适应当地资源禀赋和需求的可再生能源，因地制宜开发利用地热能、生物质能、空气源和水源热泵等，降低传统化石能源在建筑用能中的比例。9 月，国家发展和改革委员会等八部门联合印发《关于促进地热能开发利用的若干意见》，提出到 2025 年，各地基本建立起完善规范的地热能开发利用管理流程，全国地热能开发利用信息统计和监测体系基本完善，地热能供暖（制冷）面积比 2020 年增加 50%，在资源条件好的地区建设一批地热能发电示范项目，全国地热能发电装机容量比 2020 年翻一番；到 2035 年，地热能供暖（制冷）面积及地热能发电装机容量力争比 2025 年翻一番。10 月，中共中央、国务院印发的《关于完整准确全面贯彻新发展理念做好碳达峰碳中和工作的意见》，提出实施可再生能源替代行动，大力发展风能、太阳能、生物质能、海洋能、地热能等，不断提高非化石能源消费比重；到 2060 年，非化石能源消费比重达到80%以上。同时，国务院印发《2030年前碳达峰行动方案》，提出大力发展新能源。探索深化地热能以及波浪能、潮流能、温差能等海洋新能源的开发利用。进一步完善可再生能源电力消纳保障机制。加快优化建筑用能结构。深化可再生能源建筑应用，因地制宜推行热泵、生物质能、地热能、太阳能等清洁低碳供暖。

2022年1月，国家发展和改革委员会、国家能源局印发《关于完善能源绿色低碳转型体制机制和政策措施的意见》，提出完善建筑可再生能源应用标准，鼓励光伏建筑一体化应用，支持利用太阳能、地热能和生物质能等建设可再生能源建筑供能系统。创新农村可再生能源开发利用机制。完善规模化沼气、生物天然气、成型燃料等生物质能和地热能开发利用扶持政策和保障机制。完善油气与地热能以及风能、太阳能等能源资源协同开发机制，鼓励油气企业利用自有建设用地发展可再生能源和建设分布式能源设施，在油气田区域内建设多能融合的区域供能系统。住房和城乡建设部发布，2022年4月1日起实施的《建筑节能与可再生能源利用通用规范》，对建筑碳排放“强制性”作出了要求，其中包括地源热泵系统等可再生能源建筑应用系统设计。提出充分利用太阳能、地热能等可再生能源，能够有效减少化石能源消耗，降低建筑碳排放。6月，国家发展和改革委员会等九部门联合印发的《“十四五”可再生能源发展规划》重点提出，积极推进地热能规模化开发。

2023年，国家能源局印发《2023年能源工作指导意见》，提出加快培育能源新模式新业态。稳步推进有条件的工业园区、城市小区、大型公共服务区，建设以可再生能源为主的综合能源站和终端储能。积极推广地热能、太阳能供热等可再生能源非电利用。

1.3.3.2 各省、市、自治区支持开发地热能相关政策（2019—2023年）

在国家政策的积极引导和带动下，各省、市、自治区积极落实国家能源相关政策，相继颁布了一系列地方性政策规划，印发“双碳”工作顶层设计文件，聚焦地热能等新能源产业，推动清洁能源开发利用，因地制宜地推广地源热泵应用，对地源热泵的技术发展和应用渗透起到了积极推动作用。

河北省近年相继印发《邯郸市人民政府办公室关于开展乡村电气化及产业清洁用能推广工作的通知》《河北省制造业技术改造投资导向目录》《加快农村能源转型发展助力乡村振兴的实施意见》等，明确规定地源热泵属于其重点发展项目，要因地制宜推进地热能供暖。在地热资源丰富、面积较大的乡镇，有限开展地热能集中供暖。江苏省印发《江苏省“十四五”绿色建筑高质量发展规划》《南京市绿色建筑示范项目管理办法》等，提出推广热泵分散供暖方式，到2025年全省新增地热能建筑应用面积300万平方米，并对新建浅层地热能地源热泵示范项目按照示范面积，以不超过50元/平方米的标准予以补助。安徽省印发《安徽省“十四五”建筑节能与绿色建筑发展规划》《安徽省“十四五”节能减排实施方案》等，引导各地因地制宜推广热泵、燃气、地热等清洁低碳取暖方式，鼓励以投资建设运营一体化方式推进浅层地热能项目开发利用。甘肃省印发《甘肃省“十四五”能源发展规划》，大力推进中深层地热能供暖，推动地热能分区分类利用和井下换热技术应用，积极开展浅层地热能开发利用，提高地热资源利用率。辽宁省印发《辽宁省推广绿色建筑实施意见》《辽宁省“十四五”能源发展规划》等，强调要稳妥推进地热能开发利用，采用地源热泵技术等清洁能源供暖制冷的绿色建筑，供暖制冷系统用电在现行电价政策范围内参照居民用电价格执行。山东省印发《山东省新能源产业发展规划（2018—2028年）》提出推动浅层土壤源等技术升级，到2022年全省热泵产业产值力争突破500亿元，到2028年全省热泵产业产值力争突破1000亿元。浙江省印发《地源热泵系统工程技术规程》《浙江省可再生能源发展“十四五”规划》等，对地源热泵系统的工程可行性评估、勘查、设计、施工、调试验收、监测、运行管理等各个环节进行了规范，鼓励全省利用浅层地热能资源在公用建筑、别墅群、联排别墅区进行供冷供暖。扩展地热能应用场景，推动地热能综合利用示范项目。山西省印发《山西省建筑节能、绿色建筑与科技标准“十四五”规划》《山西省可再生能源发展“十四五”规划》等，全面推进浅层地热能开发。重点在具有供暖制冷双需求的地区，优先发展土壤源热泵，扩大浅层地热能开发利用规模。在城市大型商场、办公楼、酒店、机场航站楼等建筑推广应用热泵等技术。宁夏回族自治区印发《宁夏回族自治区能源发展“十四五”规划》《宁夏回族自治区能源领域碳达峰实施方案》等，强调利用热泵等技术积极推广浅层地热能供暖，重点在银川平原探索开展中深层地热能供暖。河南省印发《河南省新能源和可再生能源发展“十四五”规划》，强调扩大浅层地热利用规模，优先发展土壤源热泵。到2025年，建成郑州、开封、濮阳、周口4个千万平方米地热供暖规模化利用示范区。湖南省印发《湖南省“十四五”建筑节能与绿色建筑发展规划（征求意见稿）》，要求因地制宜推广使用各类热泵系统满足建筑采暖、制冷及生活热水需求，力争到2025年，新增可再生能源应用面积达到新建建筑面积的16%，新增浅层地热能建筑应用面积占新建建筑面积的比例达到10%。内蒙古自治区印发《内蒙古自治区“十四五”可再生能源发展规划》《内蒙古自治区“十四五”节能减排综合工作实施方案》等，强调在城乡接合部和热力管网无法到达的老旧城区，推广应用电锅炉、热泵、分散式电采暖，减少取暖用煤需求，要求科学有序开展地热能开发利用示范，到2025年地热能供暖面积力争达到1000万平方米。天津市印发《天津市“十四五”节能减排工作实施方案》，鼓励实施供暖系统电气化改造，因地制宜采用空气源、地源热泵等清洁用能设备替代燃油、燃气锅炉。江西省印发《江西省“十四五”能源发展规划》《江西省住房城乡建设领域“十四五”建筑节能与绿色建筑发展规划》，提出探索推进地热供暖、太阳能制热、生物质供热等可再生能源利用发展；在大型公共建筑和星级绿色建筑中鼓励浅层地温能热泵技术应用，在进行资源评估、环境影响评价基础上，采用梯级利用方式积极稳妥开展中深层地热能开发利用。黑龙江省印发《关于加强黑龙江省地热能供暖管理的指导意见》《黑龙江省“十四五”建筑节能与绿色建筑发展规划》等，鼓励小城镇以及农村等分散布局建筑优先采用光伏、热泵等清洁电力的配电系统和相关采暖、炊事等电气化设备；鼓励发展中深层土壤源热泵供暖，对于新建地下水源热泵项目，要按照“取热不取水”要求，严格开展建设项目水资源论证和取水许可审批。陕西省印发《陕西省“十四五”节能减排综合工作实施方案》，强调大力推进关中地区中深层地热能供热、浅层供热制冷，推广利用地热能等新能源和热泵技术。湖北省印发《湖北省能源发展“十四五”规划》，积极推进地热能多元融合发展，在武汉、襄阳、宜昌、十堰等地区，积极推广浅层地热能供暖和制冷应用；新增地热能供冷供热应用建筑面积1900万平方米，2025年达到5000万平方米。贵州省印发《贵州省新能源和可再生能源发展“十四五”规划》《贵州省碳达峰实施方案》等，要求围绕“五区”驱动，加大浅层地热能资源开发利用，初步实现浅层地热能供暖制冷建筑规模化、商业化应用；加快推进城市功能区、城镇集中区、工业园区、农业园区、旅游景区浅层地热能供暖制冷项目应用，到2025年，浅层地热能利用面积达到2500万平方米，2030年达到5000万平方米。

1.3.3.3 北京市支持开发地热能相关政策（2019—2023 年）

北京市积极落实国家能源相关政策，加大地热能资源开发利用，并积极推广地源热泵技术，在 2006 年 7 月 1 日开始实施的《关于发展热泵系统的指导意见》中，就提出对辖区内建设的地源热泵项目给予 50 元/平方米的一次性补贴，计划到 2025 年，全市新增浅层地源热泵供暖面积 2000 万平方米，新增中深层地热热泵供热面积 200 万平方米。

2019 年 1 月，印发《关于进一步加快热泵系统应用推动清洁供暖的实施意见》，提出以整村实施的农村地区煤改浅层地源热泵项目，以社区统一实施的城镇地区煤改浅层地源热泵项目，按照工程建设投资的 50% 给予资金支持。

2020 年 1 月，印发《推动首都高质量发展标准体系建设实施方案》，强调建立完善余热余压回收利用、再生水源热泵、地源热泵等供热方式的标准，提高热网能源利用效率。

2022 年 2 月，印发《北京市“十四五”时期能源发展规划》，要求对具备条件的各类公共机构，以及政府投资的项目，优先利用浅层地热能供暖，到 2025 年，全市新增浅层地源热泵供暖面积 2000 万平方米；按照“以灌定采、采灌均衡、水热均衡”的原则，有序开发利用西集、凤河营、小汤山、延庆等地热田，到 2025 年，全市新增中深层地热泵供热面积 200 万平方米。

2022 年 6 月，印发《北京市“十四五”时期供热发展建设规划》，提出北京市积极发展再生水源热泵和地源热泵等新型供热方式；不再新建独立燃气供热系统，新建的耦合供热系统中新能源和可再生能源装机占比不低于 60%；因地制宜优先发展中深层地热能、浅层地热能、再生水余热、垃圾电厂余热、数据中心余热和绿电等耦合供热方式，打造一批示范工程。

2022 年 10 月，印发《北京市碳达峰实施方案》，提出加大财政资金对低碳技术和项目的支持力度，逐步削减对燃气供暖等化石能源消费的政策补贴，加强对光伏发电、地热及热泵等可再生能源开发利用的政策支持。大力发展地热及热泵、太阳能、储能蓄热等清洁供热模式，实现平原地区地热资源有序利用。

2023 年 6 月，印发《北京市可再生能源替代行动方案（2023—2025 年）》，强调推进中深层地热能暖民工程。按照取热不耗水、完全同层回灌的原则，开展城市副中心、朝阳区、昌平区和延庆区等深层地热供暖示范区建设，推动东南城区、良乡、小汤山、双桥、京西北和凤河营等地热田向供暖转型，实现深层地热资源用途优化整合。稳妥有序推进中深层井下换热技术示范应用，加快推动城市副中心交通枢纽中深层井下换热等示范项目建设。推动西集地热开发利用长输供热工程和大兴采育地热集中供暖示范项目前期工作。到2025年，全市新增中深层地热能供热面积200万平方米。在张家湾、宋庄、台湖等特色小镇打造一批绿色低碳样板，加快建设城市绿心三大建筑及共享空间、六合村能源站等多能互补供热项目，积极推动通州区东南部中深层地热试点项目落地实施，探索区域可再生能源综合服务商业模式。到2025年，城市副中心本地可再生能源利用比重达到20%以上，地热及热泵供暖面积达到450万平方米以上，新增光伏发电装机达到10万千瓦。推动医药健康、集成电路、智能网联汽车、智能制造与装备等重点领域可再生能源应用，明确太阳能、地热能等重点品种应用技术和指标要求。支持干热岩开发技术的研究与应用，开展中深层地热供暖技术创新。研究制定光伏发电、地热及热泵高质量发展实施意见，强化可再生能源政策与相关领域政策衔接。稳妥有序推进中深层井下换热技术示范应用，加快推动城市副中心交通枢纽中深层井下换热等示范项目建设。到2025年，全市新增中深层地热能供热面积200万平方米。

参考文献

[1] Copenhagen 2025 Climate Plan Roadmap 2021—2025, [Z/OL], https://carbonneutralcities. org/cities/copenhagen/, 2020 - 11 - 18.

[2] New Amsterdam Climate - Roadmap Amsterdam Climate Neutral 2050 [Z/OL]. http://carbonneutralcities. org/wp - content /uploads/2020/03/Amsterdam - Climate - Neutral - 2050 - Roadmap. Pdf, 2020 - 03 - 03.

[3] Erste Fortschreibung des Hamburger Klimaplans und Gesetz zur nderung der Verfassung, zum Neuerlass des Hamburgischen Klimaschutzgesetzes sowie zur Anpassung weiterer Vorschrifte [Z/OL]. https://www. hamburg. de/contentblob/13647730/82f1c3fe9959d1d7f70106ae89a80781/data/d - mburger - klimaplan - 2019. pdf, 2019 - 12 - 03.

[4] Das Energiesystem der Zukuft für Hamburg undSchleswig Holstein [EB/OL]. https://www. hamburg. de/contentblob/8284964/f23067f4dedb - 5788b552b704bb2b41e5/data/d - top - 5 - new4 - 0. pdf, 2017 - 03 - 23.

[5] 何继江，于琪琪，秦心怡. 碳中和愿景下的德国汉堡能源转型经验与启示 [J]. 河北

经贸大学学报，2021，42（04）：59－66.
[6] 江玲. 京津冀地区能源消费结构与碳足迹分析［D］. 天津：天津大学管理与经济学部. 2015.
[7] 高晓雨，李晓春. 荷兰·阿姆斯特丹——能源管理先行者［J］. 智能建筑与智慧城市，2017（07）：21－25.
[8] 韩玮烨. 看欧洲绿都的碳中和实践，悟城市发展之路［EB/OL］. https://www.sohu.com/a/539282192_121119000.
[9] 余柳. 迈向碳中和的纽约之路：目标、方法与路径［EB/OL］. https://mp.weixin.qq.com/s/37Tq1YsWLobq2NeRmnUVRA.
[10] 李文华，张宏杰. 美国《复苏与再投资法案》浅析［J］. 物流技术，2010，29（Z2）：63－65.
[11] 卢求，卓定疆. 德国建筑节能政策体系和技术措施［J］. 北京房地产，2006（04）：103－105.
[12] 卢求. 德国DGNB——世界第二代绿色建筑评估体系［J］. 世界建筑，2010（01）：105－107. DOI:10.16414/j.wa.2010.01.005.
[13] 李长明，杨昌鸣，郭萍. 德国遗产建筑节能改造的突出技术问题及其解决方案［J］. 中国文化遗产，2020（01）：65－72.

第二章

什么是浅层地热能

摘要： 我国具有丰富的浅层地热能资源，随着社会经济发展对清洁能源利用的迫切需求以及“双碳”目标的提出，浅层地热能利用得到迅速发展。但是，对浅层地热能的成因与赋存影响因素众说不一，这对浅层地热能的高效开发和安全、可持续利用造成了一定的困扰。本章从浅层地热能的概念出发，叙述了浅层地热能研究及发展历程、地源热泵系统的分类与特点，探索了浅层地热能的来源，包括太阳辐射、深部地热传热与对流、地质体储能等，并对比了天然和人工干扰状态下地温场与传热的影响。在此基础上，分析了我国地下常温层温度特征和浅层地热能成因类型，研究了地温场、地下水、断裂构造、气候带分布、开采规模与利用形式等多种因素对浅层地热能分布与开发利用适宜性的影响，计算了全国可有效利用浅层地热能的资源量与可实现供暖和制冷空调面积。相较于传统的热电厂，地热供暖的碳排放量约为热电厂的1/6。地热供暖有多种实现方式，其中浅层地源热泵系统和深层地源热泵系统是最常见的两种技术。本章分析了其节能减排贡献，为我国浅层地热能的规模化利用提供了技术指导和理论参考。

2.1 浅层地热能资源特征

2.1.1 浅层地热能概念

2.1.1.1 浅层地热能的提出

热能是由热源产生的，地球的热源分为外部热源和内部热源。地球外部热源主要包括太阳辐射热、潮汐摩擦热和其他外部热源。其中，太阳辐射热控制着大气层、水圈、生物圈及岩石圈发生的各种生物、化学及其他作用，地球表面及近地表处的温度场主要取决于太阳辐射热和地球内部热的均衡。地球内部热源主要包括放射性衰变热、地球转动热以及外成生物作用释放的热能。放射性衰变热是地球内部岩石和矿物中具有足够丰度、生热率较高、半衰期与地球年龄相当的放射性元素衰变时产生的巨大能量，它构成了地球的主要热源；地球转动热是由于地球及其外壳物质密度的不均匀分布和地球自转时角速度的变化引起岩层水平位移和挤压而产生的机械能，地球转动热在地球内部热源中居于次要地位；外成生物作用产生的热量一般称化学反应热和化学能，经常起热源作用。

地热资源是指在可以预见的未来时间内能够为人类经济开发和利用的地球内部热能资源，包括地热能、地热流体及其有用组分，按温度可分为高温、中温、低温3种类型[1-2]。温度在150 ℃以上的为高温地热资源，主要用于发电、制冷、烘干等；温度在90～150 ℃的为中温地热资源，主要用于工业干燥、脱水加工、回收盐类等；温度低于90 ℃的为低温地热资源，可分为热水、温热水、温水3类，其中温度在60～90 ℃的热水可用于采暖、工艺流程，温度在40～60 ℃的温热水可用于医疗、洗浴和温室，温度在25～40 ℃的温水主要用于农业灌溉、养殖和土壤加温。低于25 ℃的水由于温度较低，不能被直接利用，但随着热泵技术的成熟，通过输入少量的电能，将低于25 ℃的水中的能量用于热泵机组中循环介质的物理转换（热传导），循环介质的升温进一步通过热传导，可产生40 ℃以上的水，用于供暖和生活热水。因此，地热能的概念有了进一步的延伸，出现了浅层地热（温）能概念，即蕴藏在地表以下一定深度（一般小于200 m）范围内岩土体、地下水和地表水中具有开发利用价值的一般低于25 ℃的热能[3]。

浅层地热能与地热能的区别在于温度、空间分布和利用方式等方面的不同[3]。由于浅层地热的温度大大低于传统地热的温度，所以不能直接利用，但可作为冬季热泵供热的热源和夏季制冷的冷源，比传统地热具有更为广泛的用途。在城市建筑密集区，受建筑用地的限制，布设换热孔的面积有限，考虑到经济性和可用性，可加大换热深度以增加换热空间。而在以取热为主要需求的寒冷地区，为了获取更多的热量，开发利用深度可增加到300～400 m。

浅层地热能具有可循环再生、清洁环保、分布广泛、储量巨大、埋藏较浅、可就近开发利用等特点，作为化石能源的替代资源，通过地源热泵技术进行开发利用，能够有效减少二氧化碳和污染物排放[4]。浅层地热能具有众多优势，特别适合于建筑物的供暖与制冷，对于缓解能源短缺和温室效应等问题具有广阔的前景。

2.1.1.2 浅层地热能的利用形式

浅层地热能的利用，主要是通过热泵技术进行热交换，利用浅层地热能既可以取热又可以取冷的特点实现对建筑的供暖和制冷。其工作原理是利用地下常温土壤或地下水温度相对稳定的特性，通过输入少量的高品位电能，运用埋藏于建筑物周围的管路系统或地下水与建筑物内部进行热交换，使低品位热能向高品位转移的冷暖两用空调系统。它由水循环系统、热交换器、地源热泵机组和控制系统组成。冬季代替锅炉从土壤中取出热量，以 30～40 ℃的热风向建筑物供暖，通过热泵升高温度后对建筑供热；夏季代替普通空调向土壤排热，以 10～17 ℃的冷风给建筑物制冷，通过热泵把建筑物中的热量传输给大地，对建筑物进行降温。同时，还能供应生活热水。

1912 年，瑞士人 H. Zoelly 首次提出利用浅层地热能（土壤源热泵）作为热泵系统低温热源的概念并申请了专利；但是由于当时煤炭、石油等能源充足，用热泵供暖的社会需求不足，热泵技术没有得到重视和发展[5-6]。随着热泵技术的飞速发展和日趋成熟，浅层地热能逐步被认识及开发。1946 年，美国印第安纳州诞生了第一台地源热泵装置；1948 年在美国俄勒冈州波兰特市中心区的联邦大厦，第一个完整的地下水源热泵系统正式投入运行[6-7]。这一阶段，国外对土壤源热泵的研究主要集中在地下换热器方面。爱迪生电子学院在 20 世纪 40 年代开始了环路式热泵的研究。1946 年，美国开展了 12 个地下换热器的研究项目，项目测试了埋地盘管的几何尺寸、管间距、埋深等，并将热电偶埋入地下，测试了土壤温度随时间变化和受传热过程影响的情况。1953 年，美国电力协会的研究表明，以上这些试验尚无法提供可用于地下换热器的设计方程。

20 世纪 50 年代，欧洲开始了地源热泵的第一次研究高潮，并在一些北欧国家得到应用，英格索尔（Ingersoll）和普拉斯（Plass）根据 Kelvin 线源概念提出了地下埋管换热器的线热源理论，鉴于当时能源价格较低，该系统造价较高并不经济，因而未能得到广泛的推广及应用[8]。直到 20 世纪 70 年代初，世界上出现了第一次能源危机，人们才开始把注意力转移到节能、高效用能上，地源热泵的研究进入了又一次高潮。20 世纪 80 年代初，欧洲先后召开了 5 次大型地源热泵国际专题学术会议，美国能源部进行了大规模的研究，为地源热泵的推广起到了巨大的作用。这一时期的工作主要集中在对埋地换热器的地下换热过程进行研究，建立相应的数学模型并进行数值仿真。而欧洲建立了不少埋管地下换热器的地源热泵，但主要用于冬季的供暖。后期的研究主要集中于土壤的传热性质、换热器形式以及影响埋管换热效率的因素等方面。20 世纪 70 年代末到 90 年代初，欧美开展了冷热联供地源热泵方面的研究，地源热泵技术飞速发展并趋于成熟[9]。

随着科技的进步，各国关于能源消耗和环境污染的法律越来越严格，地源热泵的发展迎来了它的另一次高潮。在欧洲，瑞士、瑞典和奥地利等国家大力推广地源热泵供暖和制冷技术，政府采取了相应的补贴政策和保护政策，使地源热泵生产和使用范围迅速扩大。20 世纪 80 年代后期，地源热泵技术已经趋于成熟，更多的科学家致力于地下系统的研究，努力提高热吸收和热传导效率，同时越来越重视对环境的影响。地源热泵设备生产呈现逐年上升的趋势，瑞士和瑞典的年产量递增率超过了 10%。美国的地源热泵机组生产厂家也十分活跃，成立了全国地源热泵生产商联合会，并逐步完善了工程网络，美国成为世界地源热泵机组生产、使用的大国[10-11]。从地源热泵应用情况来看，北欧国家主要偏重于冬季采暖，而美国则注重全年冷热联供[12]。

20 世纪 90 年代及其后地源热泵的研究热点仍集中在埋地换热器的换热机制、强化换热及热泵系统与埋地换热器的匹配等方面。研究关注在岩土体与换热器相互耦合的传热、传质模型，以便更好地模拟埋地换热器的真实换热状况；同时开始研究采用热物性更好的回填材料，以强化埋管在土壤中的导热过程，从而降低系统用于安装埋管的初始投资成本；为进一步优化系统，也开展了关于埋地换热器与热泵装置的最佳匹配参数等方面的研究。工程应用方面，根据 IEA 数据，2010—2020 年全球热泵安装量（含空气源、水源、地源热泵）复合增长率（CAGR）为 6.4%，2020 年全球共安装热泵 1.77 亿台，其中中国、北美、欧洲安装量占比分别为 33%、23%、12%。

2.1.1.3 地源热泵系统分类

根据地热能交换形式的不同，地源热泵系统分为地埋管地源热泵系统、地下水地源热泵系统和地表水地源热泵系统。

（1）地埋管地源热泵系统

地埋管地源热泵系统指传热介质通过水平或竖直的土壤换热器与岩土体进行热交换的热泵系统，传热介质在封闭的地下埋管中流动，利用土壤巨大的蓄热蓄冷能力，将地下土壤中的热量进行转移，从而实现系统与大地之间的传热。地埋管地源热泵系统受地下水量的影响较小，基本不会造成地下水破坏或污染，系统运行稳定性和可靠性强，能够达到节能减排的目的[13]。

（2）地下水地源热泵系统

地下水地源热泵系统将地下水作为低品位热源，利用少量的电能输入，实现低品位热能向高品位热能转移，从而实现供热或供冷的一种系统。地下水地源热泵系统适合于地下水资源比较丰富、稳定、优质的地区。它的优点是系统的水井占地面积小、综合造价低、简便易行，可以满足大面积建筑物供暖、制冷的需要。

（3）地表水地源热泵系统

地表水地源热泵系统利用热泵技术，将池塘、湖泊或河流中的地表水作为低品位热源，通过少量的高品位电能输入，实现低品位热能向高品位热能转移，从而实现供热或供冷的一种系统。该系统具有简便易行、初始投资成本较低的优点，但地表水温度受气候的影响较大，影响热泵的供热量和性能系数。

上述 3 种地源热泵系统都有着高效、节能、环保、无污染的优点，可以有效减少二氧化碳、无氮氧化物、二氧化硫和烟尘的排放[14]。

2.1.2 浅层地热能来源

2.1.2.1 太阳辐射

（1）太阳辐射特征

太阳能是太阳内部或者表面的黑子连续不断地进行核聚变反应过程产生的能量。太阳辐射指太阳核聚变所产生的能量，经由电磁波传递到各地的辐射能。太阳辐射的光学频谱接近温度 5800 K 的黑体辐射，大约有一半的频谱是电磁波谱中的可见光，而另一半有红外光与紫外光等频谱。通常用全天日射计与银盘日射计等仪器来测量太阳辐射。太阳辐射波长范围在0.15 ~ 4 μm，分为可见光、红外光和紫外光 3 个部分。图 2 – 1 展示了在大气层之外与在地球表面的太阳辐射频谱。其中，可见光波段是太阳辐射能的主要集中区域，约占总能量的 50%。

太阳以光辐射的形式每秒向太空发射约 3.8×10^{20} MW 的能量，由于距地球较远，仅有约 22 亿分之一投射到地球上，在大气圈外的太阳光强度约为 1.38 kW/m^2，经大气层反射、吸收之后，还有 70% 透射到地面。整个太阳每秒钟释放出来的能量相当于每秒钟燃烧 1.28 亿吨标煤所放出的能量。太阳辐射到达地球陆地表面的能量，大约为 17 万亿 kW。地球轨道上的平均太阳辐射通量密度为 1369 W/m^2。在海平面上的标准峰值强度为 1 kW/m^2，地球表面某一点的年平均辐射强度为 0.20 kW/ m^2。

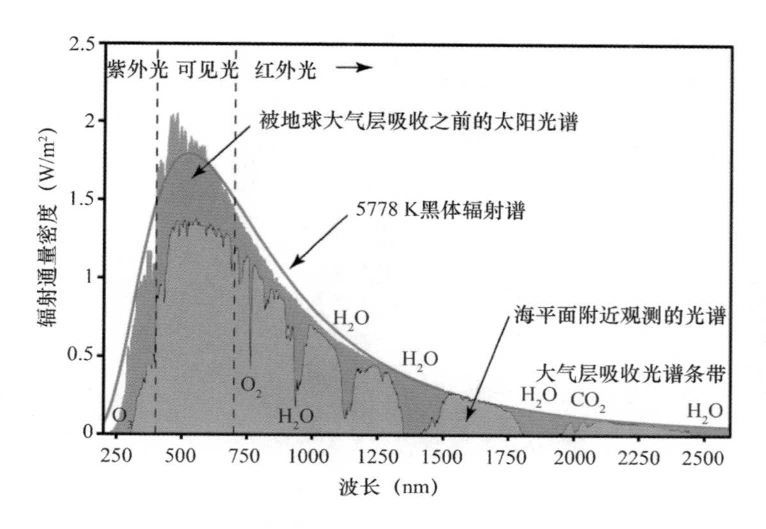

图 2－1　在大气层之外与在地球表面的太阳辐射频谱

（2）地球的吸收

地球外表包裹着一层约 30 km 厚的大气，虽然厚度尚不足地球直径的 1/400，但其中的臭氧、二氧化碳、水汽等，还有些固相、液相悬浮物如微小的水滴、冰晶和尘埃等，都会对进入地球大气的太阳辐射产生吸收、反射和散射作用，致使到达地表的太阳辐射显著减弱。大约有 30% 的太阳辐射能直接以短波形式反射回宇宙空间，23% 被大气吸收，仅有 47% 左右的能量到达地球表面，成为人类可开发利用的太阳能资源。未被大气阻挡而能够直接到达地面的太阳辐射称为直接辐射；而经过大气散射或反射后抵达地面之辐射，则称为漫射辐射，于地面接收到的总太阳辐射是指直接辐射和漫射辐射二者之总和。所有被地球大气及其下垫面所接收的太阳能，除了仅占太阳投向地球总能量中 0. 02%～0. 03% 的能量通过植物的光合作用，以生物质能的形式较长时期地保存下来之外，其他绝大部分的能量，都转化成低温热能，形成地球特有的“气象”，同时也衍生成风能、水力能、海流能、温差能、波浪能、雷电能等气象能源。

另外，太阳辐射到达地球大气层的强度取决于太阳的高度角、日地距离和日照时间。大致而言，中午辐射强度大于早晚；夏季辐射强度大于冬季；低纬度地区辐射强度大于高纬度地区。图 2－2 展示了不同纬度地表所受的太阳辐射强度不同。太阳辐射量在地球各区的分布不平均，导致各区热量的差异，引起大气运动。大气环流将热量和水汽从地球一个地区输送到另一个地区，从而在高低纬度之间、海陆之间交换热量和水汽，促进地球上的热量平衡与水平衡，同时也引起各类天气变化及不同气候。中国太阳能资源十分丰富，全国有2/3以上的地区，年辐照总量大于 5.02×10^6 kJ/m^2，年日照时数在2000小时以上[15]。

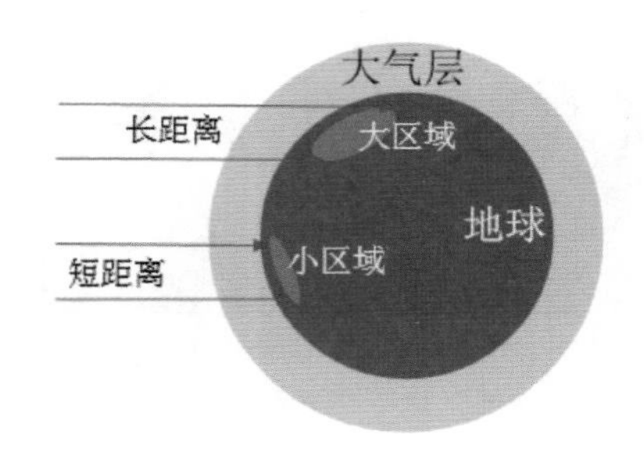

图2-2　不同纬度地表所受的太阳辐射强度不同

（3）太阳辐射对浅层地热能的影响

太阳通过电磁辐射的形式将能量传递到地球上。地球接收到的太阳能主要被地表吸收，而地表吸收的太阳能也会以热能的形式向地下传播，故太阳辐射是浅层地热能的主要来源之一。

地球表面接收到的太阳能转化为浅层地热能的过程比较复杂。太阳能首先被地表吸收并转化为热能，这些热能会以热传导、热对流等方式向地下传播。同时，地表的植被、土壤、岩石等也会通过自身的物理和化学过程吸收并储存太阳能。

由于地球表面的热传导和热对流速度较慢，以及地表物质对太阳能的吸收和储存能力有限，因此浅层地热能的来源主要是太阳能的辐射。当然，其他地球内部的热源，如地核、地幔等也会对浅层地热能产生一定的影响，但相对于太阳能的辐射，它们的影响较小。

由地表向地下，可将地壳分为变温层、常温层和增温层。

第一层叫外热层（变温层），该层温度主要来自太阳的辐射热能，它随纬度的高低、海陆分布、季节、昼夜、植被的变化而不同；第二层叫常温层（恒温层），该层为外热层的下部界面（即内、外热层的分界面），地下温度大致保持为当地年平均温度；第三层叫内热层（增温层），该层不受太阳辐射的影响，其热能来自地球内部，主要是来自放射性元素衰变产生的热能，其次是其他能量（如机械能、化学能、重力能、旋转能等）转化而来的热能。该层温度随深度的增加而增加，稳定地向着地球中心的方向递增。一般每增加 100 m，温度升高 3 ℃。但到一定的深度后，增温的速度减缓。

地球表面的温度几乎完全受控于太阳辐射的能量流和从地球辐射回太空的能量流之间的平衡，大地热流量导致的升温一般不超过 0.02 ℃。由于太阳辐射存在周期性变化，所以地表温度也出现昼夜变化（日变化）、季节变化（年变化）和长周期变化（多年变化）。地表温度的各种周期变化对地壳表面的影响（穿透）深度也不相同。深度增加，温度的变化幅度迅速减小。地表温度的长周期变化（如 1 年）的影响深度要比短周期变化（如一昼夜）的大。昼夜变化的影响深度不足 1 m，年变化的影响深度接近 24 m，长周期（如冰期和间冰期）变化的影响深度可达几千米。但一般认为，地壳表层深度达到 50 m 以后，就可以不考虑地表温度变化的影响。当温度变幅为零时，就达到了所谓常温层的上界[16]。这个界面以上的区域，地下温度明显地受地表温度变化的影响，因此叫变温层。

综上，在地表以下约 15～20 m 的范围内，地下温度随时间发生周期性变化，这主要是受到太阳辐射的影响。越接近地表，地下温度与环境气温越接近。因此，浅层地热能包含太阳能的属性。

可以看出，太阳辐射对浅层地热能的影响主要集中在变温带。在变温带，太阳辐射的加热作用使得地下温度随时间变化，从而影响了浅层地热能的开发和利用。而在常温层以下，太阳能对地温的影响基本消失，温度变化幅度接近于零。

太阳能辐射对浅层地热能的影响主要体现在以下几个方面。

a. 加热作用：太阳能辐射能够直接加热地表，使得地表温度升高。这种加热作用可以通过地表的热传导效应，逐渐向地下传递，从而加热浅层地热能。

b. 促进地热循环：太阳能辐射的加热作用可以促进地表水的循环和地热蒸汽的形成。这些水循环和蒸汽运动可以将地下的热能传递到地表，从而使得浅层地热能得到进一步的开发和利用。

c. 改变地热分布：太阳能辐射的加热作用可以改变地表和地下岩层的温度分布。这种温度分布的改变可以影响地下浅层地热能的分布和开发利用效率。

d. 加速地热储存：太阳能辐射的加热作用可以加速地下浅层地热能的储

存和积累。这种储存和积累可以提高地下浅层地热能的开发利用潜力。

需要注意的是，太阳能辐射对浅层地热能的影响会受到多种因素的影响，如地形地貌、土壤类型和湿度等。此外，太阳能辐射本身也是随着时间和地理位置的变化而变化的，因此其对浅层地热能的影响也会有一定的变化。

2.1.2.2 深部地热传热与对流[3]

地球内部蕴含着巨大的地热能，通过岩石的热传导作用散热是地球内部热能向地表散失的主要方式。在特定的地质构造及水文地质条件下，地球内热在地壳浅部富集和储存起来，形成了具有开发利用价值的浅层地热能。

(1) 热流的形成

热流是在导热物体中单位时间内通过垂直于传热方向某一截面的热量。

傅立叶定律是热传导的基本定律，表示传导的热流量和温度梯度以及垂直于热流方向的截面积成正比。在一维稳态条件下，热流量（q）是岩石热导率（k）和垂直地温梯度（dT/dZ）的乘积，常用单位为 mW/m^2，即：

$$q = k(dT/dZ) \quad \text{式(2-1)}$$

大地热流一方面是保持常温带的温度稳定，另一方面，当地温梯度增加时，热流量增加。

温度场是一种位场，温度就是位（也叫势），位的变化就产生能，能可以做功，从而为人类服务。不变的温度不会产生热能，而只是一种势（位），当物质（体）的温度降低，说明它对外输出了热能（量）；反之，物质（体）温度升高，说明它接收了热能（量），是外力做功的结果。如果从单个物质（体）扩展到不均匀介质（如大地中），局部的温度变化将会产生热流，自然界中的热流总是从高温自动流向低温的地方，这在固体中叫传热，也叫热的扩散。扩散的最终结果是达到热平衡，也就是形成等温体。等温体内是没有热流的，也没有做功。

能够持续产生热的物体叫热源，热源中的热一般来自其他能的转换。如机械能（动能）、化学能、光能、电能、放射能（核能）。热源可以理解为热量的来源，是外力做功的结果，它的温度相对较高而且能够维持一段时间，或长期稳定；也可以理解为物体保持的温度比外界高，能够产生热流，形成正温差的一种能力。常见的人工和天然热源有炉子、电暖器、太阳、地心等。热汇也可称作冷源，它和热源相反，可以持续地吸收热量，创造并维持一个低温区域，在这里把热能换成其他能的形式而对外做功；也可以是从一个比较小而集中的热出口，它把大量的热扩散到另一个很大的空间去，这种能够在一段时间或长久维持局部低温的能力叫冷源（热汇）。一个热源（一定能力）产生一定的热量，可以较快也可以很慢，用单位时间内做功（产生热）的大小来衡量这种能力的大小，叫热功率（P），单位为瓦特（W）。

一个源可以是稳定的，也可以是衰减的或波动的，所以源在空间上或时间上是相对的，不是一成不变的。举例来说，小到一个热煤球、一节干电池，它们分别都是有限的热、电源，传递的热量、电量不断衰减；大到整个地球，几十亿年来它一直在向大气层散热，这个过程则是相对稳定的。

有了以上知识我们就比较好理解浅层地温现象了。大地在冬季比空气温度高，存在温差必然有传热，因此会向大气中散热，尽管量很小，但也是能够算出来的。而地球表层的热量来自深部地层的热储，一般为上千米深的等温位地质体，热储的热是地热流体通过深循环把地幔中的热以对流方式传导上来。上地幔有局部的熔融体即岩囊，它的温度有 2000～3000 ℃，是更大的热源，但是相对于地心 6000 多摄氏度的高温液态地核，它也只是个局部热源。由于岩土体的导热性能一般，地球深部的热散失比较慢，也由于这种层状介质的热阻比较大才产生了比较大的温降和较小的热流值，否则我们脚下的岩石会很烫，人类将生活在高温下。热储之上热导率较低的地层叫盖层，浅部土层中泥质的隔水层是最好的盖层。

全球地层的垂向增温率平均是 2.5 ℃/100 m，这是地热盖层中的正常增温率。在某些地热田（局部浅埋的高温区），盖层中的增温率可达到 20 ℃/100 m，这种遍布全球的、源源不断地从深部向上传导的热流是地热能的正常扩散。

地球表面（浅部）数十米深的地方，另外一种强大的热源就是地面吸收的太阳能，大地在白天吸收太阳能而产生了热，这个热在低纬度或处于夏天的中纬度地区可达到 500～1000 W/m^2，可以在表层几十厘米厚土层中带来 6 ℃的升温。这个温度的地面，夜间可以向大气散热，但由于夏天夜短且有较大的热积累，这个温度仍比深部较少受到季节变化影响的地层的年均温度高几十度，所以会向下传播。

（2）变温带中的天然热流

不同深度长期的地温观测使我们了解到，在地表 1 m 以下到 30 m 范围内，温度以年为周期，近似余弦曲线变化，幅度随着深度的增加而变小，相位后移。

根据观测数据，1 m 左右深度以下就没有地温场的日变化了。这个区域的地温约等于日平均气温。这个表层温度高于年平均气温，故其在整个夏天都会向深部传热，阳光最强的5、6月份温差大，传热快；其他月份因日照角（照时）和天空云量的关系，温差较小，传得较慢。每年的秋分前后，日照量开始下降，地表地温不再高于地下，这种由上往下的热传递逐渐停止，随着冬季的到来，深部热就会反过来向上传递。冬季严寒，日照严重不足，由于地温扩散的速度慢，在北纬35度线以北地表形成冻土层，持续一个冬天，直到春分前后，地表又被变得充足的阳光晒热，地温的上升从立春开始。

日照最少的冬至通常是每年的12月20日—12月21日，但最冷的天气出现在1月底，这说明日照量是影响气温和地表温度的主要因素之一，但它的作用有一个月左右的滞后性。这个问题在夏天也得到证实，一个地区日照时间最长、入射角最大出现在夏至（6月20日—6月21日），日照最充分的月份是5、6月份，而平均气温最高的月份是7月份，其次是8月份。

日照强度在北半球是南强北弱，与纬度有关，各地的年平均气温也大致如此。但加上天空云量的影响（晴朗系数不同）和地面高程的不同，又会导致同纬度地区的年均气温不一致。影响年均气温的另一个重要因素就是大气层。大气层是很好的保温层，如果没有大气，地球表面的温差就会更大，例如月球表面。西藏拉萨是低纬度地区阳光最充足的地方之一，阳光资源最丰富，而年均气温只有8 ℃，原因就是西藏拉萨的空气稀薄，稀薄的空气保温性差，地面接收到的太阳能很多，但保存不住或保存较少。地球表面的空气压力与高程成反比，空气温度也与高程成反比，高度每升高1 km，气温就下降6 ℃。这就是拉萨所处的青藏高原寒冷的原因。拉萨与杭州、武汉等城市纬度相近，但其高程比这些城市高3000多米，冬天气温就低十几度；终年不化的雪线高度为4000多米，此处年均气温在0 ℃以下。

以上这些分析说明，地下数十米内常温层的温度与当地年均气温相近，略高1～2 ℃，年均气温又与纬度和高程有关，所以一定深度下的地温反映的是一种平衡状态，这种平衡状态是长期以来，地层的热扩散与气温（阳光、气流、气压）年周期变化达到动态平衡的产物。这种相对稳定的温度在冬、夏两季与气温存在反向温差，是一种储量非常大的天然资源，可作为热泵的低温热（冷）源，经热泵（制冷机）提高品位后向建筑物供暖（冷）。浅层地温具有天然属性，它的利用可大量节约一次能源，是一项建筑节能的先进技术，是一种可再生的清洁能源。

（3）恒温带中的天然热流

大地热流是指在单位时间内由地下深处垂直向上传导并通过单位地球表面散发的热量。其大小与地球内部热过程、构造作用、浅层构造及地壳和上地幔结构密切相关。

（4）人工开采后的热流

浅层地热能开发利用系统在冬、夏两季使用，在冬季供暖时，当抽取地下水或通过地埋管内介质交换热量后，在换热井周围形成热漏斗。由于地温梯度增加，周围地层与漏斗区域形成补充热流，补充热流使浅部岩土体趋于新的热平衡。经过一个非供暖季的自然平衡，地层温度基本恢复到原始状态或有少量降低。人工蓄能的跨季节使用可以在有条件的局部增加可利用量。夏季到来时，以浅层岩土体作为热汇，可补充因冬季使用时产生的部分热量亏损，同时为下一个供暖季的使用储存部分热量，这样，系统可以长期稳定地运行。如果系统为单季节使用，由于大地是个巨大的开放系统，地源热泵系统在使用季节中储存的热量很容易扩散，这部分热量与整个地温场的能量相比所占比例更小。

热力学第二定律指出，能量的传递具有方向性，从高温物体向低温物体传递热量是自发的，而从低温物体向高温物体的热量传递需要借助外力才可实现。地下温度场表征了地下热能的分布和运移。根据地温梯度和介质的导热系数可以定量评价地热流量。岩土体、地下水、地表水是开放的储热体，在其边界上，内部的热量与外部热量不断进行着传导或辐射。对于地表以下的浅部岩土体，其上界面是地面，与大气和阳光接触，依太阳辐射和气温的变化，吸收或散发热量；下界面是深部岩土体，接收着来自地球内部的源源不断的热流。对于限定的区域，岩土体与周边的介质，包括地下水和地表水也存在热交换。在没有内部热源或热汇的情况下，岩土体内温度的分布是由边界温度决定的[17]。

2.1.2.3 地质体储能

岩石和土壤是地壳浅部的主要组成物质，两者都存在孔隙和裂隙，孔隙和裂隙中充满着空气或水。岩土体中的固体、空气、地下水共同成为浅层地热能赋存的介质。地下水分为重力水（自由流动）和结合水（不能流动），流动的地下水还可以作为对流传热的媒体。

不同岩土体在非稳态导热过程中都有一定的蓄热能力，物体在温度周期性变化过程中的蓄热能力可以用蓄热系数来表征，而瞬态过程中的蓄热能力以其比热容表征。含水量对岩土体的热扩散率、蓄热系数等热物性参数的影响很大，地下水的流动对岩土中的温度分布有显著的“拖动效应”，同时也使岩土的蓄热量增大。

浅层地热能既是热源也是热汇，即利用热泵技术向地下岩土体中提取或释放热量。在一定的地质条件和气候环境共同作用下，在一定的时间内，地下岩土体在原有温度场的基础上存在一定程度上的蓄冷或蓄热现象，也就是热泵系统向地下的排热速度大于地层向四周热扩散的速度，或周围的热补充小于热泵系统从地下取热的现象，出现了暂时的热（冷）堆积。但地下是个开放的系统，随着时间的推移，堆积的热（冷）量逐渐向四周扩散，如果地下水径流条件好，则地下温度会很快恢复到原始状态。如热泵系统是冬、夏两用，且在下一使用季时还没有恢复到原始地温，则此部分堆积的热量可通过热泵系统进行提取，这有助于提高浅层地热能利用的效率。地温场的恢复时间与地质构造及气象条件有关。

由此可见，浅层地热能赋存在地壳浅部空间的岩土体中，向下接收地球内热的不断供给，向上既接收太阳辐射、大气循环蓄热的补给，又向大气中释放过剩的热量。因此，从宏观地质角度上讲，地球天然温度场分布、水圈、大气圈、太阳等对它都有影响，地温的高低与板块构造的活动性、纬度、水循环、大气循环等密切相关，是多因素耦合作用下的复杂变化过程。

在天然和人工干扰两种不同的状态下，浅层地下水、地表水和岩土体温度分布有着很大的差别，只有区分各种不同状态，才能深入分析其蕴藏热能的来源和运移。对于含水层中的地下水和地表水体，由于水是热量的良好载体，热容量大，热的对流和传导使得连续水体的温度保持一致，其温度的高低是由其与外界的热交换决定的。在自然状态下，地表水温度的主要控制因素包括大气降水、太阳辐射、空气和水体基底温度，地下水温度的控制因素是入渗补给水源和含水层的温度。在利用换热器从地下水和地表水体中提取和排放热量的状态下，热源和热汇的强度是水温变化的主要因素。地表水的温度变化及其分布取决于水体的大小、水流的速度、流量；地下水的温度变化及其分布取决于含水层的渗透性、地下水流速和含水层的特征[17]。

岩土体的热传导性比水低很多。岩土体内的温度分布，在天然状态下从地表到埋深 200 m 范围内就有很大的差别，从地表向下分别为变温带、常温层和增温带。变温层的温度受太阳辐射和大气温度的影响，随季节变化；增温层的温度受地球深部热量影响，随深度增加，正常状态下每 100 m 增加约 3 ℃，目前，经过地热地质工作者数十年的研究，我国大地热流的分布规律已经基本查清；常温层是地球内部热量与大气温度相对平衡的层位，厚度不大，温度相对恒定，由于各地的气温、日照、大地热流值不同，岩土体的温度和常温层的厚度和埋藏深度差别很大，受当地大地热流、太阳辐射和气温的控制，是天然热源动态平衡的结果[17]。

人类的工程活动已经在很大程度上改变了天然环境，对地下温度场也造成了同样的影响。在利用地埋管换热器提取和排泄热量的状态下，岩土体中温度的分布发生了剧烈的变化，天然状态下的常温层已经不复存在，地埋管取热区域及其影响范围内的岩土体的地温场成为“人工变温层”。在人工干扰状态下，岩土体中热量的补给和排放的关系与天然状态完全不同，地埋管换热器成为主要的“热源”和“热汇”，地温梯度的改变诱发了热流量的改变。岩土体与上界面（即地表面）和下界面（即深部岩层）的热交换量发生了数量级的变化，地埋管取热区与周边岩土体也产生了热流交换，这是热流方向和数量非稳定的动态过程[17]。

2.2 浅层地热能分布特征与影响因素

2.2.1 中国浅层地热能成因类型大地分区

2.2.1.1 岩土体原始温度垂向分带性与常温层的客观存在

根据地温长期观测结果，地下 0~200 m 岩土体原始温度在垂向上可分为变温带、常温层和增温带（表 2-1）。

表 2-1 变温带、常温层和增温带地温特征对比表

分带	时间	垂向
变温带（0~25 m）	以日、年周期变化，地温是时间的函数	地温垂向梯度呈正负交替变化
常温层（25 m 左右）	不随时间变化，深度一定的地温特征值	
增温带（大于 25 m）	温度从时间上来看基本不变	随深度递增，地温是深度的函数

变温带：靠近地表的最上层部分，其温度主要受地球外部太阳辐射热源

影响，地温是时间的函数，地温垂向梯度呈正负交替变化，地温有着日、季节、多年乃至世纪的变化。所以又可称为可变温度带。日变温带一般为 1 m 左右，年变温带深度在 15 ~ 30 m。在我国季节性冻土分布区域，冻土层厚度一般小于 3 m。

从图 2 - 3 中可以看出，在中纬度地区，变温带是指地表层下大约 15 m 以内的部分，温度变化的幅度随着受太阳辐射的影响而呈现出明显的季节性变化特点：在冬季，由于地表温度的降低，近地表的变温带温度呈正梯度，越靠近地表温度越低；而在夏季受太阳辐射的影响，浅部温度在垂向上呈负梯度，越靠近地表，温度越高，热流向下传导。由于岩土体的热导率很小及太阳辐射的周期性，虽然太阳辐射的能量巨大，但是不能达到地表的深部。在深度为 30 ~ 100 m 的范围内，温度的变化为 2 ℃，属正常增温。

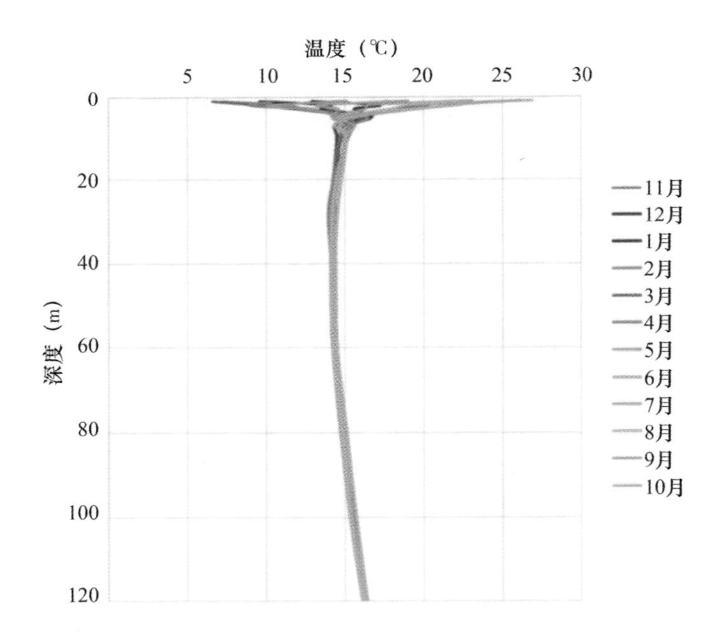

图 2 - 3　我国中纬度地区变温带、常温层和增温带地温变化曲线

常温层：指变温带以下的地表，在一定深度下受太阳辐射影响逐渐减弱，已不能使地温再发生变化。这一层的厚度很薄，地球内部的热能与上覆变温带的影响在这一带内处于相对的平衡。各地区的常温层的深度与温度各不一样，温度主要与当地的年平均气温相近（高出 1 ~ 2 ℃）。不同纬度地区的常温层深度不同，中国已测得的常温层深度在 15 ~ 30 m，其温度一般比当地年平均气温高 1～2 ℃。

增温带：常温层以下的地层，主要受地球内部热能的影响，又称内热带。该带内的温度随深度的增加而增高。温度的增加用地热增温率（垂向梯度）表示，通常每 100 米温度升高 2.5～3 ℃，在地热田或地热异常区可达到每 100 米 4～8 ℃，在地下水径流强烈的地区地热增温不明显，在发育有巨厚岩溶的地区，地下几十米甚至上千米基本不增温。

2.2.1.2 常温层温度特征与浅层地热能成因类型划分

根据常温层岩土体原始温度 T_h，结合全国大地热流密度分布特征、年均气温和地形地势特征等因素，可将我国浅层地热能成因类型划分为 4 大类：Ⅰ型，$T_h \geq 15$ ℃；Ⅱ型，$T_h = 10 \sim 15$ ℃；Ⅲ型，$T_h = 5 \sim 10$ ℃；Ⅳ型，$T_h \leq 5$ ℃（表 2-2）。按照此划分方案，产生了中国浅层地热能成因类型大地分区方案[2]。

（1）Ⅰ型（常温层岩土体原始温度 $T_h \geq 15$ ℃）

常温层岩土体原始温度变化范围为 15～23 ℃，均值为 19.2 ℃；年均气温变化范围为 16～21 ℃，均值为 18.8 ℃，岩土体原始温度均值和年均气温均值相差 0.7 ℃。长江中下游平原→东南丘陵→华南丘陵的常温层岩土体原始温度为 15.0 ℃→17.5 ℃→23 ℃，年均气温分别为 16 ℃→18.5 ℃→21 ℃；西南岩溶山地→云贵高原的常温层岩土体原始温度为 18.5 ℃→22 ℃，年均气温分别为 16.8 ℃→＞20 ℃，表现出随纬度升高而升高的趋势，表明常温层岩土体原始温度与年均气温密切相关，即常温层岩土体原始温度与太阳能有关。

大地热流密度变化范围 47.4～77.4 mW/m^2，平均值 66.7 mW/m^2，长江中下游平原→东南丘陵→华南丘陵的大地热流密度为 57.5 mW/m^2→71.5 mW/m^2→77.4 mW/m^2，常温层岩土体原始温度为 15.0 ℃→17.5 ℃→23.0 ℃；西南岩溶山地云贵高原的大地热流密度为 47.4 mW/m^2→69.1 mW/m^2，常温层岩土体原始温度为 18.5 ℃→22.0 ℃，表明常温层岩土体原始温度与大地热流密度密切相关，即常温层岩土体原始温度与地球内热能有关。

岩土体热导率、地温梯度和降雨量与常温层岩土体原始温度关系不明显，或者可认为岩土体热导率、地温梯度和降雨量对常温层岩土体原始温度影响和控制程度较低。

（2）Ⅱ型（常温层岩土体原始温度 $T_h = 10 \sim 15$ ℃）

常温层岩土体原始温度变化范围为 10.5～12.0 ℃，均值为 11.2 ℃；年均气温变化范围为5.8~11.3 ℃，均值为9.4 ℃，常温层岩土体原始温度均值和年均气温均值相差1.8 ℃。且乌鲁木齐—呼和浩特—海拉尔、南疆盆地、下辽河—黄淮海平原—山东、辽东半岛的常温层岩土体原始温度为10.5 ℃→11.0 ℃→12.0 ℃；年均气温为5.8 ℃→11.2 ℃→11.3 ℃，随纬度升高而升高，表明常温层岩土体原始温度与年均气温密切相关，即常温层岩土体原始温度与太阳能有关。

大地热流密度变化范围46.3~57.5 mW/m²，平均值52.7 mW/m²，且乌鲁木齐—呼和浩特—海拉尔、南疆盆地、下辽河—黄淮海平原—山东、辽东半岛的大地热流密度为46.3 mW/m²→54.2 mW/m²→57.5 mW/m²，常温层岩土体原始温度为10.5 ℃→11.0 ℃→12.0 ℃，表明常温层岩土体原始温度与大地热流密度密切相关，即常温层岩土体原始温度与地球内热能有关。

常温层岩土体原始温度与岩土体热导率、地温梯度和降雨量关系不明显。

（3）Ⅲ型和Ⅳ型（常温层岩土体原始温度 $T_h \leqslant 10$ ℃）

常温层岩土体原始温度变化范围为<4.0~9.5 ℃，均值为7.9 ℃；年均气温变化范围为-5.5~11.4 ℃，均值为3.6 ℃，岩土体原始温度均值和年均气温均值相差4.3 ℃。且大兴安岭西侧→松嫩平原—辽河平原的常温层岩土体原始温度为<4.0 ℃→8.0 ℃，年均气温为-5.5 ℃→1.5 ℃；内蒙古高原→黄土高原的常温层岩土体原始温度为9.0 ℃→9.5 ℃，年均气温分别为6.5 ℃→11.4 ℃，也是随纬度升高而升高，表明常温层岩土体原始温度与年均气温密切相关，即常温层岩土体原始温度与太阳能有关。

大地热流密度变化范围30.0~69.2 mW/m²，平均值52.7 mW/m²，且大兴安岭西侧→松嫩平原—辽河平原、内蒙古高原→黄土高原的大地热流密度分别为30.0 mW/m²→52.5 mW/m²、67.4 mW/m²→69.2 mW/m²，常温层岩土体原始温度也分别为<4.0 ℃→8.0 ℃、9.0 ℃→9.5 ℃，表明常温层岩土体原始温度与大地热流密度密切相关，常温层岩土体原始温度与地球内热能有关。

岩土体热导率、地温梯度和降雨量与常温层岩土体原始温度关系不明显。

2.2.1.3 常温层温度与浅层地热能开发利用适宜性

$T_h \geqslant 15$ ℃和 $T_h = 10 \sim 15$ ℃型浅层地热能分布区：常温层原始温度较高，常温层原始温度与当地年均气温相近，分别相差0.7 ℃和1.8 ℃，缺少常温层原始温度数据时，可以用当地年均气温来代替，是浅层地热能开发利用适宜

表 2－2 中国浅层地热能成因类型大地分区及其主要特征

成因类型大地分区		地温场特征				气候		
		原始温度 /℃	大地热流密度 /(mW/m²)	岩土体热导率 /(W/m·k)	地温梯度 /(℃/100 m)	平均气温 /℃	降雨 /mm	气候带
Ⅰ型	长江中下游平原(Ⅰ1)	15.0	57.5	3.04	3.85	16.0	1225	亚热带
	东南丘陵(Ⅰ2)	17.5	71.5	3.30	2.25	18.5	1450	亚热带
	华南丘陵(Ⅰ3)	23.0	77.4	3.08	2.47	21.0	1450	边缘热带
	西南岩溶山地(Ⅰ4)	18.5	47.4	2.44	2.50	16.8	1500	亚热带
	云贵高原(Ⅰ5)	22.0	69.1	2.44	2.50	20.0	1500	边缘热带
	藏东南亚热—边缘热带分布区(Ⅰ6)	—	77.5	3.50	—	20.5	>1000	亚热—边缘热带
	均值	19.2	66.7	2.97	2.71	18.8	1354	
Ⅱ型	乌鲁木齐—呼和浩特—海拉尔(Ⅱ1)	10.5	46.3	3.00	3.5	5.8	<500	中温带
	南疆盆地(Ⅱ2)	11.0	54.2	2.15	2.2	11.2	<5	暖温带
	下辽河—黄淮海平原—山东、辽东半岛(Ⅱ3)	12.0	57.5	4.23	3.5	11.3	1150	暖温带
	均值	11.2	52.7	3.13	3.07	9.4	552	
Ⅲ型	松嫩平原—辽河平原(Ⅲ1)	8.0	52.5	2.15	2.50	1.5	525	中温带
	内蒙古高原(Ⅲ2)	9.0	67.4	2.05	2.94	6.5	5	中温带
	青藏高原中温带分布区(Ⅲ3)	9.0	66.0	2.07	3.00	4.1	1450	中温带
	黄土高原(Ⅲ4)	9.5	69.2	2.35	3.35	11.4	500	暖温带
	均值	8.9	63.8	2.16	2.95	5.9	620	
Ⅳ型	大兴安岭西侧(Ⅳ1)	<4.0	30.0	3.00	1.00	-5.5	500	寒温带
	青藏高原寒带分布区(Ⅳ2)	<5.0	64.2	—	—	1.0	—	高寒带
	均值	<4.5	47.1	3.00	1.00	-7.5	500	

区，应大力开发利用浅层地热能。

T_h =5～10 ℃型浅层地热能分布区：常温层原始温度较低，常温层原始温度与当地年均气温相差 3.0 ℃，缺少常温层原始温度数据时，不能用当地年均气温来代替，是浅层地热能开发利用较适宜区。

T_h≤5 ℃型浅层地热能分布区：常温层原始温度很低，与当地年均气温相差6.8 ℃，是浅层地热能开发利用不适宜区[2]。

2.2.1.4 我国主要城市常温层主要参数

表2－3是我国主要城市常温层主要参数统计表，图2－4是主要城市常温层主要参数图。从表2－3和图2－4中可以看出，常温层岩土体原始温度表现出随年均气温和大地热流密度升高而升高的趋势，而岩土体热导率、地温梯度和降雨量与常温层岩土体原始温度关系不明显。表明常温层岩土体原始温度与年均气温和大地热流密度密切相关，即常温层岩土体原始温度与太阳能和地球内部热能有关。

我国省会城市常温层顶板埋深深度在10～38 m，常温层顶板埋深总体上呈东南地区低，西北、东北地区高的特征，尤其是东北地区与青藏高寒区常温层顶板埋深普遍较深。在地质条件相似地区，常温层具有年均气温高、顶板埋深相对浅，大地热流密度低、常温层顶板埋深相对深的变化趋势，即气候变化与大地热流综合作用是影响常温层顶板埋深的内在因素，表明常温层深度与太阳能和地球内热能作用有关[18－19]。

表2－3 主要城市常温层主要参数统计表

大地成因类型分区名称	城市名称	常温层顶板埋深/m	常温层厚度/m	常温层温度/℃	地温梯度/（℃/100 m）	大地热流密度/（mW/m²）	五年平均气温/℃
长江中下游平原（Ⅰ1）	武汉	15	8	18.3	1.9	42.0	17.0
	长沙	18	10	19.5	1.3	47.0	18.1
	合肥	12	20	17.4	3.2	75.4	16.5
	南京	17	14	18.0	2.7	69.3	16.2
	上海	13	10	17.9	3.0	64.0	17.1
	杭州	15	15	19.1	2.5	1.5	17.4
东南丘陵（Ⅰ2）	南昌	17	27	19.6	3.4	62.5	18.4
	福州	15	35	22.8	3.1	86.1	20.4

续表

大地成因类型分区名称	城市名称	常温层顶板埋深/m	常温层厚度/m	常温层温度/℃	地温梯度/（℃/100 m）	大地热流密度/（mW/m²）	五年平均气温/℃
华南丘陵（Ⅰ3）	南宁	18	5	24.0	3.9	45.0	21.4
	广州	12	16	23.9	1.8	72.2	22.2
	海口	13	12	27.5	2.9	72.4	24.0
西南岩溶山地（Ⅰ4）	成都	10	29	18.5	1.5	55.4	16.2
	重庆	11	30	19.8	2.0	60.3	18.7
云贵高原（Ⅰ5）	贵阳	30	10	16.3	2.0	67.2	14.3
	昆明	25	15	16.8	3.0	86.6	16.1
乌鲁木齐—呼和浩特（Ⅱ1）	呼和浩特	38	10	10.0	2.5	46.1	7.6
	银川	30	15	12.5	3.5	57.0	10.1
	乌鲁木齐	30	10	11.6	1.7		7.8
黄淮海平原（Ⅱ3）	北京	15	30	14.0	3.0	67.0	13.1
	天津	20		13.5	3.0	61.5	12.8
	石家庄	19	20	15.0	3.0	70.8	14.2
	郑州	18	12	16.0	3.0	52.3	15.5
	济南	17	18	16.7	2.2	70.7	14.4
松辽平原（Ⅲ1）	哈尔滨	36	18	8.0	3.3	45.2	5.2
	长春	30	10	8.1	2.7	64.6	5.9
	沈阳	23	25	9.7	2.6	48.1	7.7
青藏高原（Ⅲ3）	西宁	20	11	11.3	4.0	48.0	5.8
	拉萨	33	31	11.6	2.5	106.0	9.6
黄土高原（Ⅲ4）	兰州	24	9	12.1	3.0	76.0	8.4
	太原	20	30	13.0	2.8	49.5	10.9
	西安	23	10	16.0	3.9	63.6	14.6

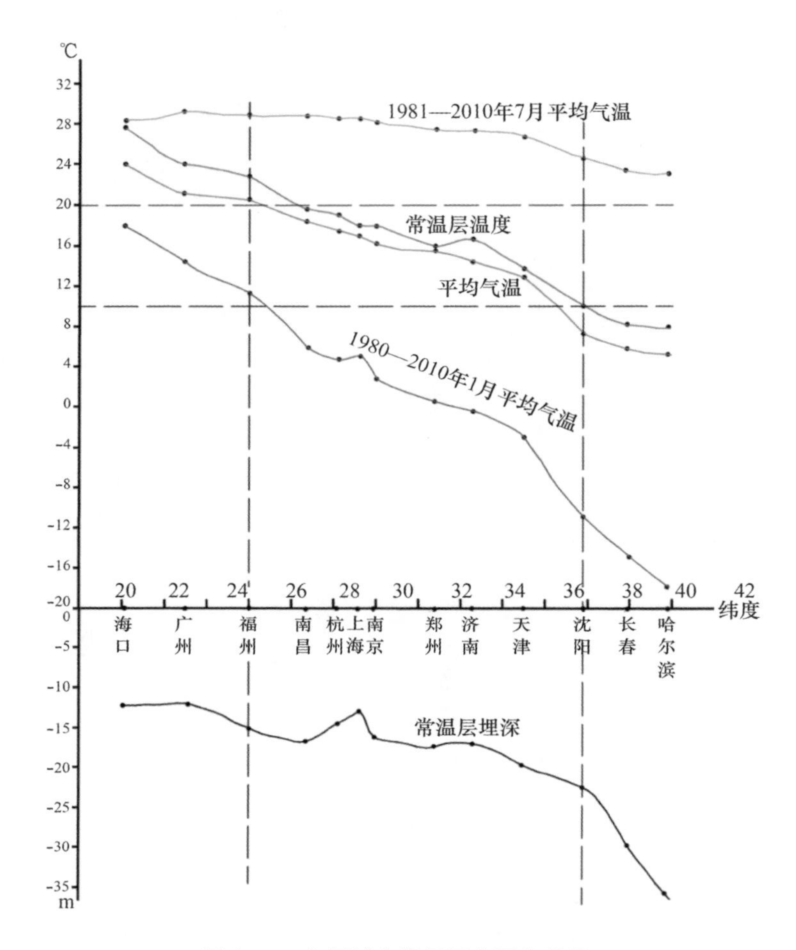

图 2-4　主要城市常温层主要参数图

2.2.2　我国陆区浅层地温场空间分布特征及影响因素

全国主要省会城市浅层地温场参数如表 2-4 所示。浅层地温场的形成与分布特征，与太阳辐射、地球内部热能、当地的水文地质条件有关，分析各参数的影响因素，也要从这些方面综合考虑[20]。

表 2-4 全国主要省会城市浅层地温场参数汇总

区域位置	城市	变温带	恒温带		平均气温/℃	增温带		浅层大地热流平均值/(mW/m^2)
		深度/m	厚度/m	温度/℃		埋深/m	平均地温梯度/(℃/100 m)	
青藏高寒区	拉萨	32.6	30.6	11.5	8.9	63.2	2.5	
中温带	西宁	15	15	12.3	7.6	30	3.99	60.57
	哈尔滨	31.5	14.6	7.7	5.3	46.1	3.3	
	长春	30	10	8.1	4.8	40	3.3	
	沈阳	45	15	11.2	7.5	60		
	乌鲁木齐	25	10	11.6	7.88	35	1.7	
	呼和浩特	35	5	10.5	6.5	40	1.75	46.05
暖温带	西安	20	5	15	13.3	20	3.12	55.81
	太原	35		12.9	9.5	25	2.8	
	郑州	27		16	14.25	35		
	石家庄	30		15	13	27	3	
	济南	33.3		16.5	14.7	30	0.94	
	兰州	19.8	9	12.3	9.1	33.3	2.715	
	银川	30		12	10.1	28.8	3.5	57
亚热带	武汉	10	10	18.3	16.3	30		
	杭州	11	17.3	19.14	16.5	20	2.52	47.64
	合肥	20		17.4	15.5	20	3	
	南京	14	11	18.4	15.4	25	2.47	45.54
	上海	13.3	9.7	17.9	17.7	23	3.03	
	南昌	15	18	19.62	17.75	33	3.41	
	长沙	20		19.5	17	20	1.4	28.97
	福州	15	35	22.8	20.6	50	2.54	
	广州	13	13	23.87	21.9	26	1.83	50.62
	成都	27.4	32.6	18.4	16.2	60	1.5	
	重庆	10	30	19.8	18	40	2.2	
	贵阳	25	10	16.25	15.3	35	2	
	昆明	20	15	19	14.7	35	1.74	
	南宁	15	5	23.8	21.6	20	3.85	
热带	海口	31.1	6	27.5	24.5	37.1	2.94	

2.2.2.1 陆区浅层地温场变温带特征及影响因素

变温带的厚度即常温层埋深，是变温带最重要的参数。我国陆区浅层地温场变温带厚度总体上呈东南低、西北和东北地区高的特征。按气候条件件分，亚热带地区由沿海向内陆厚度逐渐增大，一般不超过 20 m；暖温带地区等值线平直，由南向北逐渐增大，埋深范围为 20 ~ 35 m；中温带与青藏高寒区变温带厚度普遍较高，达 30 ~ 45 m。从全国范围看，变温带厚度变化与气候变化基本一致，温度越低，厚度越大。东南沿海地区气候温暖，年温度变化较小，太阳辐射影响范围小，变温带厚度小；中温带与青藏高寒区由于冻土层的存在，温度变动范围广，变温带厚度特别大。

除气候外，变温带厚度也受其他因素制约。热导率较低的岩土体导热性能较差，受气候环境影响的深度也较浅，因此表层岩土热导率越差，变温带厚度越小，这在东南沿海的丘陵地区表现尤为明显。在表层地层导热性能较好的砂性土区域，变温带厚度较大，受外部气候环境影响的深度较大，华北平原地区第四系地层广布，变温带厚度变化趋势与年平均气温变化趋势较为吻合。还有一些因素在全国范围内对变温带的影响较小，仅在局部地区有影响，如基岩埋深、水文地质条件等，尤其是地下水的影响。太原盆地的研究表明，基岩埋深与变温带厚度呈正相关关系，基岩埋深越大的地区、地下水对地温的干扰越强，变温带厚度越大；福州的研究表明，水动力条件较好的区域，变温带厚度较大，这主要是由于含水层与地表水、大气降雨等联系紧密，易受外部环境的影响所致。

综上，变温带的厚度在大范围内主要受气候影响，气候寒冷地区厚度大，温暖地区厚度小，地层条件（基岩热导率）在一定程度上对气候影响有干扰。基岩热导率越低的地区，变温带厚度越小。地下水一般仅在局部范围内有影响，受地下水影响越大，变温带厚度越大。

2.2.2.2 陆区浅层地温场常温层特征及影响因素

（1）常温层温度特征及影响因素

根据表 2－3 的数据可以看出，我国陆区常温层温度与年平均气温变化趋势十分相近，总体都表现出随纬度的升高而降低，同一纬度东部大于西部的特点。说明在我国陆区范围内，常温层温度受太阳辐射影响最大。我国陆区常温层温度与当地年平均气温的关系可用公式（2－2）表达：

$$T_{常} = 0.91T_{大气} + 3.6 \quad 式(2-2)$$

其中，$T_{常}$ 为常温层温度，$T_{大气}$ 为同位置的年平均气温。按气候条件分，青藏高原与中温带等寒冷地区 $T_{常}$ 与 $T_{大气}$ 相差较大，最高相差 5 ℃，平均为 3.5 ℃。暖温带以南较温暖的地区两者相差较小，一般相差 0~3 ℃，平均为 2 ℃。在我国无常温层温度实测资料的地区，可以利用当地平均气温与式（2-2）计算得出近似值。

气候条件决定了常温层温度在全国范围内的整体变化趋势。在小范围区域内，常温层温度也受各种因素的影响而表现出不同的区域性特征。

地下水与地表水的影响：水易于流动且热容量大，广布于地壳浅部的地下水，在流动过程中不断与围岩进行热交换，对地温场有重要的影响。冷水不断地把热量带走，对围岩起着冷却作用，从而降低地温；温度较高的地下水则相应地会将热量传导到围岩中，从而使地温升高。有地表水存在的地区，常温层温度相对偏低，如郑州的东北郊黄河侧渗区。

地下水影响的程度及范围，则受水动力条件的控制。水动力条件好的地区，地温受地下水影响大，反之影响小，在远距地下水补给区的大型盆地腹部，地下水径流缓慢甚至处于停滞状态，这种影响即逐渐减弱甚至消失。华北平原水动力条件较好，不仅山麓地带受到冷水流的影响，山前 30~60 km 的范围内仍然不同程度受到冷水流的影响。南宁市总体上恒温带温度由盆地四周向盆地中心逐渐升高，显示出地下水补给—径流—排泄区径流条件的变化，一般地下水的排泄区也是地温高值区。

基岩热导率则主要控制地层对外来温度反应的灵敏程度。一般情况下，结构紧密、孔隙度小的岩石热导率大；而结构疏松、孔隙度大的岩石热导率小，外部热源对地层的影响也小，温度变化缓慢。

断裂的影响：有断裂存在的地区，活动断裂是地下热能向地表释放的重要通道，通常地层深度越深，构造影响越大。银川市 80 m 深度以下地温由中部向东、西部递减，与主要断裂走向一致，对常温层的直接影响较小，主要通过加热流经的地下水，在浅层地温场地下水与围岩的热交换过程中使地温增加。

基岩起伏的影响：地壳浅部地温分布与基岩面的起伏呈正相关关系，在基岩隆起区的浅部形成高温和高地温梯度。上海市地温水平方向上的分布受基岩起伏的控制，基岩浅埋区的地温略高于其他地区，但同一深度上不同地区的地温差异较小，说明基岩起伏与埋深对常温层温度的影响较小，在有其他影响因素共同作用时更易被抵消；南京市的基岩浅埋区由于上覆地层颗粒较粗，岩石导热率较高，受补给的冷水影响大，温度就明显偏低。

综上，常温层的温度受多种因素共同制约，其中气候因素权重最大，控制整体变化趋势；断裂的存在一般会使局部地温增大；地下水的影响则较复杂，会使地温向水温方向变化。在一定程度上，基岩浅埋区的地温略大于深埋区[20]。

（2）常温层厚度特征及影响因素

我国陆区常温层厚度总体特征为东南沿海与四川盆地、青藏高原较高，大于 20 m；其他地区较低，华北平原常温层厚度最低，一般不超过 10 m，其他地区常温层厚度均在 10 ~ 20 m[4]。

恒温带底板埋深受深部的热流强度、地层导热性能、外部气候环境等多种因素综合影响。结合恒温带埋深，考虑以上因素，可大致推断该地区的常温层厚度特征。

在导热性较好的基岩浅埋区，下部增温带的地温上升较快，恒温带底板埋深较浅，这是由于此类区域受深部热流向上的影响较大。在地热异常区及其附近，恒温带的底板深度极浅，部分区域甚至无恒温带。恒温带厚度与地表水体也存在一定关系。在哈尔滨，距松花江越近恒温带厚度越薄，反之越远越厚，常温层埋深和温度也按此规律展布。这可能是由于松花江的存在使得冷水干扰强烈，附近地温受外部影响范围变大，常温层埋深变深而导致[4]。

2.2.2.3 陆区浅层地温场增温带特征及影响因素

常温层以下称增温带，主要受地球内部热能影响，又称内热带，温度随深度增加而升高。该带内温度的增加用地温梯度，即用每 100 m 垂直深度上温度的增加值表示，其值与所在地区的大地热流值成正比，与热流所流经岩体的热导率成反比。地壳的近似平均地温梯度是每千米 25 ℃（2.5 ℃/hm），大于此值即为地热梯度异常[21]。

我国陆地浅层地温场（200 m 深度内）地温梯度总体分布特征为北高南低，南方地温梯度值一般都小于 3 ℃/hm，平均为 2.45 ℃/hm。北方大部分地区地温梯度由西向东逐渐升高，变化范围 2 ~ 6 ℃/hm，平均为 3 ℃/hm。众所周知，地温梯度与深度密切相关，一般随深度增大而增大。该特征与我国陆区地温梯度变化特征基本吻合，与我国大地热流的分布状况相近，说明浅层地温场增温带地温梯度主要受大地热流影响，受区域热构造背景控制。

局部上，我国南方大地热流东部、西南部高，中部低。与之对应，云南腾冲、龙陵，福建漳州、福州为地温梯度相对高值区，湘中、桂中、鄂西渝东、川东北地区为地温梯度相对较低区，进一步表明200 m以内的增温带地温梯度主要受大地热流影响。

地温梯度不仅与区域热构造背景有关，还显著地受地下水活动、断裂以及地层热导率影响。一般情况下，地温梯度与地下水径流条件呈负相关关系，在水动力条件较好的地区，地温梯度小，地下水运动缓慢的地区地温梯度大。南宁市岩溶地下水循环交替快的碳酸盐岩地区地温梯度小，呼和浩特北部山前地带地温梯度小于平原地带，都是水动力条件的影响所致；同理，拉萨市富水性较好区域的地温梯度较小，富水性较差的区域地温梯度较大。

在许多地区，局部构造是地温梯度的主要控制因素，相对的高值点一般都沿断裂带分布。太原市的地温梯度最大区分布于断裂发育的亲贤地垒南侧；兰州市地温梯度高的区域主要分布于断裂发育的断陷盆地周边。西安市地温梯度等值线走向沿北东和北西向带状分布，与区内主要断裂的延伸方向基本一致；长沙、昆明也有类似特征。

断裂常对地下水影响造成干扰。断裂发育且地下水丰富的地区，地下水沿断裂和裂隙向上运动时，围岩吸收深层地下水温度，常使得该处地温梯度变高。

地温梯度与热流所流经岩体的热导率成反比，当有导热性差的盖层存在时，地温梯度常常偏高。同属于水动力条件较好的南宁市碳酸盐岩地区与砂砾石层分布区相比，砂砾石层地区地温梯度高于碳酸盐岩分布区，就与砂砾石层底部有第三系泥岩盖层存在有关。

综上，200 m深度以内的增温带地温梯度有华北和东北高、南方和西北低的特征。在南方的湘中、桂中、鄂西渝东、川东北地区，西北的塔里木盆地、准噶尔盆地形成两个明显的低值区。地温梯度主要受大地热流也就是区域热构造背景的控制；其他因素影响相对较小，如地下水动力条件、岩层热导率与之呈负相关关系，断裂的存在则常形成地温梯度局部高值区。

2.2.3 区域控制条件及其开发适宜性区划

浅层地热能区域控制条件是指在一个城市范围内控制浅层地热能空间分

布规律的地质条件。本文以地埋管式为例，分别从横向和垂向上，来研究一个城市的常温层温度和深度与活动断裂、地温梯度、基岩埋深和水文地质条件等因素之间的关系，提出城市浅层地热能开发利用适宜性区划意见[19]。

2.2.3.1 常温层底板埋深温度等值线可以表征浅层地热能区域分布规律

常温层温度及深度是浅层地温场和浅层地热能资源的重要指标。北京平原区，常温层顶板埋深为 15 m 左右、常温层厚度为 30 m、常温层温度为 14 ℃，北京平原区常温层底板埋深温度等值线走向以北东向椭圆形分布[5]。

2.2.3.2 基岩顶界及其地温场特征是控制浅层地热能空间分布的基础条件

（1）基底形态控制浅层地热能总体分布规律

基底起伏与常温层温度的横向变化呈正相关关系，表现为拗陷带低地温，凸起带高地温；基岩埋深与常温层顶板埋深呈正相关关系，基岩埋深越大的地区，地下水对地温的干扰越强，常温层顶板埋深越大（如太原盆地）。

（2）基岩顶界地温场控制着浅层地温场的空间展布

北京平原区浅层地热能分布规律与基岩顶界地热能分布规律十分相似，表明深层地温场对浅层地温场具有控制性[5]。

2.2.3.3 地温梯度是控制浅层地热能可开采资源量的重要条件

（1）地温梯度等值线形态明显受活动断裂控制

北京平原区浅层（20～300 m）地温梯度等值线走向以北东和北西向带状分布，长轴方向与主要隐伏活动断裂延伸方向基本一致，即浅层地温梯度等值线形态明显受活动断裂控制。

（2）地温梯度控制浅层地热能可开采资源量

地温梯度与热流量关系密切，呈正相关关系，地温梯度越高，热流量就越大，即地温梯度高的地区，浅层地热（温）能可开采资源量大于其他地区[22]。

2.2.3.4 活动断裂是影响和控制浅层地热能的关键因素

从地源热传递角度来看，活动断裂改变了基岩裂隙，从而使得地球深部流体及热量向地表传递的通道发生改变，也影响着浅层地热能的分布特征。

（1）活动断裂影响常温层顶板埋深

北京平原区常温层顶板（14 ℃等值线）呈波状起伏（图 2－5）。在八宝山断裂带上盘的钻孔 Ⅰ－75 和黄庄—高丽营断裂带上盘的钻孔 Ⅰ－88 常温层顶板埋深较低，岩土体温度较高，地表下 70 m 处地温为 15.9 ℃和 21.2 ℃，断裂带附近岩土体温度达到最高值，远离断裂带温度则迅速降低，即隐伏活动断裂控制常温层顶板埋深[22]。

（2）活动断裂是影响和控制浅层地热能可开采资源量的关键条件

从图2－5可以看出，在活动断裂附近岩土体的平均温度明显高于远离活动断裂的区域岩土体平均温度，即证明活动断裂附近浅层地热能可开采资源量（可换热功率）要明显大于远离活动断裂区域的浅层地热能可开采资源量，表明活动断裂影响浅层地热能可开采资源量。

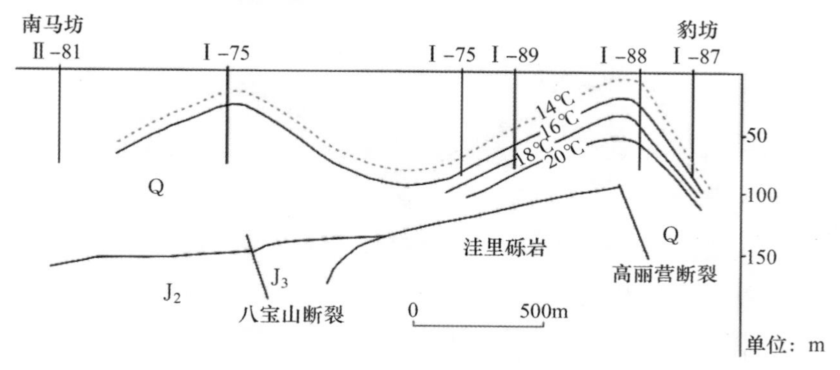

图2－5 北京平原区常温层顶板埋深与活动断裂关系剖面图

2.2.3.5 地下水条件对浅层地热能迁移赋存规律影响较大

常温状态下，水具有较高的热容性和流动性，是热量传递的良好载体。大气降水渗透、上游补给、地层活动以及人工开采地下水等，成为地下水流动的驱动力，可以促进热量的传递。在平面上，可以对地下温度场起到很好的温度展平作用；在纵深上，裂隙或导水通道中的对流，可以把热量带到地表或更远的排泄区，从而影响地下岩土体的温度变化。此外，地下水还可以影响常温层顶板埋深，水动力条件较好的区域常温层顶板埋深较大，这主要是由于含水层与地表水、大气降水等联系紧密，易受外部环境的影响所致。

2.2.4 开采规模与形式的影响因素

2.2.4.1 开采区规模与热传导系数影响因素研究

（1）浅层地热能开采区规模划分

近年来，我国浅层地热能开发利用迅速，未来的发展方向是高效、科学、可持续大规模开发利用。结合全国浅层地热能开发利用实际情况，以供热或制冷面积为标准，本文提出将我国浅层地热能开采区规模划分为小型（<10 万 m^2）、中型（10 万~49 万 m^2）、大型（50 万~100 万 m^2）和特大型（>100 万 m^2）4 大类，针对不同规模采取有效的资源勘查和承载力评价工作[23-24]。

（2）热传导系数影响因素研究

地埋管换热器传热系数 K_s 是浅层地热能工程设计的重要参数。根据《浅层地热能勘查评价规范》（DZ/T 0225—2009）中的相关公式可以推出：

$$K_s = \frac{2\pi}{\frac{1}{\lambda_1}\ln\frac{r_2}{r_1} + \frac{1}{\lambda_2}\ln\frac{r_3}{r_2} + \frac{1}{\lambda_3}\ln\frac{r_4}{r_3}} \qquad \text{式(2-3)}$$

从式（2-3）各参数分析，地埋管换热器传热系数（K_s）主要受钻孔周围岩土体平均热导率（λ_3）控制，岩土体平均热导率（λ_3）是浅层地热能可采资源量的主要控制条件。而地埋管材料的热导率（λ_1）及钻孔中回填料的热导率（λ_2）对浅层地热能资源的开采也有一定影响，但属人为因素。据此，本文以一个开发项目为研究对象，区分项目大小，开展不同岩性热导率影响机制研究和开采区的热传导率控制因素研究；分析开采区的水文地质条件、浅层地温场特征、岩土体物质成分和结构、孔隙度、含水率和回填材料等因素对岩土体热导率的影响程度，对浅层地热能的开发利用和地质环境影响进行详细评价，提出科学开发利用方案和环境保护措施。

在实验室条件下测定不同状态下的粉质黏土和细砂的热导率[25-26]，对测试数据进行统计、分析。研究结果显示，粉质黏土和细砂数据的分布规律一致且趋势明显：热导率与含水率、孔隙度呈负相关，与密度呈正相关。这对浅层地下水流动缓慢（非对流状态）或无地下水地区的岩土体传热能力研究具有重要的指导意义。

地埋管地源热泵系统的换热孔内传热效率主要受人为控制因素影响，通过降低传热热阻，提高热传递速率。目前，绝大多数地埋管管材采用 HDPE 管，其热导率为 0.5 W/（m·℃），耐压、耐腐蚀、经济性好；也有部分项目采用导热性能较高的金属类埋管，提高传热能力。因此，对不同管材、管型的换热孔进行了不同功率热响应测试研究[27-29]。

而换热孔内回填材料的选择则考虑不同开采区水文地质条件。一般富水性较好的地区采用中粗砂回填增加水流通道，促进换热；富水性较差的地区采用水泥砂浆或原浆等回填，增大导热性能。同时，也针对不同地质单元相同回填材料和同一地质单元不同回填材料的地埋管换热能力进行了测试研究[30]。

研究结果表明，地埋管换热与地埋管和回填料的材料及结构、水文地质条件、岩土体构造、地温场呈耦合相关性。

2.2.4.2 不同利用形式影响因素

（1）地下水地源热泵系统

地下水地源热泵项目实施取决于区域的地质、水文地质条件。含水层的出水能力和回灌能力决定了场地使用地下水地源热泵的适宜性、抽回灌井比例、施工工艺和成井结构；有效含水层厚度是表征含水层储水性能的主要参数，制约了含水层储水及回灌能力；地下水水位埋深是影响地下水回灌能力的一个重要因素，决定了其可利用的自然压力水头；含水层渗透系数和地下水径流速率决定着回灌水中冷、热能的扩散；地下水补给模数则表明区域内是否具备充足的供水条件，可表征采能活动引发的温度场变化幅度及影响范围。

（2）地埋管地源热泵系统

地层的可钻性是衡量钻井过程中地层被破碎的难易程度，决定了地埋管地源热泵项目的钻井效率。地层可钻性主要取决于区域的地质条件，即第四系地层结构、厚度等。由于地层中富含地下水，而地下水径流条件和含水层厚度直接影响到冷、热能的扩散，所以将有效含水层厚度也作为本次研究的影响因素之一。

2.2.5 不同气候带浅层地温分布特征与影响因素

2.2.5.1 北京平原区

（1）浅层地温分布特征

①地温梯度分布特征

北京平原区 20～300 m 内现今地温梯度在 2.4～20.5 ℃/100 m，平均地温梯度为 7.2 ℃/100 m，高于北京地区基岩地热梯度 2.5～3.0 ℃/100 m。由于平原区发育着一系列深大断裂，为地下热流提供了良好的通道，加之基底岩石热导率高于松散层内岩土体热导率，从而使浅部地温梯度高于深部基岩的地温梯度。在垂向上，地温梯度在浅部较高，但随着深度的增加，梯度则以极其缓慢的速度逐渐下降。从图 2－5 可以看出，地温梯度等值线走向以北东和北西向带状分布，地温展布与主要隐伏活动断裂的延伸方向基本一致[22]。

②大地热流

根据呼家楼实测，北京城区大地热流值为 66.35～84.14 mW/m^2，密云不老屯大地热流值为 37.67～42.28 mW/m^2；北京平原区大地热流值约为 67 mW/m^2，略高于全球平均热流值 62.79 mW/m^2 和中国大陆地区平均热流值 66 mW/m^2。城区热流值高与岩石圈较薄和隐伏活动断裂有关。

③不同深度地温分布特征

在平面上，如建国门、北七家等地温场等值线较高的地区，闭合形态分布均呈北东或北西走向，且分布在断裂附近，表明地质构造对地温的控制作用规律在浅层地温场亦有充分的体现。浅层地温场与深部地温场存在密切的联系，与基底形态活动构造密切相关，北京凹陷内明显高于相邻地区，区内地下 70 m 处地温一般为 22～30 ℃，建国门附近 JR－63 地热井在 70 m 处地温达到 27.4 ℃，第四系底界 145 m 处温度达到 29.2 ℃，而位于南苑—通县断裂下盘大兴隆起上的 JR－178 地热井在 50 m 处温度为 14.32 ℃，第四系底界 293 m 处温度为 18.95 ℃。

（2）浅层地温场影响因素

浅层地温是地球深部热传导、热对流和太阳辐射共同作用的结果。北京地区浅层地温数值变化较大，但地温场整体展布呈北东和北西向。综合分析认为主要受区域地质构造、水文地质条件、岩土体结构等因素影响。

①区域地质构造

一般认为，区域性构造条件控制不同地质单元的地温分布，新构造运动决定了现代地温场和地壳的热状态基底形态，是地温重新分布的重要影响因素，基底起伏与地温的横向变化呈正相关关系，表现为凹陷带低地温，凸起带高地温，北京平原区浅层地温场与此有所不同。从图 2－3 至图 2－5 可以看出，在靠近黄庄—高丽营断裂南苑—通县断裂和南口—孙河断裂地温场较高，展布方向与活动断裂方向基本一致，具有明显相关性。断裂使基岩强烈破碎或抬升，裂隙的形成为深部热源提供了良好的通道，从而导致断裂附近地温较高，小汤山地区基岩埋深一般在 100～400 m，区内 50 m 深度地温为 16～18 ℃，70 m 处温度为 18～20 ℃，地温明显受到南口—孙河断裂和黄庄—高丽营断裂的控制。北京断陷盆地内新生界厚度1000 m左右，最厚可达1600 m[14]。浅层地温场明显高于北京其他地区，主要因为在盆地内存在数条断裂（图2-6）。在垂向同等深度上断裂附近地温场明显高于其他地区，在八宝山断裂带上盘的钻孔Ⅰ-75和黄庄—高丽营断裂带上盘的钻孔—Ⅰ-88地层温度较高，70 m处地温为15.9 ℃和21.22 ℃，断裂带附近地温达到最高值，远离断裂带温度迅速降低。

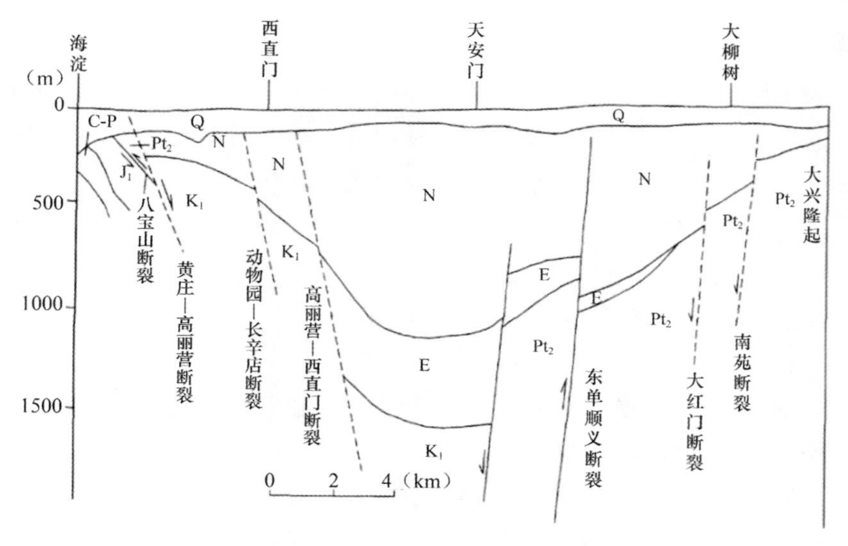

图2-6 北京平原区地质构造示意图

②水文地质条件

水的物理性质和热物理性质使其具有独特的功能，它既能搬运能量又能储存一定能量，由于构造活动形成导水节理、裂隙，使基底中具有良好的水对流通道和比较一致的地下水化学成分，从而把热量带到地表或更远的排泄区。对不同含水率时孔隙岩石热导率的研究表明，水的介入改变了孔隙岩和岩土体的热物理性质[32]。北京平原地下水补给主要来自大气降水和西部、北部山区，大气降水沿着盆地边缘松散地层入渗，发生径流，影响流经区域的地温场，浅层地下水不仅对垂向温度有影响，而且在水平方向上影响也非常明显，地下水的水平径流使地温场沿水流方向发生位移，背水侧外围局部温度升高，其程度取决于区内热传导的情况、地下水的流动速度及人工开采情况。

③岩性、结构

岩石地层是地壳中地温能储藏、传递、散失的物质基础。表示岩石导热能力大小的热导率是岩石地层热物理性质重要参数之一，不仅决定地温场的展布形态，而且也是浅层地热能资源量计算和开发工程计算的关键因素，以适当参数计算能够取得最大程度的经济效益和社会效益，因此得到社会关注和众多学者广泛的研究。

2.2.5.2 西安市

西安市位于渭河断陷盆地内次一级构造单元西安凹陷的东缘，与东侧的临潼凸起相接；受盆地基底构造控制，新构造运动以断裂活动为主，在构造格架基础上继承性发育东西向、北东向和北西向断裂，并将盆地分割成若干地块，区内主要断裂为渭河断裂（F_1），该断裂沿渭河南北两岸分布，全长大于300 km，宽达1~2 km，属于高角度正断层，走向为EW，宝鸡—咸阳间，断面南倾，倾角65°~80°，临潼以东，断面北倾，倾角60°~70°[33]；临潼—长安断裂（F_2），由3条近乎平行的正断层组成的断裂组，走向近NE，断裂斜穿西安市郊，在区内分布长约150 km，断裂南段较北段活动强烈；新开门—焦岱断裂（F_3），由库峪口经焦岱、马腾空至新开门，该断裂走向近NW，倾向南西，倾角60°~70°；灞河断裂（F_4），自蓝田经泄湖、灞桥、草滩镇过渭河与泾河断裂相接，走向NW，倾向南西，断距500~1000 m。

此外，主断裂的次级伸展断裂主要有沣河、皂河与浐河等断裂。第三系地层上部沉积有较厚的松散地层，比热容高，热传导系数低，因此，西安地区地热能储量丰富，为浅层地热能开发利用提供了条件[34]。

（1）浅层地温分布特征

①地温梯度的分布特征

根据8个监测井的水温数据，可计算出地温梯度（表2-5），1号、4号、5号井受断裂带等因素影响较小，地温梯度较小，均在1.5~2.0 ℃/100 m范围内。2号、3号井地温梯度相比其他监测井最大，均大于6 ℃/100 m，这两个监测井位于渭河断裂与灞河断裂的交界处附近，地温梯度明显偏高。6号、7号井位于断裂带附近，地温梯度较高为3.0~6.0 ℃/100 m。

表 2-5 监测井的地温梯度

监测点	地温梯度（℃/100 m）	监测点	地温梯度（℃/100 m）
1 号井	0.36	5 号井	1.62
2 号井	6.99	6 号井	3.44
3 号井	6.17	7 号井	5.42
4 号井	1.53	8 号井	1.88

②大地热流

西安地区位于渭河盆地东部，新生界沉积厚度为 7000 m，构成了良好的地热地质条件。热流体为单相热水，水温一般在 40～85 ℃，为中低温热水型地热区，受区域构造控制，是以传导方式为主的地热系统。西安地区具有良好的地温场背景，大地热流平均值 78.8 mW/m^2，高于全球（61.1 mW/m^2）大地热流平均值，城区高热流值与隐伏活动断裂有关。

③不同深度的地温分布特征

西安地区地温分布总趋势，表现出中部较高，东南部次之，北部及东部局部较低的展布特征。并且呈现出平均地温梯度水平方向上变化较大、不同深度地温水平方向上变化趋势基本一致、等温面起伏高差强烈异常的特点。位于渭河断裂（F_1）和灞河断裂（F_4）交汇处附近的 2 号、3 号井地温达到最大值，位于新开门—焦岱断裂（F_3）和长安—临潼断裂交汇处附近的 7 号井地温值次之。

垂向上地温分布的基本规律是，地温随深度增大而升高，但由于地层岩性，地质构造及其他因素影响，垂向上升温特征因地而异，归纳起来有渐变升温型、突变升温型和升温与降温交替型。其中，渐变升温型是区内垂向升温的主要形式。

直线渐变升温型温度变化特征：新筑村、前锋村和闵旗寨 3 处地温随深度变化形式属于直线渐变升温型变化。前锋村观测孔不同深度的地温随季节变化不明显，随着深度增加，地温呈直线逐渐升高。新筑村和闵旗寨地区有类似变化特征，其中，闵旗寨地温在 10～40 m 变化不大，在 40～120 m 变化较大，地温升高约 2.7 ℃；而前锋村和新筑村 2 处地温变化趋势较为缓慢。

曲线渐变升温型温度变化特征：北玉峰村、尤家庄、长安基地、技工学校、东曹村、财院和四水厂等 7 处地温随深度变化属于曲线渐变升温型变化形式。技工学校地温在 10～40 m 范围内基本保持不变，自 40 m 向下地温随深度增加逐渐升高，低温梯度约 33.1 ℃。其他观测点的变化特征类似，不同地区受外界影响不同所表现出来的地温随深度的变化也有不同的范围，其他观测点变化特征见表 2－6。

表 2－6　其他曲线渐变升温型不同深度变化范围

观测点	深度范围（m）	变化特征	温度变化（℃）
北玉峰村	10～140	缓慢升高	约升高 2.8
尤家庄	50～185	缓慢升高	约升高 3.4
技工学校	10～40	基本保持不变	—
技工学校	40～120	逐渐升高	约升高 2.6
东曹村	20～120	升高幅度较小	约升高 1.1
东曹村	120～160	急剧升高	约升高 2.5
长安基地	120～160	升高速度较慢	约升高 1.0
长安基地	160～190	升高较快	约升高 3.0
财院	90～150	逐渐升高	约升高 1.5

升温降温交替型地温场变化特征：研究区内草滩六路和石化大道 2 处地温随深度变化形式属于升温降温交替型变化。石化大道地温在 30 m 之上缓慢增加，在 30～60 m 上随着深度增加呈降低趋势，而在 60 m 以下随深度增加呈升高趋势，升降温交替变化。草滩六路的温度变化特征与之类似，也是随深度增加呈升降温交替变化特征，是以 80 m 地温为拐点，随着深度增加呈先降低后升高的交替变化趋势。

（2）浅层地温场影响因素

浅层地温是地球深部热传导、热对流和太阳辐射共同作用的结果。影响西安市浅层地温的因素主要有区域地质构造、水文地质条件、岩土体岩性及结构等因素影响。

①区域地质构造

强烈的构造运动产生褶皱和断裂等构造形态，不仅能改变岩层的产状，引起岩石热物性在水平方向和垂直方向上的变化，而且会进一步导致深部热流在浅部重新分配，使地温场发生改变。特别是高角度大断裂有利于深部热和热水的向上运移，从而引起周围岩石温度的升高，出现局部地温异常[33]。受渭河盆地盆缘大断裂及其次级伸展断裂的影响，西安市地区表现为复杂的断块结构。西安地区的断裂可以分为 3 种类型：前中生代基地断裂、断面达老第三系的活动断裂、断面达新第三系地面以上的活动断裂。其中断面达老第三系的活动断裂在西安市分布最广，对西安地区地热资源影响最大[34]。上述断裂的形成与长期活动，既成为主要的地热通道，又为处于不同深度的地热水层间进行对流循环创造了条件。西安地区断裂构造主要呈东西向、北西向和北东向展布，则地温场的分布方向与断裂构造的方向基本一致。由以上综合分析可知，地温异常高是由于断层活动性较强烈。

远离断裂带的区域，地温不受断裂带的影响，随深度增加呈直线升高（如前锋村、新筑村、闵旗寨），符合一般地温增温特征。而在断裂带附近，区域地质构造对地温的分布起着较大的控制作用，研究区内分布有东西向、北东向和北西向三大断裂带及其伴生的次级断裂网，为热量储存和运移创造了良好的地质环境。断裂带附近观测孔的地温有突变的地方（如技工学校、财院），大多出现承压水或该点（段）岩石比较破碎、有裂隙或出水点。一般破碎岩石透水性好，为地下水在其间的活动提供了良好的通道[35]。

②水文地质条件

西安地区水资源丰富，灞河、浐河、皂河、沣河，渭河、泾河，此外还有黑河、石川河、涝河等较大河流。其中绝大多数河流属黄河流域的渭河水系。渭河横贯西安市境内约 150 km，年径流量为 25 亿 m^3。西安地下水储量丰富，据估算，总计约 19.91 亿 m^3。

浅层地下水不仅对垂向温度有影响，而且在水平方向上的影响也非常明显，地下水的水平径流使得地热异常区迎水一侧温度下降，背水侧外围局部温度升高，即造成异常区的下移[36]，在等值线图上同一异常区内各等温线形态并不相似，靠近地下水上游的地方等值线较密，而下游地区等值线稀疏，其重要原因就是受浅层地下水的循环条件影响。

地下水的活动是影响地温分布、导致地温异常的另一个重要因素。地下水的侧向径流或垂向渗透可带走或带来热量，使地温场发生明显的变化，强烈的冷热水交替地带易出现低的或高的地热异常。一般情况下，在受冷水源补给的地下水强径流区，地温往往出现负异常，而在热水排泄区或某些断裂带附近，则形成正异常。根据研究区观测孔地温随深度变化曲线并结合实际情况分析可知，尤家庄和北玉峰村的垂直地温变化几乎不受地下水活动的影响；四水厂、东曹村、闵旗寨、石化大道和草滩六路的垂直地温分布受到低温地下水径流活动的影响；油库和新筑村垂直地温分布受到相对低温下行活动水流的影响；财院和技工学校地温分布受到较高温地下水上升活动的影响。

③岩土体岩性、结构特征

岩性对地温场的影响主要是由于不同岩石具有不同热导率，从而引起热传导性能的差异。岩石地层是地壳中地能储藏、传递、散失的物质基础。热导率表示岩石导热能力大小，是岩石地层热物理性质的重要参数之一，不仅决定地温场的展布形态，而且也是浅层地热能资源量计算和开发工程计算的关键因素。

西安市地区内出露的地层主要为第四系，该层分布极广，主要分布在渭河及其支流阶地、黄土塬、山前洪积扇群。从下更新统至全新统是一套完整的沉积，岩性可分为两大类：一是以砂砾卵石为主的粗粒沉积，成因主要有冲积、洪积、冲洪积、冲湖积等；二是以黄土为主的土状堆积，成因主要为风积。

浅层地热能资源的开发和利用过程不仅受到地下岩土体所蕴藏的热量制约，岩土的热物理性质对其也有很大的影响。研究区内地下 200 m 的浅层岩性主要为第四系松散沉积物，在 0～30 m 处地温均在 14～17 ℃，这是因为这些地区在 30 m 之上的岩土均为黄土，岩石导热性较小，温度较低；往下 30～90 m 为黏土层，温度大约在 15～18 ℃，粉质黏土的导热性大于黄土，地温也相对升高；黏土层下面是砂层，一般按深度增加，以粗砂、中砂、细砂分布，有时会出现粉质黏土与砂土互层，如长安基地和草滩六路，这层的温度一般在 17～20 ℃，温度基本呈随深度增加逐渐升高的趋势。对粉质黏土、粉土和粉砂的热导率与不同含水量间的变化规律的分析研究显示：不同深度的含水量不同，相同岩性热导率可能不相同，因此土壤的热导性可能会发生变化，会造成地温的变化出现异常，如在 90 m 往下的岩土层中，长安基地的地层温度较高，达到 23 ℃；草滩六路与石化大道的地温呈升降温交替形式[37]。

2.2.5.3 上海

（1）浅层地温分布特征

①一般特征

浅层地温场的垂向分布特征受当地气候、地层结构、地层岩性、水文地质条件、第四纪覆盖层厚度、地质构造等多方面因素影响，通常可分为变温带、恒温带、增温带。上海地区地温垂向分带明显、规律性好。测温曲线显示，不同区域变温带深度由于受浅部土层岩性等因素的影响略有差异，其底界在9.0~17.0 m，平均值为13.3 m。变温带以下地温恒定，不受气温影响，为恒温带。据测温资料，上海地区恒温带底界在17.0~27.0 m，平均值为23.0 m。恒温带以下地温随深度增加而增加，为增温带[38]。

②变温带

变温带的温度受太阳辐射的影响，有昼夜、季节、年份等周期性变化，调查评价及地温动态监测孔取得的资料显示，上海地区变温带的温度受季节变化影响明显，动态监测孔取得的资料显示了上海地区变温带温度（表2-7、图2-7）。

表2-7　2000—2012年上海平均气温

（单位:℃）

年份	1月	2月	3月	4月	5月	6月	7月	8月	9月	10月	11月	12月	全年
2000	5.4	4.8	11.0	16.5	21.6	25	29.5	28.6	24.8	20.2	13.7	9.4	17.5
2001	6.2	7.4	11.4	16.1	21.7	24.5	30.1	27.5	25.1	20.2	13.4	7.7	17.6
2002	7.4	9.0	13.4	17.3	19.9	25.7	27.8	27.4	25.2	20.0	13.0	8.0	17.8
2003	4.3	7.3	10.2	15.7	20.4	25.0	30.1	29.4	26.6	19.1	14.2	7.0	17.4
2004	4.9	9.4	10.5	16.6	21.6	25.1	30.2	29.4	24.7	19.6	15.1	9.5	18.1
2005	3.8	4.8	9.4	18.2	21.1	26.8	29.9	28.7	26.8	19.6	15.8	5.6	17.5
2006	6.5	6.1	11.6	17.0	21.3	25.9	29.8	30.4	24.2	22.3	15.9	8.6	18.3
2007	5.9	9.8	12.1	15.9	22.9	25.0	30.4	29.7	25.4	20.6	14.2	9.8	18.5
2008	4.5	4.2	11.6	16.1	21.8	24.2	30.4	28.6	26.0	21.0	13.3	7.9	17.5
2009	4.3	9.3	10.8	16.7	22.5	26.3	29.0	28.1	25.4	21.4	12.4	6.9	17.8
2010	5.7	7.7	9.6	13.3	20.9	24.1	28.8	30.9	26.2	19.3	14.2	9.1	17.5
2011	1.9	6.5	9.5	16.2	21.9	24.4	30.2	28.3	24.7	19.3	16.7	6.9	17.2
2012	4.9	4.6	9.8	17.9	21.4	24.8	30.2	29.5	24.1	19.9	12.1	6.3	17.1
平均	5.1	7.0	10.8	16.4	21.5	25.1	29.7	29.0	25.3	20.2	14.2	7.9	17.7

变温带的温度随气温的变化而有规律地变化，地温的变化存在明显的滞后，在变温带深度范围内随深度的增加，滞后时间变长。

2 m以上地层温度滞后于大气温度约1个月，大气温度最低出现在1月，而地层温度最低点出现在2月；大气温度最高点出现在7月，而地层温度最高点出现在8月。4 m深处温度最低、最高点分别出现在4月、10月，地层温度滞后于大气温度约 3 个月。6 ~ 7 m 处温度最低、最高点分别出现在 6 月、12 月，地层温度滞后于大气温度约 5 个月。9 ~ 12 m 处温度最低、最高点分别出现在 9 月、3 月，地层温度滞后于大气温度约 8 个月。

从全年来看，5 ~ 10 m 深度范围内，4 ~ 9 月温度一般低于 10 月至次年 3 月的温度，与季节温度变化完全相反，地层温度滞后于大气温度约半年，与以上分析基本一致。从整体来看，0 ~ 23 m 深度范围内，2 月平均温度偏低，最高值出现在 8 月，与大气温度变化较为一致。13 ~ 23 m 处温度最低、最高点分别出现在 1 月、9 月，与大气温度变化基本相反，推测此处地层温度滞后于大气温度约 18 个月，甚至更长。可以认为，13 m 以下温度基本不受大气温度变化的影响，即上海地区变温带深度一般为 13 m（图 2 – 7）。

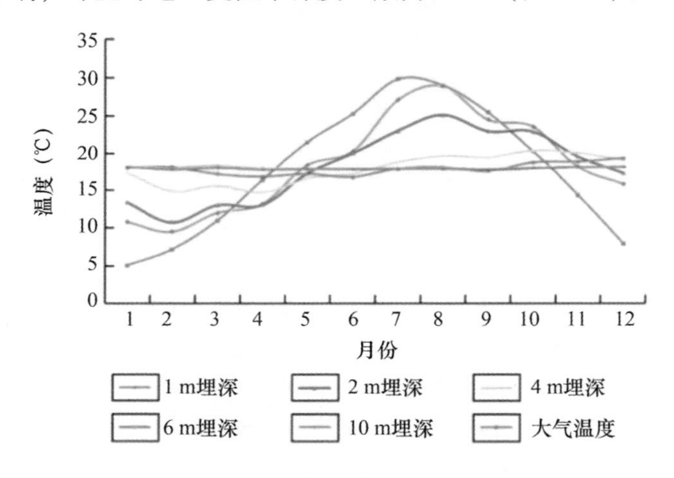

图 2 – 7　不同深度地层温度与大气温度对比图

③恒温带

恒温带是指温度变化幅度几乎等于 0 的地带。从以上分析可知，上海地区 14 m 以下地层的温度受大气温度影响很小，由表 2 – 8 可知温度变化范围很小（一般小于 0. 1 ℃），图 2 – 7 中 14 m 处温度曲线亦基本为直线，因此可以确定上海地区恒温带深度范围一般为 14 ~ 23 m，平均温度为 17. 9 ℃，接近上海市近 10 年来的平均温度 17. 7 ℃。

表 2-8　不同深度地层温度年度变化

深度	温度/℃												
/m	1月	2月	3月	4月	5月	6月	7月	8月	9月	10月	11月	12月	平均
1	10.8	9.5	12	13.2	18.4	20.4	27.1	28.9	24.6	23.6	18.2	15.8	18.6
2	13.5	10.8	13.1	13.1	17.3	20	23.1	25.1	23	22.9	19.5	17.3	18.2
3	15.7	13.4	14.4	13.5	16.5	18.6	20.2	21.5	20.9	21.7	20.1	18.3	17.9
4	17.3	14.9	15.6	14.7	16.5	17.2	18.7	19.6	19.4	20.3	20	19	17.8
5	17.9	17.8	16.5	15.7	16.9	16.7	18	18.5	18.2	19.4	19.5	19.4	17.9
6	18.1	18.1	17.1	16.8	17.2	16.7	17.9	18.1	17.5	18.7	18.8	19.3	17.9
7	18.1	18.2	18	17.3	17.4	17	17.8	17.9	17.3	18.2	18.4	18.8	17.9
8	18.1	18.2	18.3	17.6	17.6	17.4	17.8	17.9	17.3	18	18.2	18.5	17.9
9	18.1	18	18.3	17.8	17.8	17.6	17.9	17.9	17.5	17.9	18.1	18.2	17.9
10	18.1	18	18.2	17.9	17.9	17.8	17.9	17.9	17.6	17.9	18.1	18.1	18
11	18.2	17.9	18.2	18	17.9	17.9	17.9	17.9	17.7	18	18.1	18.1	18
12	18.2	17.8	18.2	17.9	17.9	17.9	17.9	17.9	17.7	18	18.1	18.1	18
13	18.2	17.8	18.1	17.9	17.9	17.9	17.9	17.9	17.8	18	18.1	18.1	18
14	18.2	17.8	18.1	17.8	17.9	17.9	17.9	17.9	17.8	18	18.1	18.1	17.9
15	18.2	17.8	18.1	17.8	17.9	17.9	17.9	17.9	17.8	18	18.1	18.1	17.9
16	18.2	17.8	18	17.8	17.9	17.9	17.9	17.9	17.8	18	18.1	18.1	17.9
17	18.2	17.8	17.9	17.8	17.9	17.9	17.9	17.9	17.8	18	18.1	18.1	17.9
18	18.2	17.9	17.9	17.8	17.9	17.9	17.8	17.9	17.8	18	18.1	18.1	17.9
19	18.2	17.9	17.9	17.8	17.9	17.9	17.8	17.9	17.8	18	18.1	18.1	17.9
20	18.2	17.9	17.9	17.8	17.9	17.9	17.8	17.9	17.8	18	18.1	18.1	17.9
21	18.2	17.9	17.8	17.8	17.9	17.9	17.9	17.9	17.8	18	18.1	18.1	17.9
22	18.2	17.9	17.8	17.8	17.9	18	17.9	17.9	17.8	18	18.1	18.1	17.9
23	18.2	17.9	17.8	17.8	17.9	18	17.9	17.9	17.8	18	18.1	18.1	18
24	18.2	18	17.8	17.9	17.9	18	17.9	18	17.8	18	18.1	18.2	18
25	18.2	18	17.8	17.9	18	18	17.9	18	17.8	18	18.1	18.2	18
26	18.2	18	17.8	17.9	18	18	17.9	18	17.8	18.1	18.1	18.2	18
27	18.2	18	17.8	17.9	18	18	18	18	17.9	18.1	18.1	18.2	18
28	18.2	18	17.8	17.9	18	18.1	18	18	17.9	18.1	18.1	18.2	18
29	18.3	18	17.8	17.8	18.1	18.1	18	18	17.9	18.1	18.1	18.3	18
30	18.3	18.1	17.8	17.8	18.1	18.1	18	18.1	18.1	18.1	18.1	18.3	18.1
平均	17.5	16.9	17.2	16.9	17.6	17.9	18.6	18.9	18.4	18.8	18.4	18.2	18

④增温带

增温带在常温带以下，温度随深度增加而升高，其热量的主要来源是地球内部的热能。调查区 50 m、100 m、150 m、200 m 深度温度统计结果见表 2－9。由表2－9可见，随着深度的增加，地温逐渐升高。平均地温：50 m 为 18.7 ℃，100 m 为20.2 ℃，150 m 为21.7 ℃，200 m 为23.3 ℃。

表 2－9　不同深度地层温度统计

深度/m	温度/℃		
	最高值	最低值	平均值
50	19.3	18.3	18.7
100	21.4	19.5	20.2
150	23.4	20.7	21.7
200	23.7	23.0	23.3

调查区 200 m 深度范围地层，增温率的变化在 2.55～3.50 ℃/100 m，平均值为 3.03 ℃，基岩浅埋区的地层增温率略高于其他地区。

地层增温率随深度的增加而不同，调查深度范围内一般随深度的增加而减小（表 2－10）。由表 2－10 可知，在计算下界终点深度一定的情况下，地层增温率一般随上界深度的加深而增大；在计算上界起点一定的情况下，地层增温率一般随下界深度的加深而减小。同时，随着深度的增加，最大值越来越小，最小值越来越大，两者随深度的增加而靠近。40～100 m 深度范围内的增温率最大值与最小值的差值为 1.53 ℃/100 m，150～200 m 深度范围内两者的差值缩小为 0.06 ℃/100 m，地层增温率随深度的增加而趋于某一稳定值。

表 2－10　不同深度地层增温率对比

深度范围/m	地层增温率（℃/100 m）		
	最大值	最小值	平均值
40～100	3.75	2.22	3.01
50～100	3.78	2.30	3.08
60～100	3.80	2.33	3.08
40～150	3.48	2.46	3.02
50～150	3.58	2.49	3.06
60～150	3.62	2.51	3.05

续表

深度范围/m	地层增温率（℃/100 m）		
	最大值	最小值	平均值
70～150	3.65	2.49	3.05
80～150	3.64	2.40	3.04
90～150	3.83	2.37	3.04
100～150	3.82	2.42	3.08
40～200	3.31	2.70	3.01
50～200	3.30	2.73	3.02
60～200	3.31	2.75	3.03
70～200	3.31	2.75	3.03
80～200	3.31	2.74	3.03
90～200	3.35	2.74	3.05
100～200	3.30	2.81	3.06
150～200	3.00	2.94	2.97
平均值	3.50	2.55	3.03

（2）浅层地温场影响因素

①地层岩性

砂层（含水层）中，地层温度分布较平稳，温度随深度增长缓慢地层增温率一般为1.36～1.67 ℃/100 m，明显低于地区正常地层增温率。黏性土（隔水层）中，地层温度随深度增加平稳增长，接近或大于地区平均地层增温率。但在由砂层（含水层）向黏性土（隔水层）过渡时，温度一般会出现明显波动。以74号孔为例，该孔共钻遇3个承压含水层，富水性均较差，单井出水量均小于100 m^3/d。

30～44 m深度温度平稳，温度为18.4～18.6 ℃，地层增温率为1.43 ℃/100 m，该深度地层主要岩性为粉土和砂土，即第一承压含水层。45～80 m深度温度平稳增长，从19.2 ℃升至20.5 ℃，增温率为3.71 ℃/100 m，稍大于地区平均增温率，该深度地层为粉质黏土隔水层。

81～93 m温度平稳在20.4～20.6 ℃，地层增温率为1.67 ℃/100 m，93～94 m温度出现跳跃，从20.5 ℃升至21.0 ℃，该深度地层主要为含砾中粗砂，即第二承压含水层。

95～116 m 深度温度平稳增长，从 21.1 ℃升至 21.6 ℃，地层增温率为 2.38 ℃/100 m，接近地区正常增温率，该深度地层为黏土隔水层。

116～117 m 深度温度自 21.6 ℃跌落至 21.0 ℃，118～119 m 深度温度又陡然上升至 22.2 ℃。由于在第三承压含水层中存在黏性土夹层，认为该深度段温度变化可能与地层的复杂性变化有关。

121～143 m 深度温度平稳，为 21.2～21.5 ℃，地层增温率为 1.36 ℃/100 m，该深度地层主要岩性为粉细砂，即第三承压含水层。

②基岩埋深

区域地温的分布受基岩起伏的控制，基岩浅埋区的地温略高于其他地区，但同一深度上不同地区的地温差异较小。如 100 m 深度地温高值区和低值区仅相差 1.9 ℃，大部分地区地温为 19.5～20.5 ℃；150 m 深度地温高值区和低值区的差值为 2.7 ℃，大部分地区地温为 21.0～22.05 ℃。

③构造热储

深部热储对浅部地温场具有控制作用，而控制区域构造格架的断裂对区内地热场分布的控制作用十分明显，主要受 NE、NW—NNW 向断裂或两者的联合控制作用[22]。区域热储总体上主要分布在安角断陷盆地、松江—北桥断陷盆地边缘早期逆冲断裂基础上形成的张性断裂带上，NNE 向断裂与 EW、NE 向断裂的交汇带。已发现的热储有北新泾镇—宝山区大场镇、宝山区罗店镇、浦东新区坦直镇、青浦区重固镇—凤溪镇等区域，这些区域的浅层测温数据均高于其他地区。其中长宁区北新泾镇—宝山区大场镇没有测温孔分布，但与其构造相近，且同为寒武系—奥陶系碳酸盐类岩系的 65 号孔区域温度表现异常，明显高于附近区域。因此，可以推测该地区为地热异常区，可能分布有与北新泾镇—宝山区大场镇碳酸盐岩层状热储相近的热储。

2.2.5.4 南宁市

（1）浅层地温分布特征

南宁市第四系按其成因可划分为冲积、冲洪积、残坡积、湖（塘）积和人工堆积 5 种类型，其中，邕江冲积层分布最广，广泛分布于南宁市中、西部地区，厚度最大，分别组成邕江Ⅰ—Ⅵ级阶地，南宁市坐落在邕江冲积层之上。邕江冲积层厚度变化较大，最薄仅几米，最厚达 42 m，一般为 20～30 m。冲洪积层分布在邕江两岸各支流小河一带，组成小河漫滩和阶地。

残坡积层分布在南宁市东部和南东部，东部是新近系碎屑岩风化形成的具胀缩性的黏性土，厚度一般为 2～5 m；其下为新近系碎屑岩（泥岩、粉砂岩等）的强、中风化带，均含有相对贫乏的地下水，多为饱水岩土，下覆新近系的岩层未完全固结，多呈半固结状态[23]，水量贫乏。南东部是碳酸盐岩风化形成的红黏土，为岩石在长期溶蚀作用下形成的溶余堆积物，厚度一般为 13～22 m，下覆碳酸盐岩岩溶裂隙发育，地下水存储丰富。

南宁市浅层地热能恒温带深度在 15～20 m，总体上，恒温带埋深由盆地四周向盆地中心有升高的趋势，在邕江冲积河成阶地的松散岩类孔隙水分布区，恒温带的平均温度为 24.24 ℃；在新近系坡残积层和新近系基岩裸露区，平均温度为 24.0 ℃；在南东部的碳酸盐岩岩溶水分布区，恒温带温度最低，为 23.7 ℃[41]。

南宁市地温梯度等值线图显示，地温梯度在新近系盆地区内表现为由南、南东向北、北西逐渐增高，在基底隆起、基底断裂较密集的地区地温梯度较高，如甘村鼻状隆起构造区地温高值异常明显。盆地内地温梯度最低 3.08 ℃/100 m，最高达 4.63 ℃/m。南东部碳酸盐岩分布区因地下水丰富且循环交替较迅速，地层温度低，地温梯度小于 0.5 ℃/100 m。在邕江河成阶地砂砾石层分布区，地温梯度一般不大于 3 ℃/100 m，新近系钻孔地温梯度一般大于 3 ℃/100 m，且明显大于砂砾石层分布区，说明砂砾石层的地层温度因受含水层地下水比较丰富和运动速度较快等因素的影响而偏低。

（2）浅层地温场影响因素

通过对南宁市浅层地热能地温场分布特征进行分析认为，南宁市地温场的影响因素主要为区域构造地质、水文地质条件、岩土体热导率。

①区域构造地质

南宁盆地位于华南准台地的西南端，是右江再生地槽的大明山隆起边缘地带，是区域上 EW 向构造带、NE 向构造带和 NW 向构造带的复合部位，主要经历了加里东期、海西期、喜马拉雅期 3 个构造运动阶段，并形成了以泥盆、石炭及寒武系为基底，以新近系为盖层的南宁构造断陷向斜盆地。

断裂使基岩破碎或抬升，裂隙的形成为深部热源提供了良好的通道，从而使断裂附近地温较高，从断裂构造和基底形态看，区内 NEE 向断裂控制了盆地的发育和发展，NW 向断裂主要影响盆地的局部深浅形态变化。基底断裂（尤其是心圩—韦村断裂）构成了南宁盆地地热的导热通道。

地温梯度较高的地区与盆地北侧分布的断裂带具有良好的一致性，盆地北侧 NE 向延伸的心圩—韦村区域活动性深大断裂控制了盆地的形成和发展，该断裂及其次一级的基底断裂构成了盆地深层地热的导热通道，致使南宁盆地地温梯度偏高，温度异常明显，达到了3.5 ℃/100 m，可以说地质构造控制了南宁盆地北侧地温场平面和垂向的分布及其变化特征。

②水文地质条件

南宁市高速环道以内区域存在 4 种地下水类型，以松散岩类孔隙水和碳酸盐岩类裂隙溶洞水为主，主要分布在北部和南部。基岩裂隙水分布于盆地外围地区，含水岩层数量较多，但其富水性较为贫乏，泉流量一般小于 1 L/s。碎屑岩类孔隙裂隙水分布于工作区外围的东部地区，其富水程度与含水岩组的岩性密切相关，富水性为中等，泉流量在 1 L/s 以下。

盆地北部的松散岩类孔隙水，砂砾石或圆砾层含水层厚度较大，地下水量中等至丰富，地下水循环交替较强烈，有利于土壤的散热，所以阶地区内岩土具有更高的热导率和较高的地温梯度，且恒温带温度平均为 24.24 ℃，大部分地区地温梯度超过了 3.5 ℃/100 m。

盆地南部的碳酸盐岩分布区地下水埋深一般为 10～25 m，岩土多饱水，砂砾石层及碳酸盐岩岩溶发育段是该区的主要含水层，碳酸盐岩岩溶发育程度控制含水层厚度，单孔涌水量一般达 30～50 m^3/h 以上，且无盖层存在，地温梯度小于0.5 ℃/100 m。含水层厚度越大，富水性越强，因此该区较适宜以地下水地源热泵开发利用浅层地热能。

地下水的水平径流会使地温场沿水流方向发生位移，工作区内碎屑岩类孔隙、裂隙水主要从南宁盆地两翼向盆地中部径流，碳酸盐岩裂隙溶洞水主要以泉的形式、总体上向邕江径流排泄；邕江河谷阶地冲积层孔隙水总体上向邕江径流排泄。由此可以发现，南宁盆地内地下水流向主要由盆地边缘向盆地内部流动，并且这种流动趋势影响了盆地内地温场的分布，表现为沿着地下水补给—径流—排泄区的路径，恒温带地温由盆地四周向盆地中心有升高的趋势，地温梯度在新近系盆地区内则表现为由南、南东向北、北西逐渐增高，在基底隆起、基底断裂较密集的地区地温梯度较高。

③热导率

热导率是岩土地层热物理性质的重要参数之一，可作为地源热泵系统工程建设换热模式选择的重要依据。不同种类岩土体的热导率因含水量和孔隙率的变化而有所区别，水的介入可以改变孔隙和岩土体的热物理性质，在天然含水率状况下，在不同地区相同岩性热导率也不相同，南宁市岩土体的导热系数在全国的经验值中基本介于中等或略高的水平，其中第四系松散层一般较低，为 1.7243～2.5423 W/(m·℃)，基岩层则一般导热系数较高，为 2.1130～3.1417 W/(m·℃)。从统计资料看，南宁市导热系数和热扩散系数最高的地区为南宁东部的碳酸盐岩分布区，其次为新近系坡残积土和碎屑岩的分布区，最小为邕江河阶地的冲积层分布区。可以认为，碳酸盐岩地区岩层的富水性对热导率起到了较大影响。

除此之外，在合适的构造通道如断裂带造成的节理、裂隙中，水的运移能够直接把热量带到地表或更远的排泄区，从而影响地温能的分布特征[41]。

2.2.5.5 青藏高原

高寒地区主要是指位于我国青藏高原上的高海拔、气候寒冷区。地理位置涵盖了西藏、青海以及四川的西部，一般海拔为 3000～5000 m，平均海拔 4000 m 以上。

（1）浅层地温分布特征

高寒地区的常温层分布有其独特的特点，据钻孔测温结果来看（表 2－11），其常温层的深度一般为 20～65 m，但个别地区有所差异。常温层温度普遍较低海拔平原区低，一般在 10～12 ℃，总体上受当地气温控制，略高于当地年平均气温，个别钻孔（RKZ－ZK01）温度明显高于当地的年平均气温，推测其钻孔位于特殊构造部位，可能受深部地热资源及地热流体影响。比如那曲城区存在众多的断裂构造和深部地热流体活动，其浅表地层温度约11 ℃，远高于当地年平均气温[42]。

表 2－11　部分高寒地区常温层温度和深度统计

高寒地区城市	钻孔编号	地理位置	常温层深度范围/m	常温层温度范围/℃
拉萨市	LS－ZK01	次角林	26～58	10.2～10.8
	LS－ZK02	夺底乡	35～63	10.8～11.5
	LS－ZK03	火车站	33～63	12.4～12.8
	LS－ZK08	汽车七队	37～66	11.0～11.4
	LS－DZ01	拉鲁湿地	28～77	11.4～11.8
	LS－DZ02	布达拉宫东	25～69	15.9～16.1

续表

高寒地区城市	钻孔编号	地理位置	常温层深度范围/m	常温层温度范围/℃
日喀则市	RKZ – ZK01	朗热木	18 ~ 63	13.5 ~ 14.0
林芝市	LZ – ZK01	八一镇	22 ~ 65	9.5 ~ 9.9
马尔康市	MEK – ZK01	英波洛村	28 ~ 60	11.1 ~ 12.1

（2）浅层地温场影响因素

高寒地区主要城市多位于河谷地区，有基本类似的地质结构和储能结构（图 2 – 8）。由于地处河谷谷地，因此沿河谷地带均分布第四系，两侧均有高山分布，因此存在第四系储层和基岩储层 2 类。

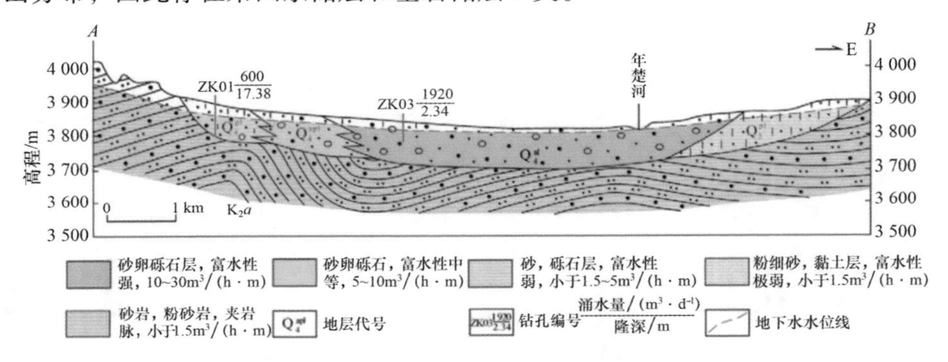

图 2 – 8　高寒地区浅层地热能储层结构典型特征剖面

第四系储层结构受控于地壳隆升和河流演化，差异明显。首先，第四系厚度差异较大，一般从几十米至百米不等，个别地区如拉萨可达到 200 m 以上，在现今河道或古河道位置多具有第四系厚度大、向两侧变薄的特征。第四系厚度决定了含水层厚度，也在一定程度上决定了其富水性。其次，成因类型总体以靠近河道处的河流阶地和靠近山体一带的坡洪积为典型特征，靠河阶地一带岩性多以砂卵砾石层为主，富水性较好，靠近山体一带的岩性主要为碎石土、粉细砂、黏土等，富水性较差，总体上具有由河道向两侧山体富水性减弱的趋势。

基岩储层多分布于两侧山体及第四系之下，岩性受大地构造环境的控制有所不同，多数地区岩性为变质岩类，包括变质砂岩、变质粉砂岩，偶夹岩脉，还有一些地区为岩浆岩，包括花岗岩、闪长岩等，这些岩石储层富水性较弱。

高寒地区主要城市沿河地段的地下水较丰富，大多可以利用地下水水源热泵方式开发浅层地热能资源，但由于其同时具有卵石层较厚的特点，不利于实施地埋管；基岩储层主要为变质岩、岩浆岩等，其富水性差，岩石钻探难度大，利用地埋管方式开采浅层地热能资源成本较高[42]。

2.3 浅层地热能资源量与节能减排贡献

2.3.1 浅层地热能资源量

据《中国地热能发展报告（2018）》，中国地质调查局“十二五”期间组织并完成了中国地热资源调查评价工作，评价显示中国大陆336个主要城市浅层地热能资源丰富，年可开采量折合标煤可达7×10^8吨，可实现供暖或制冷面积为320×10^8 m^2，最适宜开发利用浅层地热能的地区主要集中在长江中下游平原和黄淮海平原。中国地质调查局浅层地温能研究与推广中心在“2019（第十五届）中国分布式能源国际论坛”上发布的数据显示，中国中东部143个主要城市浅层地热能年可开采量折合标煤4.6×10^8 t，可实现供暖或制冷面积为210×10^8 m^2。其中，长三角26个主要城市年可开采量折合标煤1.4×10^8 t，可实现冬季供暖面积为52.1×10^8 m^2，夏季制冷面积为39.4×10^8 m^2；京津冀13个主要城市年可开采量折合标煤0.92×10^8 t，可实现冬季供暖面积为29×10^8 m^2，夏季制冷面积为35×10^8 m^2。

（1）计算原理

利用浅层地热能可解决冬天供暖、夏季供冷的问题。根据气候特征，利用浅层地热能主要有以下3种情况：只需冬季供暖，夏季无需供冷（Ⅰ类地区）；只需夏季供冷，冬季无须供暖（Ⅱ类地区）；夏季供冷，冬季供暖（Ⅲ类地区）。以冷热均衡为原则，Ⅰ类地区供暖所需要的总热能来自可有效利用的浅层地热能，供暖的同时将冷能带入地下，造成地下温度下降，这可以在非供暖期（时间达半年以上）从环境得到恢复。Ⅱ类地区供冷所需要的总冷能来自可有效利用的浅层地热能，供冷的同时将热量带入地下，造成地下温度上升，这可以在非供冷期（时间达半年以上）从环境得到恢复。Ⅲ类地区供暖时带入地下的冷能在供冷期可得到利用，从而实现冷热均衡。根据全国气候特征，我国利用浅层地热能主要以Ⅲ类地区为主。除此之外，以海南为代表的南方地区主要以供冷为主，其在夏天供冷期带入地下的热能在供暖期利用，由于供暖时间短，总热能相对较大，则其供暖面积相对较大；同样，以黑龙江为代表的北方地区主要以供暖为主，其供冷面积相对较大。为了保障浅层冷热能平衡，供暖期所获得的热能或供冷期所获得的冷能的最大值均为可有效利用的浅层地热能。若全国浅层地热可有效利用的能量全部用于空调系统，其面积可由下式确定：

$$A_{\mathrm{I}} = Q_{\mathrm{tal}}/q_h t_h$$
$$A_{\mathrm{II}} = Q_{\mathrm{tal}}/(q_h t_h) \text{ 或 } Q_{\mathrm{tal}}/(q_c t_c) \qquad \text{式(2-4)}$$
$$A_{\mathrm{III}} = Q_{\mathrm{tal}}/(q_c t_c)$$

式中，A_{I}、A_{II}、A_{III}分别为Ⅰ、Ⅱ、Ⅲ类地区建筑空调面积，单位为 m^2，其中A_{II}取2个公式计算结果中的较小值，保持冷热能平衡；Q_{tal}为可利用的浅层地热能，单位为 Wh；q_h、q_c 分别为热负荷指标和冷负荷指标，单位为 W/m^2；t_h、t_c 分别为供暖时间和供冷时间，单位为 h。全国各省可有效利用的浅层地热能采用热储法计算，浅层的地热资源量按式（2－5）计算：

$$Q_R = CAd(t_r - t_j) \qquad \text{式(2-5)}$$

式中，Q_R 为地热资源量，单位为 kcal；A 为热储量面积，单位为 m^2；d 为热储厚度，单位为 m；t_r 为热储温度，单位为℃；t_j 为基准温度（即当地地下常温层温度或年平均气温），单位为℃；C 为热储岩石和水的平均热容量，单位为 kcal/（m^3·℃），由式（2－6）求出。

$$C = P_c C_c(1 - \varphi) + P_w C_w \varphi \qquad \text{式(2-6)}$$

式中，P_c、P_w 分别为岩石和水的密度，单位为 kg/m^3；C_c、C_w 分别为岩石和水的比热容，单位为 kcal/（kg·℃）；φ 为岩石的孔隙度，单位为%。将式（2－6）代入式（2－5）即得式（2－7）：

$$Q_R = Ad[P_c C_c(1 - \varphi) + P_w C_w \varphi](t_r - t_j) \qquad \text{式(2-7)}$$

浅层地热能储存介质按中细砂和砂黏土1∶1计算；水的比热容为1 kcal/（kg·℃），中细砂的比热容为0.24 kcal/（kg·℃），砂黏土的比热容为0.33 kcal/（kg·℃）；水的密度为 1×10^3 kg/m^3，中细砂的密度为 1.75×10^3 kg/m^3，砂黏土的密度为 1.78×10^3 kg/m^3，中细砂和砂黏土的孔隙度分别按30%和45% 计算。浅层地热能资源一般可利用温差为5～15 ℃，而在我国不同地区可利用温差不同，本文概算采用平均值9 ℃。建筑类型不同，其冷热负荷指标也不同，本文采用下式计算：

$$q_h = K_1 q_{h1} + K_2 q_{h2}$$
$$Q_h = K_1 q_{c1} + K_2 q_{c2} \qquad 式(2-8)$$

式中，K_1 为住宅建筑面积比例，本文取为80%；K_2 为非住宅建筑面积比例，本文取为20%；q_{h1}、q_{h2}、q_{c1} 和 q_{c2} 分别为住宅建筑、非住宅建筑的热负荷指标与冷负荷指标。

（2）计算结果

考虑到城市建筑面积系数50%、可采系数30%、可利用效率25%，同时考虑到浅层地热能利用深度的不均一性，将其可利用深度按50 m计算，则全国各省（自治区、直辖市）实际可有效利用的浅层地热能总量计算结果见表2-12。

表2-12　全国各省（自治区、直辖市）可有效利用浅层地热能

省（自治区、直辖市）	城市建设面积/km^2	可有效利用浅层地热能/kWh
吉林	1290	17293520942
黑龙江	2490	33380517167
辽宁	3120	41826190185
天津	1450	19438453772
北京	2580	34587041884
河北	1820	24398610941
山东	3300	44239239619
山西	1340	17963812451
内蒙古	1820	17159462640
河南	2710	36329799808
陕西	1420	19036278866
宁夏	810	10858722452
甘肃	1080	14478296603
新疆	620	8311614716
上海	1700	22789911319
浙江	2600	34855158488
江西	990	13271771886
福建	1120	15014529810
海南	140	1876816226
安徽	2810	37670382827

续表

省（自治区、直辖市）	城市建设面积/km^2	可有效利用浅层地热能/kWh
湖北	1640	21985561508
湖南	1710	22923969621
广东	5230	70112491881
广西	1220	16355112829
四川	2080	27884126790
云南	730	9786256037
贵州	390	5228273773
西藏	130	1742757924
青海	200	2681166038
江苏	4080	54695787165
重庆	1000	13405830188
总计	53080	7.11581×10^{11}

全国各省（自治区、直辖市）供暖期与供冷期供暖与供冷时间、供暖期与供冷期平均空气温度、供暖负荷指标与供冷负荷指标（q_{h1}、q_{c2}）、单位空调面积供暖与供冷所需能量（Q_{h1}、Q_{c2}）等参数，参考《实用供热空调设计手册》《民用建筑暖通空调设计技术措施》及中国气象中心2009年城市月均温度气候标准值进行选取。利用式（2－4）计算全国各省（自治区、直辖市）可有效利用的浅层地热能来装备供暖和供冷空调面积，具体结果见表2－13。由表可知，总装备空调面积为36 813.72～28 330.5 km^2，按人均30 m^2的供暖面积、30 m^2的供冷面积计算，可供4.7～6.3亿人供暖和供冷。

表2－13　全国各省（自治区、直辖市）可有效利用浅层地热能的供暖和供冷空调面积

省（自治区、直辖市）	Q_{h1}/（kWh/m^2）	Q_{c2}/（kWh/m^2）	供暖空调面积/km^2	供冷空调面积/km^2
黑龙江	191.16～230.1	9.6～13.2	90.47～75.16	1801.41～1310.12
吉林	174.42～213.75	12.8～17.6	191.38～156.17	2607.85～1896.62
辽宁	15.2～21.2	139.84～170.24	299.1～245.69	2751.72～1972.93
天津	93.6～114	45.9～63.0	207.68～170.51	423.5～308.55
北京	98.28～119.7	57.6～79.2	351.92～288.95	600.47～436.71
河北	84.36～102.6	100.8～138.6	289.22～237.8	242.05～176.04
山东	72.1～87.55	86.4～118.8	613.58～305.3	512.03～372.38

续表

省（自治区、直辖市）	Q_{h1}/（kWh/m²）	Q_{c2}/（kWh/m²）	供暖空调面积/km²	供冷空调面积/km²
山西	109. 6 ~ 137	72 ~ 99	163. 9 ~ 131. 12	249. 5 ~ 181. 45
内蒙古	157. 7 ~ 190. 9	15. 2 ~ 21. 2	108. 81 ~ 89. 89	1128. 91 ~ 809. 41
河南	67. 82	106. 2 ~ 146. 7	542. 24 ~ 443. 05	342. 09 ~ 247. 65
陕西	69. 36 ~ 84. 66	28. 8 ~ 30. 6	274. 46 ~ 224. 86	660. 98 ~ 480. 71
宁夏	124. 1 ~ 153. 3	19 ~ 26. 5	87. 5 ~ 70. 83	571. 51 ~ 409. 76
甘肃	109. 06 ~ 133	20. 4 ~ 28	132. 76 ~ 108. 86	709. 72 ~ 517. 08
新疆	165. 24 ~ 202. 5	25. 6 ~ 35. 2	50. 3 ~ 41. 05	324. 67 ~ 236. 13
上海	348 ~ 420	109. 8 ~ 150. 3	654. 88 ~ 542. 62	207. 56 ~ 151. 63
浙江	37. 8 ~ 46. 2	132. 3 ~ 181. 8	922. 09 ~ 754. 44	263. 46 ~ 191. 72
江西	45. 5 ~ 56	132. 3 ~ 181. 8	291. 69 ~ 237	100. 32 ~ 73
福建	17. 2 ~ 21. 2	125 ~ 171	872. 94 ~ 708. 23	120. 12 ~ 87. 8
海南	6 ~ 7	264 ~ 363	312. 8 ~ 268. 12	7. 11 ~ 5. 17
安徽	42. 7 ~ 52. 51	124. 2 ~ 170. 1	882. 21 ~ 717. 53	303. 3 ~ 221. 46
湖北	30 ~ 42	149. 4 ~ 206. 1	732. 85 ~ 523. 47	147. 16 ~ 106. 67
湖南	30 ~ 42	138. 6 ~ 189. 9	764. 13 ~ 565. 81	165. 4 ~ 120. 72
广东	10. 8 ~ 13. 2	184. 8 ~ 253. 2	6491. 9 ~ 5311. 55	379. 4 ~ 276. 91
广西	13. 8 ~ 17. 1	109. 8 ~ 150. 3	1185. 15 ~ 956. 44	148. 95 ~ 108. 82
四川	40. 6 ~ 49	54. 9 ~ 75. 6	686. 8 ~ 569. 06	507. 91 ~ 368. 84
云南	27. 5 ~ 34	9. 6 ~ 13. 2	355. 86 ~ 287. 83	1019. 4 ~ 741. 38
贵州	30 ~ 37	9. 6 ~ 13. 2	174. 28 ~ 141. 3	544. 61 ~ 396. 08
西藏	100. 1 ~ 121. 55	19 ~ 26. 5	17. 41 ~ 14. 34	91. 72 ~ 65. 76
青海	157. 14 ~ 191. 16	15. 2 ~ 21. 2	17. 06 ~ 14. 03	176. 39 ~ 126. 47
江苏	58. 56 ~ 71. 01	83. 7 ~ 115. 2	934. 01 ~ 769. 93	653. 47 ~ 474. 79
重庆	58. 4 ~ 61. 6	109. 8 ~ 150. 3	229. 55 ~ 217. 63	122. 09 ~ 89. 19
总计	~	~	18 928. 94 ~ 15 368. 55	17 884. 78 ~ 12 961. 96
	–	–	36 813. 72 ~ 28 330. 5 *	

* 为空调供冷面积与空调供暖面积的总和。

中国建筑业发展迅速，每年城市新增 8 亿~9 亿 m² 的住宅建筑和公共建筑，随着经济发展和人民生活水平的提高，建筑能耗逐年大幅上升。利用浅层地热能供暖和供冷可有效缓解近年来空调负荷的迅速增长，减少建筑能耗，实现节能减排目标。

2.3.2 浅层地热能的利用及节能减排贡献

随着气候变暖的趋势日益明显，越来越多的人开始重视减少碳排放的重要性。在能源领域，地热能因为其清洁环保的特性而受到广泛关注。地热供暖作为地热能应用的一种，不仅可以为人们提供温馨舒适的居住环境，同时可以显著降低碳排放，对环境保护起到重要作用。

地热供暖是一种利用地下与地表的温度差异来实现供暖的绿色能源方式。通常情况下，地下深处的温度明显高于地表温度，通过利用这种温度差异，人们可以高效地提取热能，为建筑物提供温暖舒适的环境。地热供暖有多种实现方式，其中浅层地源热泵系统和深层地源热泵系统是最常见的两种技术。这两种系统因地下埋管深度和换热介质的不同而有所区别，因此需要考虑的因素也有所不同。但总的来说，它们都能利用地下能源来提供热能和热水，为建筑物提供舒适的居住环境。

相较于传统的热电厂，地热供暖的碳排放量更低。热电厂通常通过燃烧煤炭或天然气来产生能源，此过程会产生大量的二氧化碳等温室气体。地热供暖则是直接利用地下能源，无须经历燃烧过程，因此产生的温室气体相对较少。相关数据显示，地热供暖的碳排放量约为传统热电厂的1/6左右。

2.3.2.1 国外地热开发加快推进，节能减排贡献显著

《世界地热发电进展》报告指出，目前，世界上已有31个国家有地热发电厂在运行，美国、印度尼西亚、菲律宾和土耳其是地热发电利用前四的国家。全球地热发电总装机容量已经从1980年的2110兆瓦增长到如今的16 260兆瓦，分布在197个地热田，商业化开发利用的均是水热型地热资源，全球共有3700个生产井，每口生产井的年平均产量接近3兆瓦时。未来，随着全球1.5 ℃的温控目标，地热发电会有广阔前景。

《世界地热供暖制冷进展》报告指出，截至2022年底，全球供热和制冷热能装机容量相当于1.73亿千瓦时，比2020年增加了60%，最大的运用领域是建筑物的供暖和制冷，其次是健康娱乐和旅游、农业和食品加工。其中，中国的增长最为显著。2022年全球使用的地热热能为1476拍焦（410太瓦时），比2020年增加了44%。冰岛是全球地热供暖最先进的国家。20世纪90年代，该国首都雷克雅未克已实现100%地热供暖，成为全球第一个“无烟城”。

地热能是一种可再生的清洁能源，具有丰富的资源储量和高效利用的优

势，同时在节能减排方面表现突出。推动地热产业的发展，不仅有助于能源结构调整、节能减排、环境质量改善，还对国家培育新兴产业、推动相关装备制造的国产化和工程技术业务的发展具有重要的带动作用。

2.3.2.2 我国地热直接利用规模居世界第一

在清洁供暖需求的强烈推动下，中国逐渐形成了以供暖（制冷）为主的地热发展模式，这一发展路径促使中国在地热直接利用规模方面稳居世界首位，为国际地热领域提供了新的思路和经验。在我国，地热利用的方式包括浅层地热供暖制冷、水热型地热供暖、温泉利用、地热农业、地热发电、油田地热与耦合利用等。目前利用的方式主要以供暖为主，而地热发电装机量仅有约 16 兆瓦。此外，农业烘干、工业利用、融雪等地热直接利用方式相对少见。截至 2021 年底，我国地热直接利用能力折合 100.2 吉瓦，年利用量超 82 万 TJ。

（1）在浅层地热供暖制冷方面

中国地质调查局数据显示，中国 336 个地级以上城市浅层地热资源热容量为 1.11×10^{17} kJ/℃，每年可开采量折合标准煤 7 亿吨，其中，地下水地源热泵系统夏季可制冷面积为 5590 平方千米，冬季可供暖面积为 3610 平方千米；地埋管地源热泵系统夏季可制冷面积为35 600 平方千米，冬季可供暖面积为 37 500 平方千米。截至 2021 年底，我国浅层地热供暖（制冷）能力为 8.0 亿平方米，年利用量超 39 万太焦。主要分布在东部平原地区，其中环渤海地区发展最好，长江中下游平原次之。

环渤海地区因其强烈的清洁取暖需求和较低的浅井施工成本，成为我国浅层地热供暖（制冷）最集中的区域。在这个地区，河北的供热（制冷）能力位列各省份第一，辽宁和山东紧随其后，而北京则位列第四。这一现象充分展示了分布式能源在城市供暖发展中的良好适应性。

在长江中下游平原，诸如上海、武汉、重庆等特大城市，已经成功建设并投入运营了大型江水源热泵供暖制冷项目，其中单个项目的规模超过百万平方米。与此同时，遍及各地的地下水源和土壤源项目为楼群和社区提供集中供暖（制冷）服务，覆盖面积通常在数千至几十万平方米。

在水热型地热供暖方面，截至 2021 年底，中国水热型地热供暖能力已经达到 5.3 亿平方米，占据了全国城市集中供热比重的 5%，每年利用量超过 32 万太焦。其中，河北、河南、山东、陕西、天津等省、市依托丰富的地热资源，逐渐发展成为水热型地热供暖的主要地区。

河北省的水热型地热供暖能力一直稳居全国首位，成功打造出以“雄县模式”为代表的整县（市）推进地热供暖的示范样本。

河南省水热型地热供暖能力增长迅速。近几年，河南省政府大力推动地热供暖发展，2021 年水热型地热供暖能力同比增速达到 20%。

山东省则形成了以砂岩热储地热供暖为特色的发展方式，针对该省的地热资源特点，开展砂岩热储开发、回灌技术攻关和项目建设。

陕西省的水热型地热供暖主要集中在关中盆地，以西安—咸阳为核心向渭南、宝鸡两翼延展。近几年，井下换热技术在该地区得到了大力支持并取得了长足发展，供暖能力不断提高。

天津市则是中国水热型地热供暖能力最大的城市。当地的地热开发利用验证了分布式能源规模化应用在建筑密集的大城市的可行性，为大中型城市规模化地热开发积累了宝贵的经验。

（2）在温泉利用方面

中国各地（区、市）广泛利用天然温泉和地热井水进行洗浴、理疗、娱乐和旅游等活动，吸引了更多的投资，促使温泉利用成为排名第二的地热直接利用方式。

根据中国地质调查局区域地热调查成果，我国水热型地热资源折合标准煤 12 500 亿吨，每年可开采量折合标准煤 18. 65 亿吨。其中，水热型高温地热资源量折合标准煤 141 亿吨，发电潜力 8460 兆瓦，主要分布在西南藏滇地区以及台湾地区；水热型中低温地热资源主要分布在渤海湾盆地、苏北盆地、松辽盆地、汾渭地堑、华南褶皱带等大中型沉积盆地和造山带内，地热资源量折合标准煤 12 300 亿吨，约占总量的 98%，地热资源年可采量折合标准煤 18. 5 亿吨，发电潜力 1500 兆瓦。

中国水热型地热资源非常丰富，已发现出露温泉 2334 处，在册地热开采井 5818 眼。截至 2021 年底，中国水热型地热供暖能力达到 5. 3 亿平方米，占全国城市集中供热比重已升至 5%，年利用量 320 297 太焦。获评“中国温泉之乡（城、都）”的 72 个地区的温泉年利用能力之和达 6665 兆瓦，年利用量超 10 万太焦。

河北、河南、山东、陕西、天津 5 个省市，依托渤海湾盆地、南华北盆地、汾渭地堑系等沉积盆地区的丰富地热资源，逐渐发展成为水热型地热供暖的主要区域。此外，黑龙江、吉林、辽宁、内蒙古、新疆、甘肃、宁夏、青海、西藏、江苏、安徽、湖北等地区也有水热型地热供暖发展。

（3）在地热农业方面

中国地热农业利用已遍布20多个省（自治区、直辖市），比如河北、天津、山东、山西、陕西、河南、湖北等地，总利用能力达到1108兆瓦，成为地热直接利用的新兴增长点。其中，河北的衡水、保定，天津的武清，山东的聊城和泰安，山西的运城，陕西的韩城，河南的安阳，湖北的英山等地，都是地热农业利用的重要地区。这些地方利用地热资源建造智能温室，通过智能控制和调节温度、湿度等环境因素，实现农作物的精细化管理，提高农作物的生长速度和产量。还有一些地方利用地热资源进行农业灌溉、土壤改良等工作。例如，云南的洱源县和剑川县利用地热资源进行水稻灌溉，提高了水稻的产量和质量；广东的丰顺县和福建的漳平市利用地热资源进行茶叶种植和农业休闲旅游等。据调查，地热温室种植能力为381兆瓦，年利用量为4681太焦；养殖场能力为530兆瓦，年利用量5518为太焦；食品加工能力为197兆瓦，年利用量为2360太焦。

（4）在油田地热与耦合利用方面

目前将油气开发过程中的地热能用于油田生产，利用油田废弃井提取热能，推进地热能与天然气、光伏等能源形式耦合发展，该技术已在胜利油田、大庆油田等地落地，不仅有助于降低油田生产过程中的能源消耗和碳排放，还可以促进地方经济的发展和能源结构的优化。

近年来，中国在重大工程方面取得了显著的进展。中国石化在河北省雄县推进整县地热开发和完全回灌的发展，打造了中国首座地热供暖“无烟城”，展示了地热能开发利用的巨大潜力。北京大兴国际机场地源热泵系统为257万平方米建筑提供供暖和制冷服务，展示了地热能与可再生能源相结合的巨大潜力。北京城市副中心办公区通过热泵技术，率先创建“近零碳排放区”示范工程，为150万平方米建筑群提供夏季制冷、冬季供暖及生活热水，展示了地热能在建筑节能减排方面的巨大贡献。未来，在中国北方地区，地热供暖将继续规模化替代燃煤供暖，依托渤海湾盆地、南华北盆地、汾渭地堑系集中连片分布的地热资源，地热能开发利用将得到更广泛的推广和应用。在长江中下游地区，适宜运用地埋管系统、地下水源系统以及地表水源系统，通过浅层地热供暖（制冷）提高生活质量。

2.3.2.3 地热能的减排贡献

浅层地热能的利用能够满足建筑物大部分的供冷供热需求，特殊情况下（散热器、大空间建筑等）可采用高温型热泵机组来满足其需求，可以替代锅炉供热。从能源利用的角度来说，太阳能、风能是可再生能源的主要类型，太阳能发电、风电等替代的是电厂的燃煤，而地热能供热替代的是建筑供热锅炉的燃煤和取暖直燃的散煤，因此对减少碳排放和环境治理的意义更加重大。

北方冬季供暖季雾霾天气频发，化石能源燃烧是导致雾霾的主要原因之一。为解决这个问题，2013 年 9 月，国务院印发了《大气污染防治行动计划》，要求全面整治燃煤小锅炉，到 2017 年，除必要保留的以外，地级及以上城市建成区基本淘汰每小时 10 蒸吨及以下的燃煤锅炉，禁止新建每小时 20 蒸吨以下的燃煤锅炉；其他地区原则上不再新建每小时 10 蒸吨以下的燃煤锅炉。2017 年 12 月，国家发展改革委等 10 部委联合印发《北方地区冬季清洁取暖规划（2017—2021 年）》，到 2021 年，北方地区清洁取暖率达到 70%，替代散烧煤（含低效小锅炉用煤）1.5 亿吨。通过这些措施，北方地区冬季清洁取暖规划取得了显著的成效。据报道，该规划实施后，替代了散烧煤 1 亿多吨，清洁取暖比例大幅提高。这不仅有助于减少大气污染物排放，改善空气质量，还有利于实现低排放、低能耗的取暖方式，促进可持续发展。

从污染物排放要求来说，燃煤供热锅炉执行《锅炉大气污染物排放标准》（GB 13271—2014），其二氧化硫、氮氧化物和粉尘排放限值分为 400 mg/m^3、400 mg/m^3、80 mg/m^3，而燃煤电厂锅炉执行《火电厂大气污染物排放标准》（GB 13223—2011），其二氧化硫、氮氧化物和粉尘排放限值分别为 100 mg/m^3、100 mg/m^3、30 mg/m^3，供热锅炉的二氧化硫、氮氧化物和粉尘排放分别是电厂锅炉的 4 倍、4 倍和 2.5 倍。根据测算，1 t 煤直接燃烧的污染物排放量是 1 t 工业燃煤经集中减排后污染物排放量的十几倍，即使采用相对清洁的天然气供热，仍然有污染物的排放。地热能的应用可以很好地解决这一问题，并在很大程度上减少常规制冷系统冷却塔飘水损失，减缓城市的热岛效应，不会产生冷却塔中常见的病原体，以及 CO_2、SO_2 等污染物的排放，低碳环保效果明显，是减少 CO_2 排放量的经济有效的技术。

以上海为例，根据《上海市国民经济和社会发展第十四个五年规划和二〇三五年远景目标纲要》，上海将制定全市碳排放达峰行动方案，着力推动电力、钢铁、化工等重点领域和重点用能单位节能降碳，确保在 2025 年前实现碳排放达峰。《上海市城市总体规划（2017—2035年）》中提出了具体目标：全市碳排放总量和人均碳排放量预计于2025年前达到峰值，至2035年，碳排放总量较峰值减少5%左右。

2021年，上海市CO_2排放量约为2亿吨，年排放增量控制在900万吨以内，其中来自工业、交通和建筑三大领域的碳排放分别约占45%、30%和25%，即当前建筑领域年碳排放量约为5000万吨。《上海市绿色建筑“十四五”规划》明确提出，实施城乡建设碳达峰行动，至2025年本市建筑领域碳排放量控制在4500万吨左右。因此，到2025年建筑领域CO_2减排指标为500万吨。根据上海市每年的房屋竣工面积、可再生能源占建筑能耗比例、地热能供暖、供冷建筑面积，即可计算浅层地热能开发利用对减少碳排放的贡献量如下。

到2025年，地热能占可再生能源在建筑中使用比例为20%、40%和60%时，可实现CO_2减排量分别为39.8万、79.7万和119.5万吨，对上海全市碳减排目标的贡献度分别为8.0%、15.9%和23.9%，由此可见，浅层地热能的开发利用有助于上海市调整能源结构、实现节能减排以及碳达峰、碳中和的行动目标。

参考文献

[1] 北京市地质矿产勘查开发局，北京市地热研究院. 北京地热［M］. 北京：中国大地出版社，2010.

[2] 国家能源局. 地热能术语：NB/T 10097—2018［S］. 北京：中国石化出版社，2018.

[3] 卫万顺，李宁波，冉伟彦，等. 中国浅层地温能资源［M］. 北京：中国大地出版社，2010.

[4] 栾英波，郑桂森，卫万顺. 浅层地温能资源开发利用发展综述［J］. 地质与勘探，2013，49（2）：379－383.

[5] 李元旦，张旭. 土壤源热泵的国内外研究和应用现状及展望［J］. 制冷空调与电力机械，2002，23（85）：4－7.

[6] 吕悦，杨立平，周沫，等. 国内地源热泵应用情况调查报告［J］. 工程建设与设计，2005（6）：5－10.

[7] Hatten M J. Groundwater heat pumping：lessons learned in 43 years at one building［J］. Ashrae Transactions，1992，98（1）：1031－1037.

[8] 魏唐棣，胡鸣明，丁勇，等. 地源热泵冬季供暖测试及传热模型［J］. 暖通空调，2000，1：12－14.

[9] 赵军，袁伟峰，朱强. 地源热泵系统［J］. 太阳能，2001（1）：26－27.

[10] 李高建，胡玉叶. 地源热泵技术的研究与应用现状［J］. 节能技术，2007，25（142）：176－178.

[11] 范萍萍，端木琳，王学龙，等. 土壤源热泵的发展与研究现状［J］. 煤气与热力，2005，25（10）：66－69.

[12] 胡鸣明，刘宪英. 国外地源热泵的发展历史与设计方法［J］. 四川制冷，1999，（2）：21－23.

[13] 徐伟，刘志坚. 中国地源热泵技术发展与展望［J］. 建筑科学，2013，29（10）：26－33.

[14] 沈军，刘徽，余国飞，等. 浅议中国浅层地热能开发利用现状及对策建议［J］. 资源环境与工程，35（1）：116－119.

[15] 姚玉璧，郑绍忠，杨扬，等. 中国太阳能资源评估及其利用效率研究进展与展望［J］. 太阳能学报，2022，10：524－535.

[16] 刘晓燕，赵军，石成，等. 土壤恒温层温度及深度研究［J］. 太阳能学报，2007，5：494－498.

[17] 韩再生. 浅层地热能的属性和利用［C］. //国土资源部地质环境司，中地质环境监测院，中国资源综合利用协会地温资源综合利用专业委员会。地温资源与地热泵技术论文集（第二集）. 北京：地质出版社，2008：5.

[18] 卫万顺，郑桂森，栾英波，等. 常温层温度特征及浅层地温能成因机理研究［J］. 城市地质，2012，7（2）：1－5.

[19] 卫万顺，李宁波，郑桂森，等. 中国浅层地热能成因机理及其控制条件研究［J］. 城市地质，2020，15（1）：1－8.

[20] 王贵玲，刘峰，王婉丽. 我国陆区浅层地温场空间分布及规律研究（一）［J］. 供热制冷，2015（2）：3.

[21] 王贵玲，刘峰，王婉丽. 我国陆区浅层地温场空间分布及规律研究（二）［J］. 供热制冷，2015（3）：2.

[22] 卫万顺，郑桂森，栾英波. 北京平原区浅层地温场特征及其影响因素研究［J］. 中国地质，2010，37（6）：1733－1739.

[23] 卫万顺. 中国浅层地温能资源［M］. 北京：中国大地出版社. 2010.

[24] 卫万顺，郑桂森，冉伟彦，等. 浅层地温能资源评价［M］. 北京：中国大地出版社. 2010.

[25] 栾英波，卫万顺，郑桂森，等. 影响北京地区粉质黏土和细砂的热导率因素统计分析［J］. 现代地质，2011，25（6）：1187－1194.

[26] 栾英波，郑桂森，卫万顺. 北京平原区粉质黏土热导率影响因素实验研究 [J]. 中国地质，2013，40 (3)：981 – 988.

[27] 贾子龙，郑佳，杜境然，等. 典型气候带地埋管地源热泵运行对地温场的影响分析 [J]. 城市地质，2019，14 (3)：81 – 86.

[28] 李娟，郑佳，于湲，等. 地层初始温度及结构对地埋管换热能力影响分析 [J]. 城市地质，2018，13 (1)：64 – 68.

[29] 贾子龙，郑佳，杜境然，等. 典型气候带地埋管地源热泵运行对地温场的影响分析 [J]. 城市地质，2019，14 (3)：81 – 86.

[30] 杨俊伟. 现场热响应试验测试数据对比及应用分析 [J]. 城市地质，2019，14 (4)：5 – 9.

[31] 栾英波，卫万顺，于湲，等. 北京平原区地源热泵换热能力现场测试研究 [J]. 现代地质，2014，28 (5)：1046 – 1052.

[32] 北京地质局. 北京市区域地质志 [M]. 北京：地质出版社，1991：213 – 260.

[33] 杨淑贞，张文仁，沈显杰. 孔隙岩石热导率的饱水试验研究 [J]. 岩石学报，1986，(4)：83 – 91.

[34] 彭建兵. 渭河断裂带的构造演化与地震活动 [J]. 地震地质，1992，(2)：113 – 120.

[35] 刘彩波，胡安焱，黄景锐，等. 西安市浅层地温场特征及其影响因素分析 [J]. 地下水，2013，35 (2)：30 – 32.

[36] 刘丹丹，胡安焱，刘彩波，等. 西安市浅层地温场垂向分布特征及其影响因素分析 [J]. 地下水，2014，36 (6)：1 – 3 + 8.

[37] 谢振乾. 浅析渭河断陷地下热水赋存的地质构造背景 [J]. 陕西地质，1998，(2)：37 – 44.

[38] 肖琳，李晓昭，赵晓豹，等. 含水量与孔隙率对土体热导率影响的室内实验 [J]. 解放军理工大学学报 (自然科学版)，2008 (3)：241 – 247.

[39] 杨树彪. 上海地区松散地层温度垂向分布特征分析 [J]. 地质学刊，2015，39 (4)：678 – 685.

[40] 谢建磊，方正，李金柱，等. 上海市地热资源地质条件及开发利用潜力分析 [J]. 上海地质，2009 (2)：4 – 10.

[41] 梁礼革，朱明占，梁川，等. 基于层次分析法的浅层地温能适宜性研究——以南宁市为例 [J]. 南方国土资源，2014 (1)：33 – 34，38.

[42] 梁礼革，朱明占，杨智，等. 南宁市浅层地温场特征及影响因素研究 [J]. 南方国土资源，2015 (7)：26 – 28.

[43] 孙东，董建兴，杨海军，等. 高寒地区浅层地温能开发利用条件研究及多种能源联用探讨 [J]. 中国地质调查，2018，5 (2)：32 – 37.

第三章

什么是热泵技术

摘要： 热泵技术是近年在全世界倍受关注的新能源利用技术，2022 年被《科技智囊》评为世界十大前沿技术之一，2024 年被《麻省理工科技评论》评为世界十大突破技术之一。随着科技不断进步，热泵技术得到了不断改进和完善，在更多行业中得到了推广和应用，热泵根据工作原理、技术特点、能源类型等不同可分为不同类型，人们在实际工程中可按需选择。智慧城市建设离不开地质资源和地质环境调查、监测工作，高精度、高标准、多时相的三维地埋管热泵模型为浅层地热能资源开发和管理提供了重要技术支撑。三维地埋管热泵模型的建设目标主要有两个，一是进行三维可视化表达，二是建立各种地质结构模型约束下的属性模型，进行有限元剖分。本章统计了热泵技术相关文献的基本信息，进行关联性分析，梳理研究脉络，定量评估领域整体研究水平，展示近期研究热点和研究趋势。目前，热泵技术已经成为一种非常成熟的技术，实现了高效、节能、环保的目标，广泛应用于民用和商业领域，尤其是我国在各级政府的大力推动下，各类大型热泵项目不断实施，每年新增上千万平方米的热泵技术供冷供热面积，为我国的能源转型、双碳工作作出了重要贡献。

3.1 热泵技术概述

3.1.1 热泵的定义及其在节能减碳工作中的价值

热泵技术是近年来在全世界倍受关注的新能源利用技术。人们所熟悉的“泵”是一种可以提高位能的机械设备，比如水泵主要用于将水从低位扬到高位。而“热泵”是一种能从自然界的空气、水或土壤中或者工业余热中吸取低品位热能，经过电力做功压缩升温，提供可被人们所用的高品位热能的装置。一般来说，只要找到合适的低品位热源，热泵就可以高效地实现由电变热，这是未来实现零碳能源非常重要的一条路径。

热泵系统包括热泵机组、热分配系统、低位热源采集系统、高位能输配系统。其中，热泵机组主要是由压缩机、冷凝器、蒸发器、节流机构、辅助设备等部件组成。热泵供热基本原理为：压缩机运转做功消耗电能，使制冷剂不断循环，在不同的系统中产生不同的变化状态和不同的效果，从而达到回收低温热源，制取高温热源的目的。

3.1.1.1 热泵在工业和建筑领域中的应用

热泵在工业生产方面有广泛的应用，可以为工业生产提供低温或高温热源，例如为食品、医药等行业的生产过程提供热力支持。具体而言，热泵可以为工业领域的干燥过程提供热能，如农副产品的干燥、彩色印刷品的油墨快速干燥等。工厂可利用热泵回收生产过程中排出的热湿空气中的热量来制备热风，从而提高工艺控制精度、环境的洁净度和产品质量，且其运行费用接近燃煤锅炉，而综合经济效益优于燃煤锅炉。对于某些工业锅炉，可以在预热过程使用热泵回收出口的余热，为预热过程提供热源，从而提高控温精度，改善产品质量，经综合分析，采用电动热泵预热可比直接电加热节电20%~30%，再考虑产品质量的提高，综合经济效益与燃气持平，可以较好地替代化石能源。肉类加工厂可以回收冷库制冷余热，再通过热泵提升温度，制备生产用热水和蒸汽。对于食品加工厂，可以提取产品冷却过程中的排热，利用热泵升温，制备生产用蒸汽。印染业、纺织业、制革业、造纸业、制药业等都有可能利用热泵从生产过程中排出的热湿空气或热水中提取热量，作为生产用高温热源。

热泵在建筑用能方面也有广泛的应用前景。我国北方供热区地域辽阔，涵盖北京、天津、河北、山西、内蒙古、辽宁、吉林、黑龙江、山东、河南、陕西、甘肃、青海、宁夏、新疆的全部城镇地区，以及四川的一部分。北方城镇建筑冬季供暖的热量需求每年大约在50亿GJ，目前主要由燃煤燃气热电联产和燃煤锅炉（占比约80%）提供，还有各类燃气锅炉及电动热泵（占比约5%）。随着城镇化的发展，供热负荷飞速提升，且考虑到终端全面电气化的推进，电动热泵的应用将有很大的增长空间。同时，热泵还可以为无法布设集中供热的地区提供供暖热源，尤其是长江以南地区，一年需要供热的时间只有两三个月，不适合建立庞大的集中供热管网，热泵就是冬天供热的最好方式之一。目前，建筑保温性能不断改善，需要的热量越来越少，电动热泵分布式供暖便能发挥其优越性。在农村分散的低密度建筑中，用空气源热泵，以“部分时间、部分空间”的方式来供暖最合适。而在建筑生活热水制备领域，生活热水一般在50 ℃左右，这是电动热泵的适用范围。当热泵的制热性能系数等于3时，若电价为0.90元/kWh，其能源费用就低于3元/m^3的燃气热水器。需要注意的是，空气源热泵制备生活热水一定要分散制备，尽可能减少输送过程中的热量损失。

3.1.1.2　热泵在余热利用和终端全面电气化中的价值

当前，全国能源领域都在努力朝着零碳方向迈进，供热作为全国能源消耗的大户，减排形势严峻，尤其是建筑运行领域，供暖碳减排的提升空间巨大。有必要实现由化石能源供热向零碳供热转型，而要实现这种转变，多种低品位余热资源是最好的零碳热源。目前我国核电装机容量为2亿kW，发电量为1.5万亿kWh，而全年排放的热量达到70亿GJ；调峰火电装机容量为6.5亿kW，发电量为1.5万亿kWh，全年排放的热量也达到70亿GJ；流程工业（冶金、有色、化工、建材）需要燃料7亿吨标准煤，排放热量50亿GJ。这些余热资源大多都直接排放掉了，不仅没有很好地加以利用，而且造成了热污染。要是能把这些热量都用起来，可极大地满足我国的供热需求。在利用余热资源进行供热时，面临3个问题：分别是热量产出和热量需求在时间上严重不匹配；热量产出和热量需求在地理位置上不匹配；余热资源输出的热量品位不同，往往无法满足热量需求的温度范围和品位。热泵作为将低品位热源的热能转移至高品位热源的装置，可有效提升余热资源的利用效率，在解决余热资源利用问题上扮演关键角色。

当前，我国正在全面推进建筑用能全面电气化，这是实现建筑行业碳达峰、碳中和的最佳途径。一方面，取消化石类燃料的燃烧，可以直接将碳排放降为零；另一方面，可以依托建筑节能和电力碳排放因子的下降，降低运行过程的间接碳排放。同时，建筑电气化是适应国家未来能源总体结构转型的需要。在能源生产侧打造深度低碳电力系统的主要着力点在于使用清洁能源稳步替代化石能源发电。预计到2060年，清洁能源发电量占比将提高到90%以上。而清洁能源，主要包括核电、水电、风电、光电，这些能源都是以电力形式提供的，这就要求终端用电侧应加快电气化进程。住房和城乡建设部发布的《“十四五”建筑节能与绿色建筑发展规划》提出“实施建筑电气化工程”，其中要求，到2025年，建筑能耗中电力消费比例超过55%。预计到2060年，建筑领域电气化率将超过80%。热泵是一种极为高效的电气化供热、制冷方式，可有效减少能耗，降低排放，更多地利用清洁的可再生能源发电（风电、光伏），由于其灵活可控，可以通过低谷用电减少用电峰值负荷，以及在系统需要时提供辅助服务以增加系统的可靠性，并可以减少输配电扩容和升级需要，降低所需的可再生能源投资。热泵节能性非常突出，《热泵助力碳中和白皮书（2022）》提到，应计算各类建筑热源的二氧化碳排放情况，而热泵供暖系统在各类供暖能源系统中，每提供 1 GJ 的热量所排放的二氧化碳最少，这也说明热泵技术是实现碳中和的最有效方式。因此，热泵技术拥有巨大的节能减排优势，建筑热泵技术的应用将为建筑行业带来巨大减排量。

3.1.1.3 热泵的节能效益

据统计，2018 年全国建筑全寿命周期的能源消费总量和碳排放总量分别占全国能源消费总量和碳排放总量的 46.5% 和 51.2%，因此建筑领域已成为我国能源消耗和碳排放的重要领域，建筑减碳是我国实现节能减碳的重要力量。而在建筑全寿命周期中，建筑运行使用阶段的能源消费和碳排放总量分别占建筑全寿命周期的能源消费和碳排放总量的 46.6% 和 42.8%。由此可知，建筑运行使用阶段的节能减碳对于实现节能减碳目标至关重要。而在建筑中，供热和制冷成为建筑的主要能源消耗环节，约消耗了建筑运行使用阶段能源总量的 30%~50%，所以暖通空调系统的节能始终是建筑领域的重要研究课题和任务之一。

热泵作为有效的节能手段，可极大地降低一次能源的消耗。有研究表明，只要电动热泵的供热性能系数大于 3，就比电热锅炉节能。目前，随着热泵技术的发展，制热性能系数已经达到甚至超过 3，绝大部分大型热泵机组的制热性能系数大于 3，多联机热泵机组的制热性能系数在 4.2 左右。由此可知，热泵用作空调系统的热源要优于传统的燃煤和燃气锅炉，可提升能源利用率。

3.1.1.4 热泵的环境效益

当今全球面临环境恶化问题主要有：CO_2、甲烷等产生的温室效应，SO_2、氮氧化物等酸性物质引起的酸雨，氯氟烃类化合物引起的臭氧层破坏等。而目前建筑空调冷热源中采用的能源基本属于化石燃料，其燃烧过程会产生大量 CO_2、SO_2 等有害气体和烟尘，造成环境污染和地球温度上升。2007 年我国的温室气体排放量达 82.87 亿吨二氧化碳当量，2010 年我国的温室气体排放量居世界第一位，2016 年世界卫生组织发布的空气污染最严重的 30 个城市中，我国占了 6 个，我国的环境问题伴随着工业化、城市化、现代化过程的推进，变得十分突出。热泵技术就是一种有效节省能源、减少 CO_2 排放和大气污染的环保技术。把热泵作为空调系统的冷热源，可以把自然界中的低品位热能和工业废热转变为暖通空调系统可利用的再生热能，这就为人们提出了一条节约化石燃料进而减少温室气体排放，提高能源利用率进而减轻环境污染的新途径。相关研究指出，在向暖通空调用户提供相同热量的情况下，电动热泵比燃油锅炉节约40%左右的一次能源，CO_2 排放量可减少约68%，SO_2 排放量可减少约93%，NO_2 排放量可减少约73%。1997年就有学者估算，全球建筑物和工业中所装的热泵可减少1.14亿吨 CO_2 排放量，如果热泵在建筑物供热方面所占份额达到30%，则能减排 CO_2 约2亿吨。所以，许多国家把热泵技术作为减少 CO_2、SO_2 等有害气体和烟尘排放量的有效方法，一些国家的热泵供热量占总供热量的份额已经大幅增加。随着热泵技术的进一步提高和推广，热泵的广泛应用将会带来良好的环境效益。

3.1.2 热泵循环的热力学原理

3.1.2.1 逆卡诺循环

卡诺循环包含4个热力学过程（图3-1）：

（1）定温膨胀过程a—b：工质在定温 T_1 下，从高温热源吸热 Q_1 并做膨胀功 W_0。

（2）定熵膨胀过程b—c：工质在可逆绝热条件下膨胀，温度由 T_1 降到 T_2。

（3）定温压缩过程c—d：工质在定温 T_2 下被压缩，过程中将热量 Q_2 传给低温热源。

（4）定熵压缩过程d—a：工质在可逆绝热条件下被压缩，温度由 T_2 升高至 T_1，过程终了时，工质的状态恢复到循环开始的状态a。

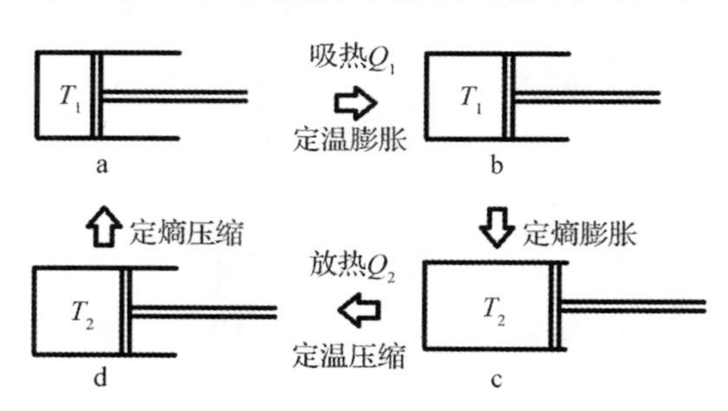

图3-1　卡诺循环示意图

从卡诺循环可以看出，工质吸热膨胀可以对外做功，而工质压缩做功可以提高内能以及对外放热。循环结束，工质恢复初始状态，但在这个过程中，既有“功”转化为“热”，又有“热”转化为“功”。

进而便提出“卡诺定理”：热机必须在高温热源和低温热源之间工作，凡是有温度差的地方就能够产生动力；反之，凡能够消耗这个力的地方就能够形成温度差，就可能破坏热质的平衡。

卡诺根据当时通行的热质守恒思想和永动机不可能制成的原理，进一步证明了在相同温度的高温热源和相同温度的低温热源之间工作的一切实际热机，其效率都不会大于在同样的热源之间工作的可逆卡诺热机的效率。

卡诺定理阐明了热机效率的限制，指出了提高热机效率的方向，包括：提高 T_1、降低 T_2，减少散热、漏气、摩擦等不可逆损耗，使循环尽量接近卡诺循环，这成为热机研究的理论依据；对热机效率的限制、实际热力学过程的不可逆性及其间联系的研究，也是热力学第二定律建立的基础。热机循环示意图如图 3－2。

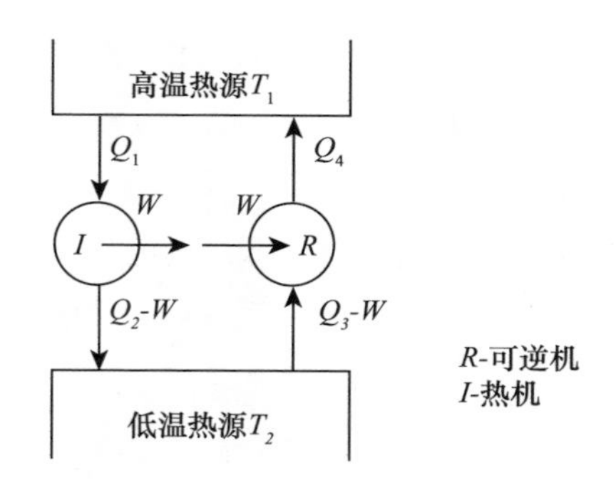

图 3－2　热机循环示意图

除了提高热机效率，卡诺循环还告诉了我们：热量是可以通过做功实现运输的，这对热泵的概念产生极其重要。

逆卡诺循环同样包含 4 个热力学过程（图 3－3）：

（1）定温膨胀过程 d—c：工质在定温 T_2 下，从低温热源吸热 Q_2 并做膨胀功 W_0。

（2）定熵压缩过程 c—b：工质在可逆绝热条件下被压缩，温度由 T_2 升高至 T_1。

（3）定温压缩过程 b—a：工质在定温 T_1 下被压缩，过程中将热量 Q_1 传给高温热源。

(4) 定熵膨胀过程 a—d；工质在可逆绝热条件下膨胀，温度由 T_1 降至 T_2，过程终了时，工质的状态恢复到循环开始的状态 d。

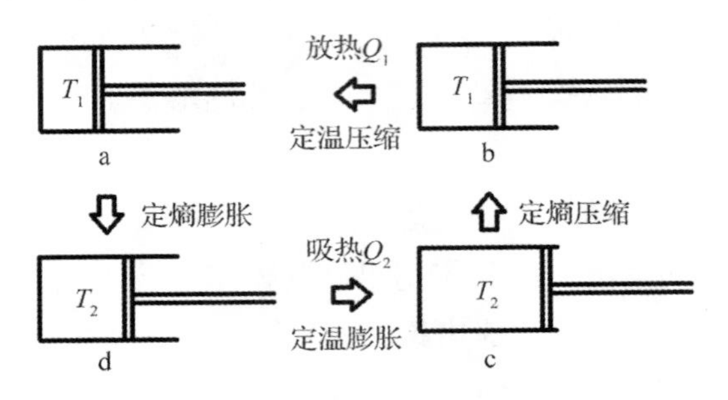

图 3－3　逆卡诺循环示意图

在逆卡诺循环过程中，通过人为使工质气体压缩和膨胀，实现了热量从低温热源端转移到高温热源端。这是目前应用最广泛的蒸汽压缩式热泵的理论基础，进一步奠定了热泵的现实基础。

理想的热泵循环是在两个恒温热源之间工作的逆卡诺循环。图 3－4 展示了逆卡诺循环的温熵图，其中 T_L 是低温热源，T_H 是高温热源。首先，工质在理想热泵中定温膨胀，由状态 1 变化至状态 2，同时在温度 T_L 下从低温热源中吸取热量；接着工质被定熵压缩至状态 3，其温度由 T_L 升至 T_H；随后，工质被定温压缩至状态 4，同时在温度 T_H 下向高温热源放出热量；最后工质再经过定熵膨胀恢复到状态 1，其温度也由 T_H 降低至 T_L，完成整个循环。按照逆卡诺循环工作的热泵的制热系数 COP_h 如式（3－1）所示。

$$COP_h = \frac{T_H}{T_H - T_L} \qquad 式(3-1)$$

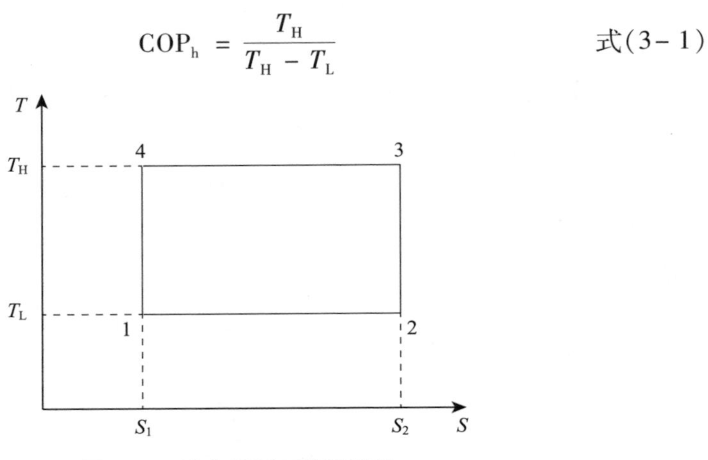

图 3－4　逆卡诺循环的温熵图

在同等热源条件下，理想的热泵循环具有最大的制热系数，可作为同等热源条件下实际循环的比较标准。

3.1.2.2 洛伦兹循环

在实际情况中，热源的质量是有限的，因此当高温热源接收热泵的供热或者低温热源向热泵供热时，不可能不影响各个热源的温度。随着热源与工质之间热交换过程的进行，热源的温度将会发生变化。对于工作在两个变温热源之间的理想热泵循环，可以用洛伦兹循环来描述。如图 3－5 所示，洛伦兹循环是由 2 个定熵过程和 2 个工质与热源之间无温差的传热过程所组成的。2—3 表示定熵压缩过程；3—4 表示工质的可逆放热过程，其温度由 T_3 降低到 T_4，而高温热源的温度则由 T_4 升高至 T_3；4—1 表示定熵膨胀过程；1—2 表示工质的可逆吸热过程，其温度由 T_1 升高至 T_2，而低温热源的温度由 T_2 降低到了 T_1。在洛伦兹循环中，为了使工质与热源之间实现无温差的热交换，必须采用理想的逆流式热交换器。

热力学理论可证明，按照洛伦兹循环工作的热泵的制热系数，与平均吸热温度 T_{Hm} 和平均放热温度 T_{Lm} 之间工作的逆卡诺循环制热系数相等，即：

$$COP_h = \frac{T_{Hm}}{T_{Hm} - T_{Lm}} \qquad 式(3-2)$$

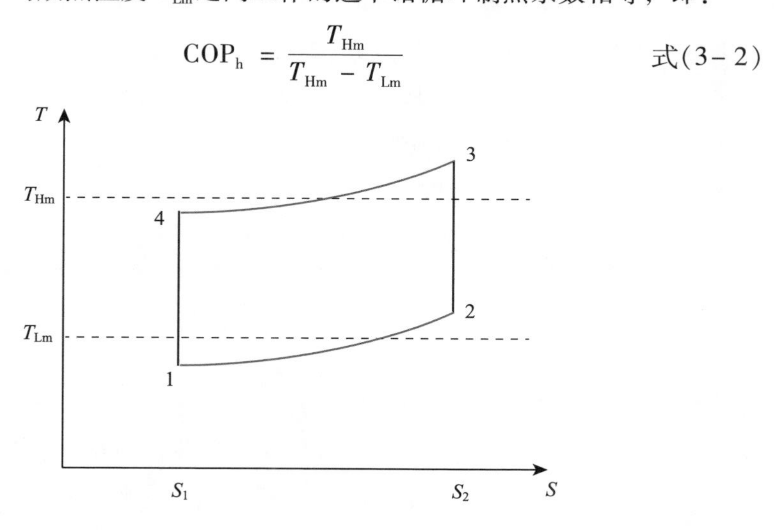

图 3－5 洛伦兹循环的温熵图

3.1.2.3 热泵性能的评价指标

常用的热泵系统热力经济性指标有热泵的性能系数（coefficient of performance，COP）、制热季节性能系数（heating seasonal performance factor，HSPF）

和热泵的㶲效率。

（1）热泵的性能系数

热泵制热时的性能系数称为制热系数 COP_h，热泵制冷的性能系数称为 COP_c。对于消耗机械功的蒸汽压缩式热泵，其制热系数 COP_h 为制热量 Q_h 与输入功率 P 的比值。即

$$COP_h = \frac{Q_h}{P} \qquad 式(3-3)$$

结合热力学第一定律，热泵制热量 Q_h 等于从低温热源吸热量 Q_c 与输入功率 P 之和。由于 Q_c 与输入功率 P 的比值是制冷系数 COP_c，所以

$$COP_h = \frac{Q_c + P}{P} = COP_c + 1 \qquad 式(3-4)$$

而对于热能驱动的吸收式热泵，其热力经济性指标可用热力系数 ξ 表示，即为制热量 Q_h 与输入热能 Q_g 的比值：

$$\xi = \frac{Q_h}{Q_g} \qquad 式(3-5)$$

（2）制热季节性能系数

由于热泵的经济性不仅与热泵自身的性能有关，还与热泵运行时的工况和环境条件有关，工况和环境条件随地区、项目和季节的不同而不同，因此为了进一步评价热泵系统在整个供暖季节运行时的热力经济性，定义热泵的制热季节性能系数，如下式所示：

$$HSPF = \frac{供热季节总的供热量}{供热季节热泵消耗的总能量 + 供热季节辅助热源的耗能量} \qquad 式（3-6）$$

（3）热泵的㶲效率

由热力学定律可知，如果实际的热泵循环越接近理想的热泵循环，则实际的热泵的不可逆损失越小。㶲效率用于准确、定量地描述热泵热力过程的不可逆性，可以对各种工况下的热泵循环的热力完善性作出统一的评价。热泵的㶲效率计算公式如下：

$$\eta_{ex} = \frac{热泵输出的㶲}{输入热泵的㶲} \qquad 式(3-7)$$

当电驱动热泵的制热量为 Q_h 时，热泵的输出㶲为 $\left(1 - \frac{T_L}{T_H}\right) Q_h$，输入功

率 P 的㶲还是等于 P，因此有：

$$\eta_{ex}=\frac{(1-\frac{T_L}{T_H})Q_h}{P}=\left(1-\frac{T_L}{T_H}\right)\frac{Q_h}{P}=\left(1-\frac{T_L}{T_H}\right)COP_h \qquad 式(3-8)$$

热泵的㶲效率越高，说明热泵循环过程的㶲损失越小，热力完善度越高。

3.1.3 热泵的低位热源

热泵的作用是能够将低位热源的热量提升为高位热源的热量。热泵运行时，通过蒸发器从热源吸取热量，而向用热对象提供热量。故低位热源的选择对热泵的装置、工作特性、经济性有重要影响。热泵的供热温度取决于用热对象的要求。对于暖通空调领域，供热介质的温度一般均在 40 ℃以上，冷凝温度应在 45 ℃以上。

作为热泵的热源应满足如下一些要求。

（1）低位热源温度尽可能高，使热泵的工作温升尽可能小，以提高热泵的制热系数。

（2）低位热源应尽可能提供必要的热量，最好不需附加装置，即附加投资应尽量少。

（3）用以分配热源热量的输配和辅助设备（如风机、水泵等）的能耗应尽可能小，以减少整个热泵系统的运行费用。

（4）低位热源对换热器设备应无腐蚀作用，且尽可能不产生污染和结垢现象。

热泵可利用的低位热源，可分为两大类，其一为自然能源，如空气、水（地下水、海水、河川水等）、土壤、太阳能等。此类热源的温度一般较低，如从江河湖海可获取 5～25 ℃的热源，从地下换热器可获取 5～20 ℃的热源等。但为了全面发展热泵，满足供能需求，仅靠几种自然界的热源难以满足需求，由此引出第二类热源，即排热热源。中国是制造业大国，大量工业生产过程中排放的余热，可以成为热泵最好的热源。根据数据统计，未来中国仅核电、火电、流程工业 3 项，每年就能输出 190 亿 GJ 的余热，即使只回收其中的 70%（即 133 亿 GJ），也能解决我国未来的用热问题。常见的排热热源如建筑物内部的排热，工厂生产过程中的废热，下水、地下铁道、变电所、垃圾焚烧工厂的排热。这类热源中，温度一般高于自然界热源，热源品位更高，如工业液体温度一般低于 100 ℃，烟气低于 200 ℃。这两大类热源均属“未利用能”，通过热泵的作用而利用之，可以获得很好的效益。表 3 – 1 为这两大类热源的综合比较简表。

表 3 – 1　热泵的低位热源综合比较简表

项目	自然热源						排热热源		
	空气	井水	河川水	海水	土壤	太阳能	建筑内热量	排水	生产废热
作为热源的适用性	良好	良好	良好	良好	一般	良好	良好	一般	良好
适用规模	小—大	小—大	小—大	大	小	小—中	中—大	中	小—大
利用方法	主要热源	主要热源	主要热源	主要热源	辅助热源	主要或辅助热源	辅助热源	主要或辅助热源	主要或辅助热源

从表 3 – 1 可以看出：热泵热源大多利用低位热源，根据这一特点，下列问题在设计中值得考虑。

（1）蓄热问题：由于空气、太阳能等热源的温度都是周期性变化或是间隙性的，难以提供稳定的热量，故可利用蓄热装置贮存低谷负荷时的多余热量以提供高峰负荷热量不足时使用，这对提高热泵运行的稳定性和经济性是十分重要的。

（2）热泵低温热源与辅助热源的匹配：当没有足够的蓄热热量可利用时，在高峰负荷时，热泵可采用辅助热源，若匹配合理，对装置的初始投资成本和运行费用都是有利的。

（3）热源多元化：当有多种热源可供利用时，可组合应用。例如，在室外温度高时，热泵可用空气热源；而当室外温度较低时，可采用水热源热泵装置予以补充。以下将介绍常用的各种热泵热源及其相关问题。

3.1.3.1　自然热源

（1）空气

空气可以随时随地利用和获取，其装置的使用比较方便，对换热设备无损害，故为目前热泵装置的主要热源。空气在不同温度下都能提供任意数量的热量。但由于空气的比热容小，为获得足够的热量以及满足热泵温差的条件，其室外侧换热器所需的风量较大，使热泵的体积增大，也造成一定的噪声，一般而言，相同容量下，热泵用蒸发器的面积比制冷用蒸发器面积大。

空气热源的主要缺点是：空气参数（环境的温度、湿度）随地域和季节、昼夜均有很大变化，空气参数的变化规律对于空气热源热泵的设计与运行有重要影响，主要表现如下。

①随着空气温度的降低，蒸发温度下降，热泵温差增大，热泵的效率降低。单级蒸汽压缩式热泵虽然在空气温度低到 -15 ~ -20 ℃时仍可运行，但此时制热系数将有很大的降低，其供热量可能仅为正常运行时的50%以下。

②随着环境空气温度的变化，热泵的供热量往往与建筑物的供热负荷相矛盾，表现为环境温度低时，供热量需求大时，热泵的供热能力反而下降；环境温度高时，供热量需求小时，热泵的供热能力反而大。因此大多数时间内热泵的供热能力和建筑物的供热负荷需求存在供需不平衡的现象。

③空气是有一定湿度的，空气流经蒸发器被冷却时，在蒸发器表面会凝露甚至结霜（温度非常低时）。蒸发器表面微量凝露时，可增强传热性能50%~60%，但空气流动阻力增加；当蒸发器表面结霜时，不仅流动阻力增大，随着霜层的增加，热阻也会增加，换热系数降低。含有腐蚀性成分的空气在蒸发器表面凝露时，会损害蒸发器，所以在滨海地区使用蒸发器，肋片的选材以铜片为好，或者加专门的防蚀镀层。

（2）水

可供热泵作为低位热源用的水有地表水（河川水、湖水、海水等）和地下水（深井水、泉水、地下热水等）。水的比热容大，传热性能好，所以换热设备较为紧凑；水温一般也较稳定，可使热泵良好运行。其缺点是：必须靠近水源，或设有一定的蓄水装置；对水质也有一定的要求，输送管路和换热器的选择必须先经过水质分析，才能防止可能出现的腐蚀。

①地表水

一般来说，只要地表水冬季不结冰，均可作为低温热源使用。我国有丰富的地表水资源，如果能作为热泵的热源，将获得较好的经济效果。国外早期利用河水作为热泵热源的例子很多，如20世纪50年代初建成的伦敦皇家节日音乐厅（用泰晤士河的河水）、苏黎世市的联邦理工学院（用利马特河的河水）等。日本在20世纪80年代建成的东京箱崎地区区域供冷供热工程采用了隅田川的河水作为热泵热源。又如上海黄浦江的水1月份的水温为6.7 ℃、4月份为16.1 ℃、7月份为29.5 ℃、10月份为21.9 ℃，如能进行较好的水质处理，则无论是夏季作为冷却冷凝器用水，冬季作为热泵热源水都是可行的。

利用海水作热泵热源的实例也很多（包括以海水作为制冷机的冷却水）。如澳大利亚在20世纪70年代初建成的悉尼歌剧院，日本在20世纪90年代初建成的大阪南港宇宙广场区域供热供冷工程。我国黄海之滨的青岛东部开发区和高科技工业园区采用大型海水热源热泵站供热的方案。北欧诸国在利用海水热源方面具有丰富的实践经验。以瑞典为例，其全国1 MW以上的热泵装置中约30%为海水热源，10 MW以上的采用多级大型离心制冷机，中型的采用螺杆式制冷机，将海水的温度提升到50～80 ℃供热用。海水热源热泵用于水产养殖十分普遍。

从工程方面讲，对地表水的利用在取水结构和处理方面要花费一定的资金，如清除浮游垃圾及海洋生物，防止污泥进入，以免影响换热器的传热效率；采用防蚀的管材或换热器材料，避免海水对金属的腐蚀。此外，河川水和海水经升温后再排入，对自然生态的影响，也是有关专家所关注的问题。

②地下水

无论是深井水还是地下热水都是热泵良好的低位热源。地下水位于较深的地层中，因隔热和蓄热作用，其水温随季节气温的变化较小，特别是深井水的水温常年基本不变，对热泵运行十分有利。深井水的水温一般比当地年平均气温高1～2 ℃。我国华北地区深井水温为14～18 ℃，上海地区为20～21 ℃。我国五六十年代曾以深井水作为冷源直接处理空气，或作为机械制冷的冷凝器冷却水。1932—1955年，日本共安装了35个热泵系统，均为深井水热源。

根据国内外相关项目的经验，大量使用深井水会导致地面下沉，且会逐步造成水源枯竭。因此，如以深井水为热源，可采用“深井回灌”的方法，并采用“夏灌冬用”“冬灌夏用”的措施。所谓“夏灌冬用”就是把夏季温度较高的城市上水或经冷凝器排出的热水回灌到有一定距离的另一个深井中去，即将热量储存在地下含水层中，冬季再从该井中抽出作为热泵的水热源使用；“冬灌夏用”则与之相反。这样不仅利用了地下含水层的蓄热作用，而且防止了地面的沉降。采用这一方法时，应注意回灌水对地下水的污染问题。考虑到上述情况，我国一些工业发达的城市大多限制了深井水的使用。

另外，国外有些蕴藏地热的城市，可以从地下直接抽取60～80 ℃的热水，我国天津、北京、福州等某些地区的地下热水可供使用，这些地区常把地下热水直接作为供热的热媒。若把一次直接利用后（经降温）的地下热水再作为热泵的低位热源用，就可增大地下热水的温度差，提高地热的利用率，天津地区曾有过类似的应用实践。

（3）土壤

地表水的流动和太阳辐射热的作用可将土壤的表层加热，热泵可以从土壤表层吸取热量作为热源。土壤的持续吸热率（能源密度）为 20～40 W/m^2，一般在 25 W/m^2 左右。

土壤热源的主要优点是温度稳定，不需通过风机或水泵采热，无噪声，也无除霜要求。但土壤的传热性能欠佳，需要较多的传热面积，导致占地面积较大，例如，一台功率为 10 kW 的热泵，当制热系数为 3 时所需地面面积达 250 m^2。此外，在地下埋设管道，成本较高，运行中产生故障时不易检修。另外，土壤受热干燥后，其导热能力显著下降，夏季难以向外排热（夏季不需制冷的地区是可行的）。埋在土壤中的导管可以是金属管也可以是塑料管，埋入深度大于 0.5 m（最深达 1.52 m）。土壤的传热性能取决于其热导率、密度和比热容，潮湿土壤的热导率比干土壤高许多倍。当地下水位高而使埋管接近或处于水层中时，则土壤的热导率将大大提高；当地下水流动速度增大时，传热性能还能进一步提高。当换热器附近的土壤冻结时，不仅热导率增大，而且冻土的膨胀使土壤与埋管表面的接触更紧密，有助于增强传热效果；但当冻土解冻后，已经位移的土壤不再复位，使土壤和埋管之间产生了裂隙，又使传热能力下降。为此，把换热器埋入砂土中较好，或应采用能随土壤移动的柔性管子制作吸热蒸发埋管。

（4）太阳辐射

太阳辐射穿过地球外围的大气层，其中一部分能量被大气中的粒子、云层反射回宇宙空间，一部分被大气层吸收，另一部分被大气中粒子云层阻挡而产生散射，因此地表实际上接收到的辐射能量已大为减少，其辐射强度最多不超过 1000 W/m^2。此外，受日地距离、太阳方位角和高度角的影响，早、晚的太阳辐射、不同季节的太阳辐射均有很大差别。按全年辐射总能量计算，我国有 3 个高值区：青藏高原、塔里木盆地—内蒙古西部、辽河中游地带，其太阳辐射总值为586～670 kJ/（cm^2·a），江南地区在 335 kJ/（cm^2·a）左右。冬季辐射强度低，且有昼夜阴晴之别。太阳能的集热和利用比其他几种热源来得复杂，设备投资也较高。太阳能作为热泵热源的应用实际上是指热泵与太阳能供热的联合运行，若单纯用太阳能供热，日照强度足以使水温达到有效采暖温度的时间往往很短，利用热泵不仅可以使水温升高，而且可以通过储热延长太阳能供暖的使用时间。例如，采用太阳能集热器使水温达到10~20 ℃，进而用热泵升温到30~50 ℃作为采暖介质。

3.1.3.2 排热热源

（1）建筑物内部热源

除了以上介绍的自然界所具有的各种热源外，还可以有效地利用建筑物内部的热源。近代建筑物的规模庞大，围护结构保温性能提升，内区照明、自动化办公机器设备的增加，使建筑物内区的发热量增大，办公楼的内区甚至在冬季也需供冷，因此，可将从内区取出的余热通过热泵的运行提高热位后去补偿建筑物外区的耗热量。此外，从建筑物排出的空气中的热量也可以经热泵加热后进入室内。

（2）生活废水与工业废水

生活废水是指洗衣房、浴池、旅馆等的废水，温度较高（如在冬季接近日最高温度的平均值），是可利用的低位热源，但存在的主要问题是：如何贮存足够的水量以应付热负荷的波动，如何保持换热器表面的清洁（换热器传热管设有自动清洗以及经四通换向阀进行定期清洗）和防止水对设备的腐蚀。北欧国家很早就在这个方面进行了开发，日本也有多个采用处理过的废水和未经处理的废水作为热泵热源的工程实例，用于建筑物的供暖和热水供应。此外，废水处理过程中产生的发酵气体，以及废水污泥焚烧产生的热量可以用于小范围的发电。

工业废水形式颇多，数量大、温度高，有的可直接再利用，如冶金和铸造工业的冷却水，从牛奶厂冷却器中排出的废水可以回收用来清洗牛奶器皿，从溜冰场制冷装置中吸取的热量经热泵提高温度后用于游泳池的水加热等。

（3）垃圾热量

现代化城市的垃圾处理是一项重要的市政设施。垃圾经分类后将可燃垃圾焚烧可以获得大量废热。由于人们生活质量的提高，垃圾的量和质也发生了变化，大城市垃圾的热值已从过去的4186 kJ/kg上升到8372 kJ/kg。垃圾焚烧热利用与其他未利用能的区别是它不需要借助其他能源。能源站集中、固定，适合向所在地区的居民供能。日本全国可燃垃圾的能量约合全国总能量的1.5%。据20世纪90年代初的统计，日本全国垃圾焚烧厂中有5%的热量是进行发电的，且在不断增加。焚烧厂的热量主要提供给邻近的居民住宅、温水游泳池、体育馆等公共文化设施，也用于温室的加热和北方地区的道路融雪等。东京练马区有一个垃圾焚烧厂的供能方式具有典型的意义：焚烧厂发电的电力供工厂自身使用，发电后的排热产生 45 ℃的热水，供给该小区的区域供冷、供热站，站内设热源水蓄热槽、热水蓄热槽以及热回收热泵等，该站可向邻近建筑直接供应热水或冷水。我国对垃圾能量的利用也已起步，上海市已考虑在浦东和浦西筹建可以利用余热的垃圾焚烧厂，这将为日后日益推进的垃圾热量利用创造有益的经验。

（4）驱动能源

热泵热源是低位热量，要提升热位需采用驱动设备并利用必要的驱动能源。电力（电动机）、燃料发动机（柴油机、汽油机或燃气轮机等）可以作为热泵的驱动装置，后者称为“热驱动方式”。

3.1.3.3 驱动热源

（1）电机驱动方式

电动机是一种方便可靠、技术成熟且价格较低的原动机。中大型电机的效率较高，可达 93%；小型、单相的电机则效率较低，一般为 60%～80%；采用可变转速电机驱动（如采用变频器控制转速），既能减小起动电流，又能经济地实现压缩机的能量调节。

家用热泵均采用单相电动机，小型热泵均采用全封闭式压缩机或半封闭式压缩机。电动机与压缩机装在一个壳体中，使温度低的气体制冷剂通过电机，来对电机进行冷却，从而提高其工作效率。这不仅将电机的热量全部转化成热泵的有效供热量，又可使气体制冷剂获得热量而实现干压缩过程，提高热泵装置的安全性，增加电机的使用寿命。此外，这种情况下制冷剂在蒸发器中不会过热，故蒸发器面积可略小些。但是排气温度的提高会带来一些不良影响。开启式压缩机由于制冷剂与电动机绕组（漆包线）没有接触，目前仅在大容量装置上使用，便于替代制冷剂。

（2）燃料发电机驱动方式

燃料发动机按热机工作原理的不同，分为内燃机和燃气轮机两种，其效率一般都在 30% 以上。当电力短缺而有燃料可用时，使用燃料发动机对城市的能源品种平衡有着积极的意义。内燃机可使用液体燃料或气体燃料。根据采用的燃料的不同内燃机有柴油机、汽油机、燃气机等。

内燃机驱动的热泵，如果充分利用内燃机的排气和气缸冷却水套的热量，就可得到比较高的能源利用系数，具有明显的节能效果，另外还可利用内燃机排气废热对风冷热泵的蒸发器进行除霜。燃气轮机（燃气透平）的功率较大，它主要由压气机、燃烧室和涡轮三大部件组成，常用在热电联产与区域供冷供热工程中。在热电联产系统中，一次能源的综合利用效率可达80%~85%。

燃气轮机以天然气为燃料，发电供建筑物自用（包括驱动热泵的用电），废热锅炉回收燃气轮机高温排气的热量产生蒸汽，蒸汽可作为蒸汽轮机的气源，蒸汽轮机产生动力驱动离心式热泵。蒸汽轮机的背压蒸汽还可用作吸收式热泵的热源或用来加热生活用水。

（3）燃烧器

燃烧器是热驱动热泵达到良好使用性能的最重要的部件。燃烧器由燃料喷嘴、调风器、火焰监测器、程序控制器、自动点火装置、稳焰装置、风机、燃气阀组等组成。程序控制器控制燃烧器的整个工作过程。液体、气体燃料的主要成分是烃类，燃料与空气充分混合、加热、着火、燃尽是燃料燃烧时的几个关键过程。燃烧器就是组织燃料与空气混合及充分燃烧，并实现要求的火焰长度、形状的装置。燃烧器的质量和性能对吸收式热泵的安全运行至关重要。因此，对燃烧器的基本要求如下。

①在额定的燃料供应条件下，应能通过额定的燃料并将其充分燃烧，达到需要的额定负荷。

②有较好的变工况性能，即在热力设备由最低负荷增至最高负荷时，燃烧器都能稳定地工作，而且在调节范围内获得较好的燃烧效果。

③火焰的形状与尺寸应能适应燃烧室的结构形式。

④燃烧完全、充分，即尽量降低因不完全燃烧造成的热损失。

⑤环保性能要好，努力减少运行时的噪声和烟气中的有害物质。

⑥操作方便灵活，有利于实现自动化控制。

3.2 热泵的起源

3.2.1 热泵技术理论的发展

热泵技术伴随着现代制冷技术（机械制冷）的研究而出现。工业革命时期，世界科技与生产飞速发展。科学家们对人类使用了几千年的蒸发制冷方式从理论上进行了诠释，进而利用压缩工质气体的方式获得制冷效果。

1755 年，苏格兰化学家、医生威廉·库伦（William Cullen）利用乙醚蒸发使水结冰。其学生——英国化学家、物理学家约瑟夫·布拉克（Joseph Black）从本质上解释了融化和汽化现象，提出了潜热的概念；他认为这些未对温度变化有所贡献的热是潜在的，并发明了冰量热器（一种计量物体放热量的装置），标志着现代制冷技术的开始[1]。

“蒸发吸热，冷凝放热”这一汽、液化现象在理论研究上的突破，大大促进了制冷技术的发展。

1823 年，著名的英国物理学家、化学家迈克尔·法拉第（Michael Faraday）发现了氯气和其他气体的液化方法，并发现压缩及液化某种气体可以将空气冷冻，此现象出现在液化氨汽化蒸发时。但当时其思想仅留于理论层面，并未将此转化为应用。这也是压缩气体（相变）制冷的雏形[2]。

1834 年，美国工程师雅各布·帕金斯（Jacob Perkins）造出了第一台以乙醚为工质的蒸汽压缩式制冷机，并正式申请了英国第 6662 号专利，这是后来所有蒸汽压缩式制冷机的雏形。它的重要意义在于：机械制冷实现了闭合循环，制冷工质可以反复使用。

彼时，蒸汽机的发明推动了工业革命在欧洲逐步兴盛，人类社会的工业化进程取得了显著进步。同时，人们也更加关注蒸汽机的热效率问题：一是热机效率是否有极限？二是什么样的热机工质是最理想的？

1824 年，法国工程师萨迪·卡诺（Sadi Carnot）在深入研究蒸汽机的基础上，发表《关于火的动力》一书，提出著名的卡诺循环理论，从理论上成功地诠释了热机中气体压缩和膨胀过程中的“热”与“功”的转换，这成为热泵技术的起源。他也是第一个把热和动力联系起来的人，是热力学真正的理论基础建立者[3]。

1852 年，英国著名的数学物理学家、工程师、现代热力学之父威廉·汤姆逊（William Thomson，被英国女王授予开尔文勋爵）在深入研究卡诺循环理论的基础上提出，冷冻装置可以用于加热。换句话讲，这是对制冷的逆向思维：对一个目标对象进行制冷，必然是将其热量转移到其他对象上，从而对其他对象实现加热。于是，他设想将“逆卡诺循环”用于加热的热泵，第一个提出了正式的热泵系统，当时称为“热量倍增器”。

将热泵理论转化为实践的世界第一台已知热泵的设计者和安装者是奥地

利工程师彼得·里特·冯·里廷格（Peter Ritter Von Rittinger）。1856年，里廷格在奥地利埃本塞盐厂工作期间学习了热泵理论。当时的制盐法是，人们用水将盐从矿砂中溶滤出来，再将盐水蒸发得到盐。由于阿尔卑斯山脉地区缺乏太阳照射，唯有通过燃烧木柴的方式来加热并蒸发盐水。里廷格发现，当燃烧木柴使盐水开始沸腾后，产生的水蒸气可以通过压缩后来维持盐水蒸发。这是由于沸腾产生的水蒸气本身蕴含大量的热量，通过做功压缩，使其压力和温度进一步升高，超过水沸点，从而提升盐水温度来维持蒸发。“蒸汽可以做机械功，但没有物理学家会怀疑这个句子的逆向意义——机械做功能产生蒸汽”。里廷格在他的书中这样写道。

1857年，里廷格完成了热泵热循环的第一例实际应用。这项技术不但能节省费用，还能够保护环境。当时奥地利的所有盐厂通过使用这项技术，每年可以节省1030万立方英尺（约29万立方米）的木材。

为了表彰和纪念里廷格对此工业的贡献，国际能源机构（IEA）设立了Peter Ritter Von Rittinger国际热泵奖，将此奖项授予在高效热泵技术领域内为国际协作技术研究、政策发展、市场开发和应用等方面作出杰出贡献的人。2005年的IEA年会颁发了第一批Peter Ritter Von Rittinger国际热泵奖，5名获奖者分别来自法国、日本、挪威和美国[4]。

随着科技的不断进步，热泵技术也得到了不断的改进和完善，使其在更多行业中得到了推广和应用。20世纪初，热泵已开始应用于工业生产中，用于制冷和干燥领域。20世纪50年代，一些民用领域开始利用热泵技术作为一种新型的供暖方式。当时的热泵技术还比较简单，主要是利用空气或水进行能量转换，效率较低，成本较高。而在科技发展突飞猛进的21世纪，热泵技术已经成为一种非常成熟的技术，广泛应用于民用和商业领域。现代热泵技术已经实现了高效、节能、环保的目标，成为一种非常受欢迎的供暖技术。同时，热泵也被应用于地热能、太阳能、风能等新能源领域，为我国“双碳”工作作出了重要贡献。

3.2.2 蒸汽压缩式热泵技术原理

蒸汽压缩式热泵技术设备简单、使用要求低、适用范围大，是目前应用最为广泛的热泵形式。家用空调、冰箱及大型建筑中央空调等都应用了此热泵形式。其设备主要部件由4个部分构成：压缩机、蒸发器、冷凝器和节流阀（膨胀阀），如图 3－6。

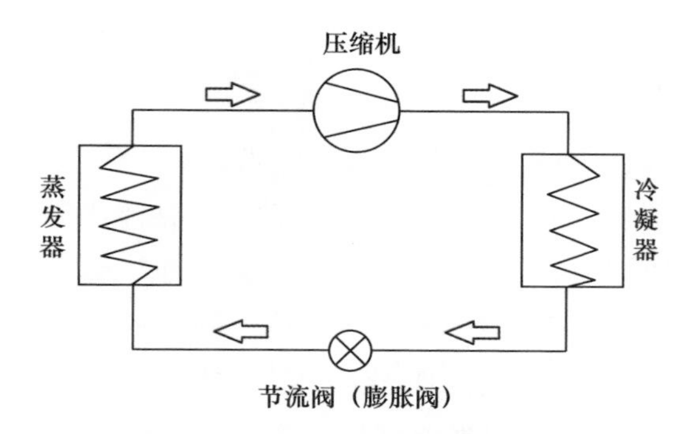

图 3－6　蒸汽压缩式热泵构件示意图

通过电力压缩机对制冷工质进行压缩，驱动热泵设备运行，实现热泵在蒸发器侧吸热，在冷凝器侧放热，其运行原理如图 3－7。

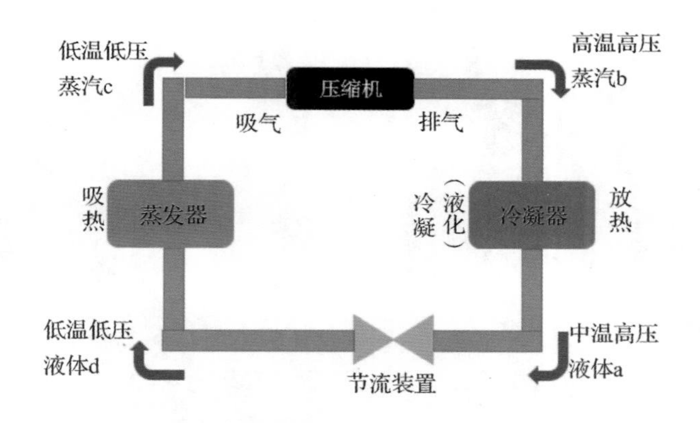

图 3－7　热泵运行原理图

制冷工质蒸汽经压缩机做功压缩，形成高温高压蒸汽进入冷凝器，在冷凝器中冷凝放热，将热量传递给载热介质（空气或水等），放热后的工质变为中温高压液体（或气液混合）进入节流装置，工质经节流装置等焓膨胀（体积增大，温度降低），变为低温低压液体（或气液混合）进入蒸发器，在蒸发器中蒸发吸热，将载冷介质的热量吸收（空气或水等），吸热后的工质变为低温低压蒸汽，被压缩机再次吸入压缩，完成闭式循环。

热泵将蒸发器侧吸收的热量输送至冷凝器侧的同时，压缩机做功产生的热量也在冷凝器侧释放，根据能量守恒定律，热泵在高位热源的放热量大于在低位热源的吸热量，同样也大于输入热泵的驱动能量。这就是开尔文所谓的“热量倍增器”。

3.2.2.1　压缩机

压缩机是热泵设备的核心部件，依靠输入能量（蒸汽压缩式热泵一般为电能）驱动设备运转，相当于热泵的“心脏”。其性能优劣主要由其输气能力来判别。压缩机的输气量，是指压缩机在单位时间内经过压缩并输送给排气系统按吸气状态计算的气体量，与制冷、热量密切相关，呈正相关。输气系数亦称容积效率，是换算到吸入状态时的实际输（排）气量与理论输（排）气量之比，是衡量机器设计制造水平优劣的重要指标。输气系数的影响因素有泄漏、吸入损失、加热损失、旋转离心力等。

（1）按照压缩机结构，分为开（启）式压缩机、全封闭式压缩机和半封闭式压缩机（图3－8）。

图3－8　开（启）式压缩机/半封闭式压缩机/全封闭式压缩机示意图

开式压缩机相较于封闭式压缩机，其电机独立，通过联轴器或皮带带动容积腔工作，制冷剂工质密封性相对较低，无须配备电机冷却系统，一般应用于较大的热泵系统。

（2）按照压缩形式，分为容积式压缩机和离心式压缩机。

容积式压缩机依靠机械压缩容积腔的方式实现对制冷剂气体的压缩，又分为往复（活塞）式压缩机、涡旋式压缩机、螺杆式压缩机、离心式压缩机等。

往复（活塞）式压缩机（图 3－9），其制冷量一般在 600 kW 以下。优点：热效率高、单位耗电量少，加工方便、造价低廉，装置简单，技术成熟，应用范围广。缺点：运动部件多，检修量大，检修费用高；转速受限制；易磨损；噪声大；控制系统落后。

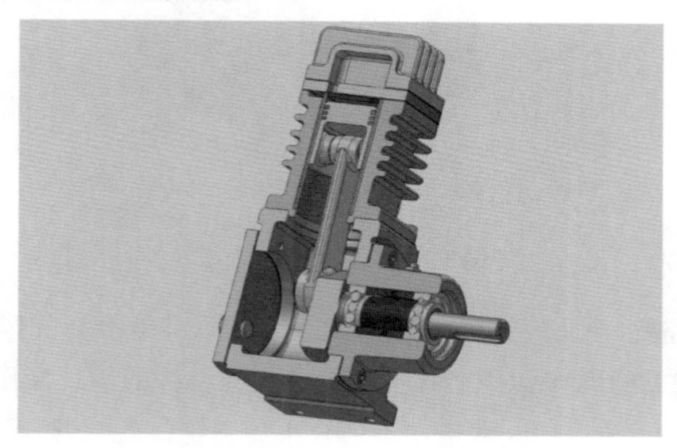

图 3－9 往复（活塞）式压缩机

涡旋式压缩机（图 3－10），其制冷量一般在 8～150 kW。优点：体积小、噪声低、振动小、输气连续平稳，寿命长。缺点：需要高精度加工设备及装配技术；制造成本高；压缩比低，多在空调工况下使用。

图 3－10 涡旋式压缩机

螺杆式压缩机（图3－11），其制冷量一般在100～1200 kW。优点：可靠性高，自动化程度高，平衡性好，适应范围广且能保持较高的效率。缺点：对加工设备及精度要求高；造价高；受转子刚度和轴承寿命等方面限制，不适用于高排气压力；噪声大。

图3－11　螺杆式压缩机

离心式压缩机（图3－12），依靠旋转离心力对制冷剂气体实现压缩，其制冷量一般在30 000 kW以下。优点：气量大，结构简单；操作可靠，摩擦件少，维护简便；无油压缩。缺点：不适合小型系统；效率低，经济性差。

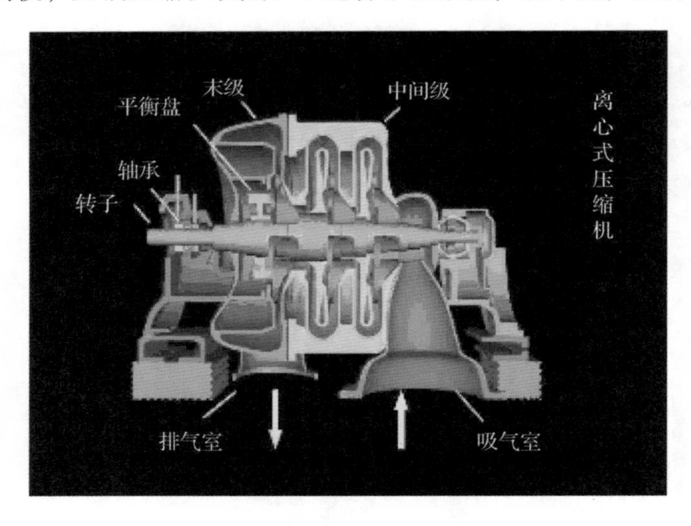

图3－12　离心式压缩机

3.2.2.2 换热器

热泵蒸发器和冷凝器均为换热器，蒸发器中的制冷剂工质蒸发吸热，对循环介质起到制冷作用，冷凝器中的制冷剂工质冷凝放热，对循环介质起到制热作用。根据其形式不同，换热器一般分为翅片换热器、管壳式换热器等。另外，还有水—水交换热量的板式换热器。

小型空气源热泵，如家用空调，一般采用翅片换热器（图 3－13），蒸发器和冷凝器管程（管路内流程）均为制冷剂，外部为空气。

图 3－13　翅片换热器

大型水源热泵，如大型中央空调，一般采用管壳式换热器（图 3－14），蒸发器壳程（外壳与管路间流程）为水，管程为制冷剂；冷凝器正好相反，壳程为制冷剂，管程为水。

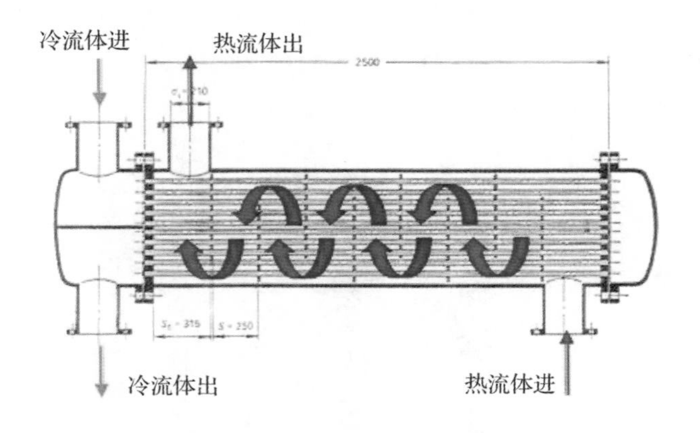

图 3－14　管壳式换热器

而板式换热器（图 3－15）则一般用于大型热泵系统的辅助换热器，非制冷剂直接换热，一般为冷热水间的热交换用。

图 3－15　板式换热器

3.2.2.3　节流阀（膨胀阀）

节流阀（膨胀阀）（图 3－16）是热泵的重要组成部件，安装在蒸发器入口，常称为膨胀阀，主要作用有 2 个。

（1）节流作用：高温高压的液态制冷剂经过膨胀阀的节流孔节流后，成为低温低压的、雾状的液压制冷剂，为制冷剂的蒸发创造条件。

（2）控制制冷剂的流量：进入蒸发器的液态制冷剂经过蒸发器后由液态蒸发为气态，吸收热量，降低蒸发器侧的温度。膨胀阀控制制冷剂的流量，保证蒸发器的出口完全为气态制冷剂，若流量过大，出口含有液态制冷剂可能进入压缩机产生液击而对压缩机产生损伤；若制冷剂流量过小，可能提前蒸发完毕，造成制冷不足。

图 3－16　节流阀（膨胀阀）

3.2.2.4 制冷剂

(1) 什么是制冷剂

如果压缩机是“心脏”，那制冷剂就是“血液”，是将热量和冷量输送的直接载体。制冷剂又称冷媒、致冷剂、雪种，是各种热机中借以完成能量转化的媒介物质。

制冷剂在低温下吸取被冷却物体的热量，然后在较高温度下转移给冷却水或空气。蒸汽压缩式制冷机常使用在常温或较低温度下能液化的工质作为制冷剂，如氟利昂。

早期的制冷剂，绝大多数是可燃的或有毒的，或两者兼而有之，有些甚至还有很强的腐蚀性和不稳定性，或有些压力过高，经常发生事故，如氨气、二氧化碳、二乙醚、二氧化硫等。直到 20 世纪 30 年代，氟利昂的发明，才极大地提高了热泵系统的使用效率。

(2) 常见的氟利昂

名称源于英文 Freon，一般将其定义为饱和烃（主要指甲烷、乙烷和丙烷）的卤代物的总称，是人工制造物质，包括 R11、R12、R113、R114、R115、R500、R502，R22、R123、R141b、R142b，R134a，R125，R32，R407C，R410A、R152 等种类。

特性：在常温下都是无色气体或易挥发的液体，无味或略有气味，无毒或低毒，化学性质相对稳定。

常见氟利昂 R22（二氟一氯甲烷），由于其制冷效果好，是应用最为广泛的一种制冷剂。其分子式为：$CHClF_2$，沸点 −40.8 ℃，熔点 −160 ℃，沸点下蒸发潜热 233.5 kJ/kg。其主要危害是破坏臭氧层（图 3−17），包括 R22 在内的一些氟利昂中含有不稳定氯离子，在紫外线的照射下产生游离氯离子，成为臭氧转化为氧气的催化剂，不断地消耗大气中的臭氧。1987 年，26 个国家在加拿大签订《关于消耗臭氧层物质的蒙特利尔议定书》，规定 2020 年将其淘汰。

为了减少对臭氧层的破坏，一些不含氯的制冷剂得到推广应用，如 R134a，R410A 等。

氟利昂 R134a（四氟乙烷）分子式 CH_2FCF_3，是一种不含氯，对臭氧层不造成破坏，具有良好安全性能（不易燃、不爆炸、无毒、无刺激性、无腐蚀性）的制冷剂。常压下沸点 −26.1 ℃，汽化热或蒸发潜热 216 kJ/Kg。主要

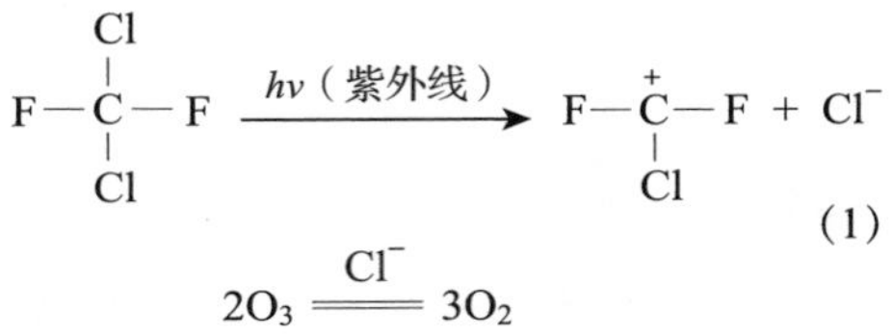

$$\mathrm{F{-}\overset{Cl}{\underset{Cl}{C}}{-}F \xrightarrow{h\nu\,(紫外线)} F{-}\overset{+}{\underset{Cl}{C}}{-}F + Cl^-} \quad (1)$$

$$2O_3 \overset{Cl^-}{=\!=\!=} 3O_2$$

图 3－17　氯离子破坏臭氧层示意图

应用于小型冰箱与汽车空调中。

氟利昂 R410A 是一种混合制冷剂，它是由 50% 的 R32（二氟甲烷）和 50% 的 R125（五氟乙烷）组成的混合物，其优点在于可以根据具体的使用要求，对各种性质，如易燃性、容量、排气温度和效能加以考虑，合成一种制冷剂。R410A 外观无色，不浑浊，易挥发。常压下沸点 －51.6 ℃，汽化热或蒸发潜热 256.7 kJ/kg。主要应用于家用空调、中小型商用空调、工业制冷等设备。

（3）关于制冷剂替代的那些事

第一代制冷剂：1830—1930 年，如水、乙醚、空气等，以“能用”为选择标准。其制冷效率和安全性较低，一些制冷剂对人体具有毒性，如氨、氯等。制冷剂泄漏导致的安全事故曾发生过。

第二代制冷剂：1930—1987 年，以氟利昂为主流。氟利昂的出现大大提升了制冷设备的运行效率，既有较高的制冷能力，又对人体无害，因此被广泛应用。但因其破坏臭氧层，多国签订《关于消耗臭氧层物质的蒙特利尔议定书》(1987)，开启了第三代制冷剂的研制和生产。

第三代制冷剂：1987—2010 年，以不含氯的氟利昂为选择标准，其“臭氧损耗潜能”（ODP）为 0。1998 年，南极上空臭氧层空洞面积趋于稳定，但此时，一部分第三代制冷剂的“温室效应”凸显，如 R410A 的“全球变暖潜能值”（GWP）比氟利昂 R22 高 16%，成为催动温室效应的潜在因素。

第四代制冷剂：2010 年至今，以“减缓全球气候变暖”为目标。一些应用历史悠久的制冷剂，特别是自然工质，如 CO_2、NH_3、丙烷和丁烷等，已在汽车空调、冷藏冷冻装置中应用。

3.2.2.5　热泵制冷与制热的转换

作为制热、制冷使用的热泵设备，具备热—冷供能转换的功能，由于不同类型热泵设备的换热器及制冷剂管路设置不同，其切换热—冷的方式也不相同。

（1）小型空气源热泵，如家用空调，利用四通换向阀切换制冷与制热模式（图 3－18、图 3－19）。压缩机排出的高温高压制冷剂气体，通过四通换向阀的切换，可以优先进入任一侧换热器，从而实现制冷和制热模式的切换。

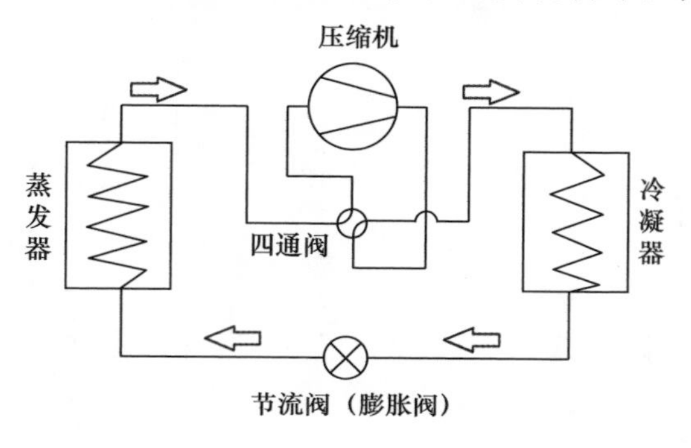

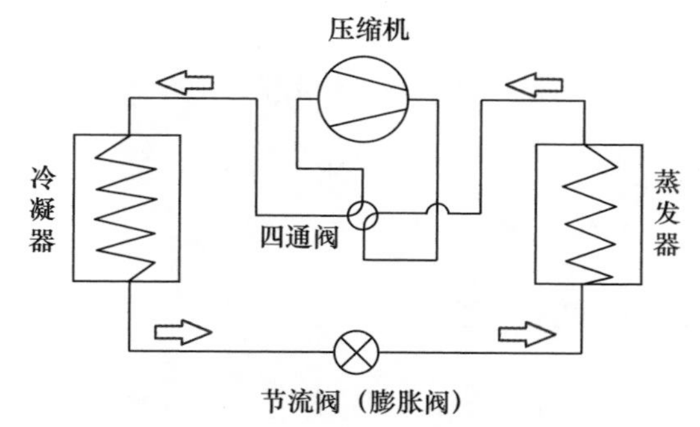

图 3－18　四通换向阀转换示意图

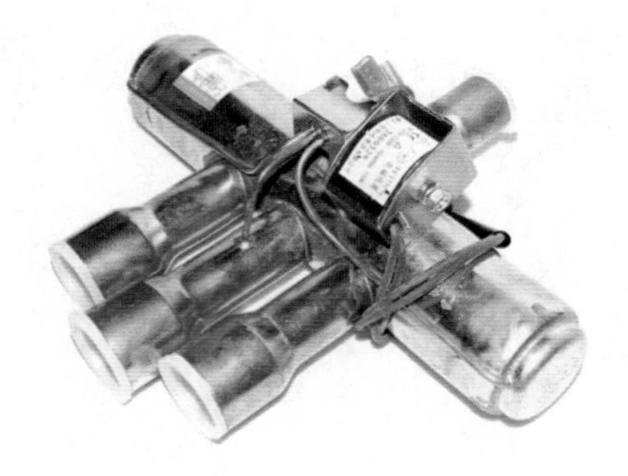

图 3－19　四通换向阀

（2）大型水源热泵，如大型中央空调，则是利用水路转换（阀门调节）切换制冷与制热模式（图 3－20）。系统两侧的冷热水通过水路阀门的转换，可以进入任一侧的换热器，从而实现制冷和制热模式的切换。

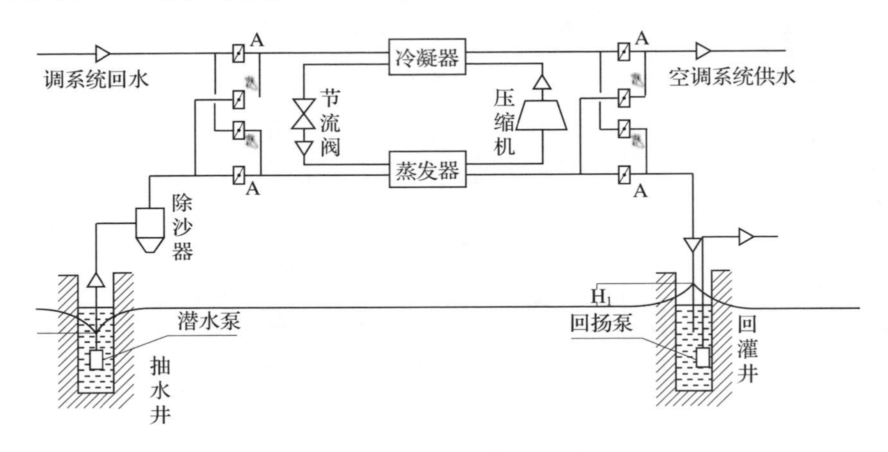

图 3－20　大型水源热泵系统水循环管路切换示意图

可以看出，大型热泵机组的蒸发器和冷凝器功能不能互换，固定侧的换热器只能实现单一的制热或制冷功能。

3.2.3　地源热泵与空气源热泵

按热泵蒸发器和冷凝器换热的介质不同，可以将热泵分为 4 类：空气—空气热泵，空气—水热泵，水—水热泵，水—空气热泵（图 3－21）。

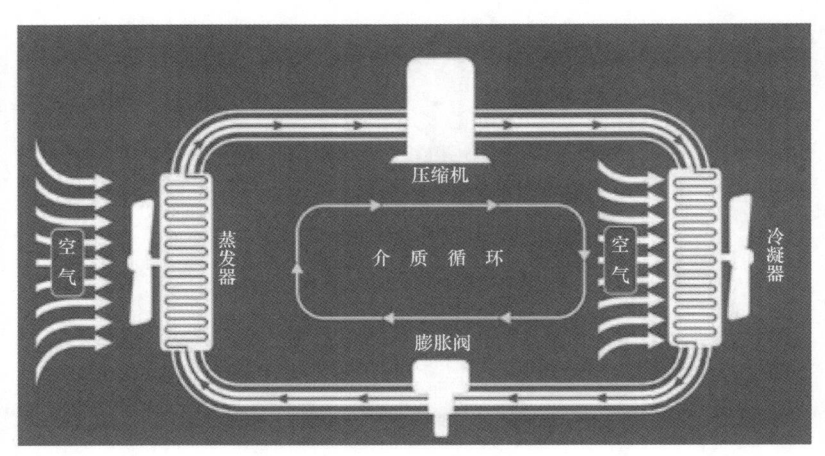

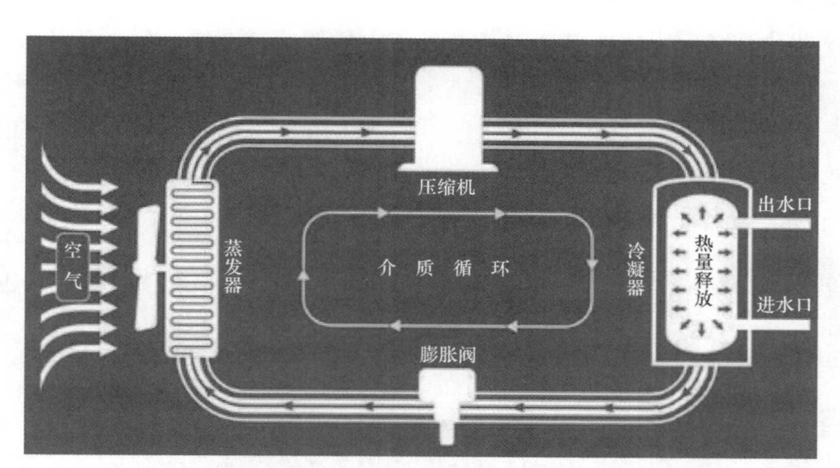

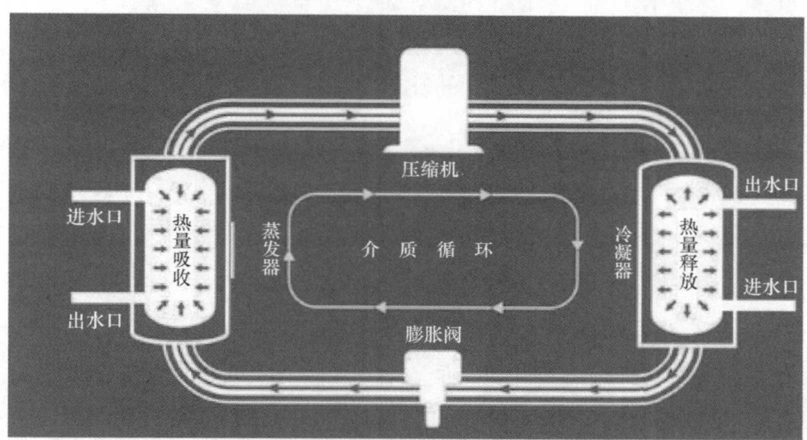

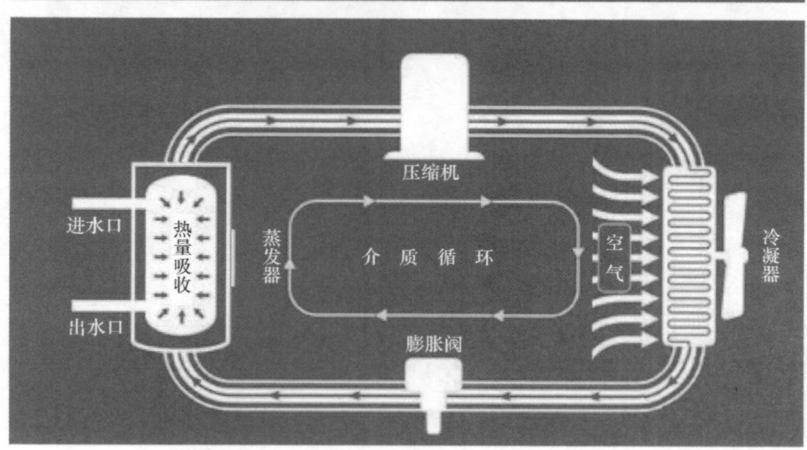

图 3－21　不同介质类型的换热器工作示意图

这些热泵名称的前半部分表示进入蒸发器的载冷介质，后半部分表示进入冷凝器的载热介质。如空气—水热泵，即空气进入蒸发器被提取热量，水进入冷凝器被释放热量。基于形式上本质的差别，目前应用最多的地源热泵和空气源热泵存在以下区别。

3.2.3.1　室外侧冷/热源不同

空气源热泵：空气—空气系统、空气—水系统，能量（源）来自空气。

地源热泵：水—水系统、水—空气系统，能量（源）来自地下水、地表水或岩土。

3.2.3.2　换热效率不同

空气源热泵：由于空气比热容低，且冬夏季气温变化大（室外换热器换热温差小），导致严寒或酷暑天气下，其换热效率低。

地源热泵：由于地下岩土或水的比热容高，且冬夏季冷、热源（地下岩土体或水）温度稳定（室外换热器换热温差大），因而换热效率较高。

3.2.3.3　供能面积不同

空气源热泵：供能面积小，多用于独户住宅、办公室等小型空间。

地源热泵：供能面积大，多用于商场、写字楼等大型建筑。

3.2.3.4　安装方式不同

空气源热泵：安装便捷，只需安装室外机和室内机（或室内盘管、管路等），设备占用面积小，维护方便。

地源热泵：安装复杂，除了需要安装室内风盘、管路等，还需要钻凿、敷设换热孔或水井，设备占地面积大，维护不便。

3.2.3.5　投资费用不同

空气源热泵：设备数量少，安装费用低。

地源热泵：设备数量多，室外施工及设备安装费用高。

3.2.3.6　市场受众不同

空气源热泵：家用空调、热水器、小型中央空调等。

地源热泵：中、大型建筑中央空调，应用于农业种养殖，工业加工等。

3.2.4　地源热泵的发展

现代浅层地热能的开发利用依托地源热泵技术的实现。热泵是热量传输工具，通过向地源热泵系统输入能量，将低品位端热量输送至高品位端，从而实现热量在地源端与应用端间的转移。因此，对于地源热泵系统的应用端来讲，既可获得供热效果，又可获得制冷效果，按需使用。在当前技术发展水平下，为获得较高的经济性和节能性，系统应用端主要为建筑供热（含生活热水）与制冷、温室及水产的种养殖等。

3.2.4.1 地源热泵类型

地源热泵根据利用热源的种类和形式不同，可分为地埋管地源热泵（土壤耦合热泵）、地下水地源热泵、地表水地源热泵。

（1）地埋管地源热泵

地埋管地源热泵以大地作为热源和热汇，将热泵的地源侧换热器埋于地下，与大地进行冷热交换。根据地下热交换器的布置形式，主要分为竖直埋管、水平埋管和蛇行埋管 3 类。

竖直埋管换热器通常采用的是 U 型埋管，近年来也出现套管式等新型埋管，埋管深度有浅层（小于 30 m）、中层（30 ~ 100 m）和深层（大于 100 m）3 种。

竖直埋管换热器热泵系统的优势：占地面积小；土壤的温度和热特性变化小；需要的管材最少，泵耗能低。

水平埋管换热器有单管和多管两种形式。单管水平换热器占地面积最大。虽然多管水平埋管换热器占地面积有所减少，但管长应相应增加以补偿相邻管间的热干扰。

蛇行埋管方式的优缺点类似于水平埋管换热器，有的文献将其归入水平埋管换热器。

（2）地下水地源热泵

在地埋管地源热泵得到发展之前，欧美国家最常用的地源热泵系统是地下水地源热泵系统。该系统目前在民用建筑中已较少使用，主要应用在商业建筑中。最常用的系统形式是水—水式板式换热器。早期的地下水地源热泵系统采用的是单井系统，即将地下水经过板式换热器后直接排放。在水资源匮乏地区这样做，一则浪费地下水资源，二则容易造成地层塌陷，引起地质灾害，于是产生了对井系统，一个抽水井，一个回灌井。地下水地源热泵系统的优势是造价比地埋管地源热泵系统低、系统效率高，另外水井很紧凑，技术也相对比较成熟。

(3) 地表水地源热泵

地表水地源热泵系统以江、河、湖、海的水和再生水（污水）为冷热源，主要分为开路系统和闭路系统。在寒冷地区，开路系统并不适用，只能采用闭路系统。总的来说，地表水地源热泵系统具有相对造价低廉、泵耗能低、维修率低以及运行费用少等优点。

3.2.4.2 地源热泵的发展

国外对地源热泵的研究较早，最早可以追溯到1912年瑞士的专利。1946年，美国人发明了世界上第一台地源热泵；1978年，美国布鲁克海文国家实验室（Brookhaven National Laboratory，BNL）制订了土壤源热泵的研究计划，并发表了一些研究成果，主要是对土壤源热泵实际运行的实验进行计算机模拟；1981年，田纳西大学安装了水平盘管式土壤源热泵，对土壤源热泵进行了大量的研究并取得一定的成果，在这一时期，欧洲开始了30个工程研究的开发项目，主要是优化地源热泵设计方法、安装技术并积累运行经验。所有的地源热泵系统主要用于冬季采暖，使用的是水平埋管，这些早期的研究主要集中于土壤的传热性质、换热器形式、影响埋管换热的因素等方面。

从地源热泵的应用情况来看，北欧国家主要偏重于冬季采暖，而美国则注重冬夏联供，由于美国的气候与中国很相似，因此研究美国的地源热泵应用情况对我国的地源热泵发展有着借鉴意义。美国大部分地源热泵系统采用了冬季采暖、夏季制冷的全年运行方式随着地源热泵技术的进步和工程应用，其研究工作也逐渐深入，出现了对其强化换热技术、复合式地源热泵技术等。

20世纪90年代，国外研究者对地埋管换热器的研究主要集中在地埋管换热器与土壤间的强化换热以及回填材料对地下埋管换热器性能的影响。这一时期，1995年GU和O′Neal在回填材料和土壤界面加上了一系列的解除条件，把圆柱源射线性解析解推广到非均匀空间，对由回填材料和岩土材料不同引起的侧面非均匀性求了近似解。1997—1999年，Allan及GU等人对回填材料的研究主要是比较不同回填材料的埋管对换热器性能的影响。1998年，GU和O′Neal利用等效直径，解决了U型管的两管之间热负荷不平衡传热非均匀性问题。

早期的地源热泵研究主要集中于土壤的传热特性、地埋管换热器形式等方面。20世纪80年代到90年代初，美国开展了冷热联供地源热泵技术方面的研究工作，不少文献报道了地源热泵不同形式的地下埋管换热器的换热过程计算机模拟计算方法，其中仅地埋管换热器的设计计算模型，据不完全统计就约有30种。这些模型有一维的、动态的；有采用集总参数法，也有用一维、二维、三维有限差分格式或二维有限元法等计算流体力学数值模拟法建立的。

国内对地源热泵的一系列研究工作始于20世纪80年代，主要集中于以下几个方面：地下埋管换热器的传热模型和传热研究；夏季瞬态工况数值模拟的研究；热泵装置与部件仿真模型的理论和实践研究；地源热泵空调系统制冷工质替代研究；其他能源如太阳能、水电等与地热源联合应用的研究；地源热泵系统的设计和施工；地源热泵系统的经济性能和运行特性的研究；地源热泵系统与埋地换热器的技术经济性能匹配方面机组整体性能的研究；基于土壤热物性测试土壤导热系数的试验研究等。

随着国家对可再生能源应用以及建筑节能的重视，地源热泵这项绿色环保技术必将引起更广泛的重视。总体而言，地源热泵系统发展存在以下发展趋势：地下水源热泵越来越少，而土壤源热泵、地表水源热泵、工业余热热泵等系统不断增加；更高层次的专家整合，更详细的专业划分；地方政府协调机构更加专业；地源热泵系统稳步发展，实现从数量的稳步增长到质量稳步提升的跨越；国际合作不断增强，更加成熟完善的新技术出现；专注地源热泵系统设计、施工、运行的专业化公司出现，产业规模不断扩大；新型热泵系统不断出现。

3.2.4.3 地源热泵的供热与制冷利用现状

20世纪70年代，世界石油危机出现，本着寻找新的能源资源的目标，地热能的开发迎来了转机。地源热泵技术得到了世界各国的重视，其使用可以有效提高能源资源利用效率，减少排放。

利用地源热泵技术开发浅层地热能为建筑供热和制冷，是浅层地热能利用最主要的方式。在不同类型的地热能中，浅层地热能被认为是低焓（与深部相比，浅地层岩土体温度相对较低），但其分布广泛、开发便捷，与传统空调和热水系统相比，这种地热能可节省50%~75%的传统能源。因此，这种形式的应用对于建筑能耗，尤其是采暖空调能耗过高的地区，具有十分重要的意义，在很大程度上能够替代燃煤、燃气、燃油等常规采暖方式，节省能源，降低污染物排放以及改善大气环境质量。

20世纪90年代以来，地源热泵在北美和欧洲迅速普及。由于欧洲的中部和北部气候寒冷，地源热泵主要应用于采暖和生活用水供应。美国地下水源热泵在 1994、1995、1996、1997、2006、2007 年的生产量分别为 5924、8615、7603、9724、64000、50 000 台，1996 年后基本呈直线上升趋势，截至 2009 年，美国在运行的地源热泵系统约为 100 万套，得益于美国地方政府出台了许多相应的措施推动地源热泵的发展。2015 年，美国累计安装地源热泵机组约 140 万台，2010—2015 年，年均增长 10 万台。

加拿大从 1990 年到 1996 年的家用地源热泵数量以每年 20% 的速度增长。据估算，2004 年，加拿大的地源热泵装机机组为 35 000 台，2005 年为 37 000 台，2005 年以来加拿大的地源热泵市场急剧增加，主要原因是能源价格上涨、联邦政府支持和各地方政府有针对性的补贴[5]。

21 世纪初期，瑞典地源热泵的发展速度是世界上最快的，在 2000 年地热直接利用能量排名中列世界第 10 位，到 2005 年迅速跃居世界第 2 位，除此之外，德国、奥地利、芬兰等国的地源热泵市场增加也很快。2015 年，瑞典、德国、法国、瑞士四国引领欧洲浅层地热能产业发展，地源热泵装机容量占整个欧洲的 64%。

20 世纪 30 年代开始，日本的一些市政建设项目和公益性建筑（如医院、养老院、道路等）曾利用地源热泵系统实现供暖、制冷、热水供应、道路融雪等综合性服务，效果十分明显，但由于地下水回灌、地面沉降、初始投资成本较高等问题，地源热泵系统的发展受到一定限制，还没有被完全推广。20 世纪 80 年代以后，日本利用地表水、城市生活废水和工业废水的水源热泵系统向建筑物集中供热或制冷，应用较多的是海水源热泵系统，2001 年热泵热水器开始进入日本家庭，政府对消费者给予一定补助，很受用户欢迎。

地源热泵进入俄罗斯市场较晚，且目前，仍未被接受，不是传统热源的合理替代物，主要原因是其国内的有机燃料充足，价格低廉。

我国进入 21 世纪后，地源热泵有了较大的发展，尤其是近些年增长飞速，2014 年，装机容量已居世界第 1 位。浅层地热能的开发利用水平和规模领先世界，带动了全球浅层地热能开发的快速发展。

根据 2020 年世界地热大会的统计，截至 2020 年，直接利用地热能的国家或地区已从 1995 年的 28 个增至 2020 年的 88 个（图 3－22）。

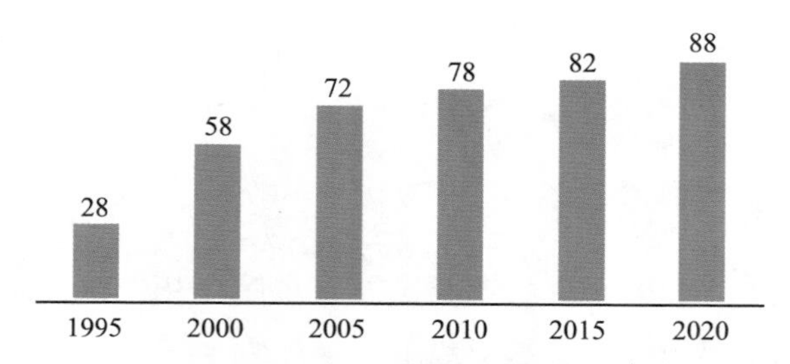

图 3-22　全球直接利用地热能的国家或地区数量①

2020 年，全球地热直接利用折合装机容量为 1.08 亿 kW，较 2015 年增长 52%，地热能利用量为 1 020 887 TJ/a（约合 2835.8 亿 kWh/a），较 2015 年增长 72.3%，排名前五的国家为：中国（占 43.44%）、美国、瑞典、土耳其、日本。其中，地源热泵（浅层地热能）利用量占比约 58.8%。

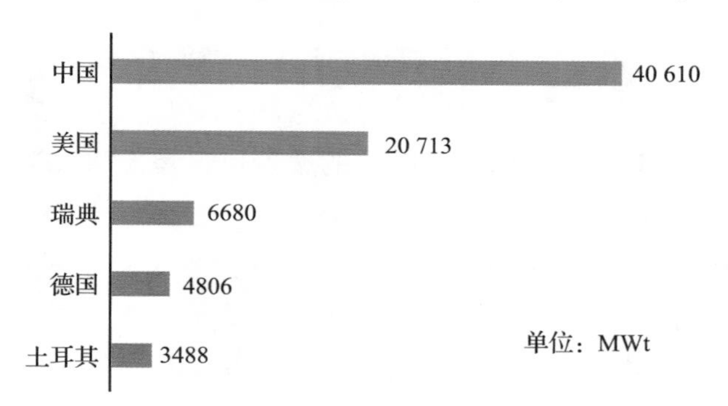

图 3-23　地热直接利用装机容量②

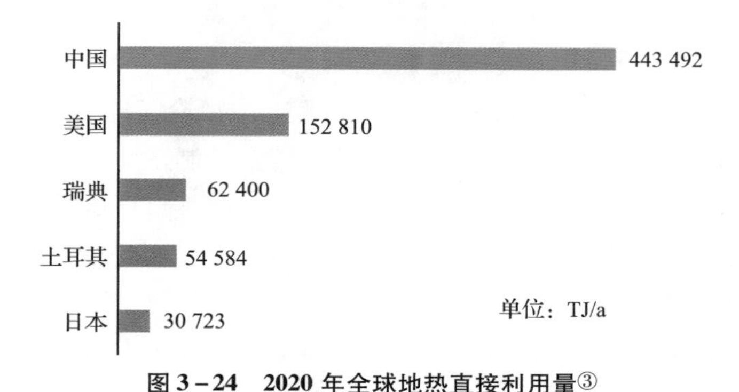

图 3-24　2020 年全球地热直接利用量③

① 数据来源于 2020 年世界地热大会。
② 数据来源于 2020 年世界地热大会。
③ 数据来源于 2020 年世界地热大会。

国际能源署预测，到2035年、2040年，全球地热直接利用装机容量将分别达到500 GW和650 GW。

3.2.5 我国地源热泵发展历程

我国地源热泵方面的研究早期与国外发展顺序相似，起始于热泵技术研究，再逐步深入至热源研究，水源热泵及地埋管地源热泵地下换热方面的研究，现如今上升到精细化、智慧化、科学化发展研究与应用。我国已实现了从理论研究到大范围推广应用，从借鉴、引进、合作到创新突破、自主研发、规模化发展，形成了中国独有的发展模式，规模化发展技术水平领先全球。

3.2.5.1 20世纪50年代开始的科研工作

相对世界热泵的发展，我国热泵的研究工作起步晚于发达国家。中华人民共和国成立后，随着工业建设新高潮的到来，热泵技术也开始被引入中国。20世纪50年代，我国最早探索热泵技术的是天津大学和同济大学的相关学者。目前国内已查到的最早的关于热泵的文献资料是天津大学教授吕灿仁在1957年发表的《热泵及其在我国的应用前途》，文章提出“我国是大陆性季风气候，冬寒夏炎。中国气候条件决定了应用热泵技术的必要性，江河湖海中存在可开发利用的能量”。概念与世界最早的瑞士热泵案例相同。次年，天津大学建立热泵试验系统并开始实验研究。自此，我国热泵技术开始了初期的理论研究工作。

20世纪60年代，我国开始研究热泵在暖通空调中的应用，并取得了一大批成果。1960年，同济大学吴沈钇教授发表了《简介热泵供暖并建议济南市试用热泵供暖》；1963年，原华东建筑设计院与上海冷气机厂开始研制热泵式空调器；1965年，上海冰箱厂成功研制了我国第一台制热量为3720 W的CKT-3A热泵型窗式空调器；1965年，天津大学与天津冷气机厂研制了国内第一台地下水热泵空调机组，并于1966年与铁道部四方车辆研究所共同合作，进行干线客车的空气—空气热泵试验；1965年，由原哈尔滨建筑工程学院徐邦裕教授、吴元炜教授领导的科研小组，根据热泵理论首次提出应用辅助冷凝器作为恒温湿空调机组的二次加热器的新流程，这是世界首创的新流程，1966年，该科研小组与哈尔滨空调机厂开始共同研制利用制冷系统的冷凝废热作为空调二次加热的新型立柜式恒温湿热泵式空调机。

这一时期，上海为了控制过度抽取工业用地下水所引起的地面沉降问题，实施了地下水人工补给，即用地表水进行回灌；同时为了解决纺织厂夏季空调冷源问题，提出储冷的“冬灌夏用”及储热的“夏灌冬用”的地下含水层储能概念，开展地下水储能技术研究，并首次在纺织部门使用[6]。

20 世纪 70 年代，北京和上海的纺织系统参照 1931 年上海某纺织厂采用地下水进行喷雾降温、采用喷淋式空气调节系统的案例，分别开展利用地下水井冬夏反季节蓄冷蓄热、供暖供冷的试验研究，这可能是现在业内公认的地下换热系统的初始模型，也是浅层地热能的实际应用和直接应用[7,8]。

从我国早期热泵发展的历程来看，其特点可归纳为：第一，对新中国而言，起步较早，起点高，某些研究具有世界先进水平；第二，受当时工业基础薄弱、能源结构与价格特殊性等因素的影响，热泵空调在我国的应用与发展始终很缓慢；第三，在学习外国的基础上走创新之路，为我国今后的热泵研究工作的开展指明了方向。

从 1978 年开始，中国制冷学会第二专业委员会连续主办全国余热制冷与热泵学术会议，至 1988 年，我国热泵应用与发展进入全面复苏阶段。这期间，为了充分了解国外热泵发展的现状与进展，我国出版了大量的有关著作，国内刊物积极刊登有关热泵的译文，对国外热泵产品进行测试与分析，积极参加国际学术交流，对热泵的一些基础知识、应用方式、研究推广的意义有了更进一步的了解，并开展了热泵空调技术应用的可行性研究，并在部分技术上实现了创新。上海市在地下含水层蓄能技术研究方面取得了突破，即将管井储能技术方法应用于夏季空调降温、冷却、洗涤和冬季采暖给温、锅炉用水等方面，在国内外居领先地位。

但这一阶段，我国民用领域的热泵受经济发展因素影响，未有较好发展，主要还是以工业应用为主，应用集中在三个方面：一是干燥去湿（木材干燥、茶叶干燥等），二是蒸汽喷射式热泵在工业中的应用，三是热水型热泵（游泳池、水产养殖池冬季用热泵加热等）。同时，一些国外知名热泵生产厂家开始来中国投资建厂，如美国开利公司是最早来中国投资的外国公司之一，于 1987 年率先在上海成立合资企业。

3.2.5.2 我国地源热泵的起步

20 世纪 90 年代，随着国家经济的快速增长，人民生活水平大幅提高，空调系统在我国得到突飞猛进的发展。我国应用热泵的形式也开始多样化，有空气—空气热泵、空气—水热泵、水—空气热泵和水—水热泵等。在这期间，国内已有不少于300家国有、民营、独资等家用空调厂家，逐步形成我国热泵空调的完整工业体系。据不完全统计，20世纪90年代后期，全国的空调产品中，热泵型占2/3。

中国建筑学会暖通空调委员会、中国制冷学会第五专业委员会主办的全国暖通空调制冷学术年会专门增设了有关热泵的专项研讨，地源热泵概念逐渐出现在更多的科研工作者的视野里并逐步得到重视，水环热泵空调系统也在我国逐步得到推广应用。这一时期是我国浅层地热能开发利用的基础储备期。地源热泵项目从国有投资、中美合作（美方投资并提供技术），到欧洲设备厂商和材料公司进入中国，北京等地区开始建设示范项目。据统计，1999年，全国约有100个项目，2万台地下水热泵机组在运行。20世纪90年代初，我国开始大量生产空气源热泵冷热水机组，90年代中期开发出井地下水热泵冷热水机组，90年代末又开发出现污地下水热泵系统[9,10,11]。

1994年，清华大学成功研制出国内第一台商用的地源热泵机组，并以此技术在山东成立了国内第一家民营的、专门生产热泵设备的厂家，现被美国开利公司收购，成立开利—富尔达公司。该公司带动了国内空调热泵及其相关产品公司的大规模出现，有力支撑了全国浅层地热能的全面推广和应用。

20世纪90年代末，土壤耦合热泵的研究已成为国内浅层地热能行业的热门研究方向，国内的研究方向和内容主要集中在地下换热方面，在国外技术的基础上有所创新，如各种地下埋管换热器热工性能的实验研究；回填材料的研究；地下埋管的铺设形式及管材的研究；大地耦合热泵系统的设计与安装等问题的研究。除此之外，一些高校开展了热泵空调的计算机模拟技术研究、空气源热泵结霜特性的理论与实验研究、地下井水源热泵冷热水机组及水源问题的研究、热泵空调技术在我国应用的可行性研究等。1998年，重庆建筑大学、青岛建工学院、湖南大学、同济大学等大学开始建立地源热泵实验台，对地源热泵技术进行研究。原北京市地质矿产勘查开发局（地勘局）是国内第一家开展浅层地热能研究和开发利用的地勘单位，先后成立了一批专业化的浅层地热能开发队伍，建设了北京空军招待所水源热泵项目等一批商业示范项目，为地勘行业发展拓宽了新路径，也对国内浅层地热能行业发展起到了积极推动作用。

地下热源是开发利用的保障，浅层地热能行业的健康发展离不开对地下资源的掌握和科学利用。20世纪90年代初，地源热泵以地下水源为主，并逐渐开始重视地下含水层结构对出水量和换热的影响，探索回灌技术的应用，出现单井和群井系统的尝试。1998 年，原北京市地勘局率先开展地下水热泵系统试验示范，研究粗颗粒地层回灌及细颗粒地层储能，从简单取水到研究地下水文地质条件，再到总结地质地热问题，分析回灌地质条件的选择、水文地质条件对冷热平衡的影响，在成井工艺和抽灌试验等方面形成了初步的地质经验。这些早期浅层地热能地质学的探索和实践，奠定了后来浅层地热能开发地质理论的基础。

3.2.5.3 早期地源热泵发展存在的问题

地源热泵作为一种新型的制冷供暖方式和系统，虽然在我国的发展势头较好，但作为一个整体的系统来推广应用，初期还是存在以下问题。

（1）盲目照搬，未因地制宜，浅层地热能地质学理论体系未形成

地源热泵技术从美欧引进国内初期，项目建设多以设备匹配角度来考虑建筑供能问题，未考虑浅层地热能的地质资源承载力问题。多数地埋管地源热泵项目不进行热响应实验，而是应用经验值或其他地区的岩土热物性参数代替，而岩土热物性特征随地点的不同而有所差别，一个地区的测试结果可能完全不适用于另一个地区。水源热泵项目不进行地下水抽灌能力测试，甚至“只抽不灌”。有些工程组织者不了解该地区的地下水情况，盲目建地下水源热泵工程，在运行工程中却发现回灌成了大问题，因而造成工程失败。在一些工程中，组织者在设计与应用地源热泵系统时忽视了冷热平衡问题，且缺乏必要的地下监测工作。已建设的地源热泵工程没有建立地下水、岩土的监测系统。地源热泵工程在运行过程中对地质环境的影响一无所知，造成浅层地热能不可持续利用的风险大大增加。这些问题在一定程度上会影响地源热泵的进一步推广。

（2）从业门槛低，项目质量不高

地源热泵技术是跨专业结合的综合技术，需要较高的专业技术水平。而早期进入该行业的企业在此之前多从事机电、机械生产、建筑施工等，技术队伍良莠不齐，缺少专业背景，因此引发了一些问题。地源热泵工程生产、设计、安装与施工队伍中的一些技术人员，对这项技术的认识仍然处于模糊状态。一些非专业的公司承揽地源热泵工程，导致工程质量难以保证。并且，地源热泵工程的运行管理也存在较多问题，地源热泵系统和传统的中央空调系统，以及其他形式的供暖系统有较大的区别，特别是地下水系统，有很严

格的操作流程，但是，部分工程项目由系统集成商运行，或交给工程项目所属单位管理，这些管理人员对地源热泵技术了解甚少，不同程度地影响运行效果。从整体上看，市场不规范，缺乏市场准入制度和科学评价体系，是制约我国地源热泵技术推广工作最主要的因素。

（3）设备自主生产能力不足

早期地源热泵系统所用的机组、管材等设备材料基本依靠国外引进，我国到了 20 世纪 90 年代才有相关的厂家开始研究生产相关设备，加上地埋管的室外系统建设费用高，造成系统建设成本高。所以早期价格较低的水源热泵有更多的应用。虽然地热能是可再生能源，但普通单位用不起，更不用说民用领域，这进一步制约了浅层地热能开发的推广。

（4）标准、规范、政策欠缺，参照依据不足

国内相关标准、政策尚未建立，多数建设企业没有适宜的参考依据，无论是在系统设计、建设、后期运行的工况设置、技术指标、机组效率，还是自动控制、应用指导等方面，都无法做到标准化和系列化。从产业自身的发展来看，完善的地源热泵制造标准和应用规范缺乏，工程施工质量缺少监理；从产业政策看，对地源热泵项目的建设及运营监管不严格。这些都将导致项目运行可靠性差，从而阻碍地源热泵技术的健康发展。

（5）缺少必要的宣传和推广活动

虽然政府支持我国的地源热泵系统技术的推广应用，但由于对节约能源和保护环境的宣传教育不够，强大的公共舆论和社会环境没有形成，社会各方对于使用节能技术和设备缺乏积极性。社会对其认知不足，尤其是业主单位的主要决策人员的认知不足，从而直接影响此项新型能源技术的广泛使用。

3.3 热泵的分类

热泵可以根据不同的标准进行分类，每种分类方式都有其特定的应用场景和优缺点，选择合适的热泵需要根据具体的需求和实际情况进行综合考虑。

3.3.1 根据工作原理分类

根据工作原理，热泵可分为压缩式热泵、吸收式热泵、热电热泵、蒸汽压缩式热泵等。下面主要介绍压缩式热泵、吸收式热泵和热电热泵。

3.3.1.1 压缩式热泵

压缩式热泵的工作原理是利用压缩机对热源进行压缩，使其温度升高，然后通过换热器将热量传递给冷媒，最后通过膨胀阀将冷媒的压力降低，使其重新回到液态，从而完成一个循环过程。

压缩式热泵由压缩机、冷凝器、膨胀阀、蒸发器等组成。压缩机是核心部件，它的作用是将低温热源吸收的热量压缩并升温，使其变成高温高压的蒸汽，接着，高温高压的蒸汽通过冷凝器释放出热量，变成低温高压的液体；然后，低温高压的液体通过膨胀阀降低压力变成低温低压的液体，最后通过蒸发器吸收外界热量变成低温低压的蒸汽，进入下一个循环过程。

压缩式热泵的性能参数主要包括匹数和制热量。匹数指压缩机的额定功率，制热量指热泵单位时间内产生的热量。压缩机的制热系数 COP 是指制热量与匹数之比，比值越大，压缩机运行效率越高。

压缩式热泵在家庭、商业、工业等领域有着广泛的应用：在家庭领域，通过热泵热水器、中央空调等形式，为人们提供舒适的生活环境；在商业领域，通过空调、暖通等形式应用于房地产、酒店、商场等行业的供热、供冷等；在工业领域，应用于染料、化工、制药、食品等行业的供热、供冷等。

压缩式热泵的优点包括节能环保、不产生噪声和废气、使用寿命长、可靠性高。然而，其使用也存在一些局限，如其在极端低温环境下工作需要消耗更多的电能，效率下降。

3.3.1.2 吸收式热泵

吸收式热泵的工作原理是在发生器中充有溴化锂溶液，由于水的沸点较低，在加热时，水便从溴化锂溶液中蒸发出来。蒸发出来的水蒸气进入冷凝器中冷凝成水，经节流阀在蒸发器中蒸发，带走箱内的热量；蒸发出的水汽又被吸收器中的溴化锂溶液吸收，放出热量，再通过溶液泵提升到发生器中加热，再次蒸发，就这样不断循环，实现制冷循环。

吸收式热泵有两种类型，一种是输出热的温度低于驱动热源的第一类热泵，另一种是输出热的温度高于驱动热源的第二类热泵。在吸收式热泵的应用过程中，第一类热泵的性能系数大于1，一般为1.5~2.5；第二类热泵的性能系数小于1，一般为0.4~0.5 两类热泵应用目的不同，工作方式也不同。目前，吸收式热泵使用的工质为 $LiBr-H_2O$ 或 NH_3-H_2O，其输出的最高温度不超过 150 ℃，升温一般为 30～50 ℃。

吸收式热泵既有吸收式制冷机组的优点，也有热泵的优点。它的优点包括：可以回收低温位热能，提高能源的利用率；对环境友好，不会产生任何污染；运行稳定可靠，维护成本低；可以适应各种复杂的环境条件。

吸收式热泵的缺点是热力系数较低，仅为 0.4～2，制冷的效率不高。另外，其设备的体积比压缩式热泵庞大，灵活性较差，难以实现空冷化。

3.3.1.3 热电热泵

热电热泵是一种利用热电效应实现热能从低温热源向高温热源泵送的装置。它主要由热电堆、冷端散热器、热端散热器、电控系统、管路系统等组成。

热电热泵的工作原理是，当热电堆受到热能作用时，热电堆的自由电子和空穴会沿着温度梯度方向扩散，形成电势差，这个电势差驱动电流从热端流向冷端。

热电热泵具有许多优点。首先，它不需要机械传动部分，因此没有磨损和噪声问题；其次，它的响应速度很快，可以在短时间内达到最大输出功率；再次，热电泵的效率比传统机械泵要高得多。

3.3.2 根据技术特点分类

根据技术特点，热泵可分为高温热泵和低温热泵。

3.3.2.1 高温热泵

高温热泵通常能将低品位热源中的热能提升到 65～85 ℃。其核心部件包括压缩机、冷凝器、膨胀阀和蒸发器等。在高温热泵的工作过程中，低品位热源（如空气、水、土壤等）中的热能被吸收到制冷剂中，制冷剂经过压缩机的压缩后变成高温高压的蒸汽，然后经过冷凝器释放出热量，最后通过膨胀阀降压后流入蒸发器，吸收外部的热量，不断循环，从而将低温热源中的热能转移到高温介质中。

3.3.2.2 低温热泵

低温热泵的干燥温度为 10～45 ℃，其工作原理与高温热泵类似，但设计上更适合低温环境。由于低温热泵干燥温度相对较低，时间相对就较长。

高温热泵和低温热泵的区别有几点。第一，也是最重要的一点是适用温度范围不同，高温热泵主要用于高温环境下的供暖、热水供应和工业余热回收等，低温热泵则主要用于家庭供暖、热水供应以及农产品、海产品等食品的烘干；第二，维护和寿命方面，由于高温热泵和低温热泵的工作环境不同，其维护和寿命也存在差异，高温热泵的部件通常需要更高的维护要求，以防止高温对部件造成损害，而低温热泵的部件则相对较耐用；第三，高温热泵的能效比通常比低温热泵高。

3.3.3 根据能源类型分类

根据能源类型，热泵可分为电能驱动热泵、燃气驱动热泵、太阳能驱动热泵、地源热泵、水源热泵等。下面主要介绍电能驱动热泵、燃气驱动热泵、太阳能驱动热泵和水源热泵。

3.3.3.1 电能驱动热泵

电能驱动热泵是一种利用电能作为驱动能源的热泵。

它的工作原理是利用热力学原理，通过电能驱动从低温热源吸收热量，然后通过压缩机和其他部件的作用将热量传递给高温热源。

相较于其他类型的热泵，电能驱动热泵的效能是比较高的，但是需要考虑电能在产生和传输过程中的损失。在电能驱动热泵工作的过程中，没有污染物排放，所以它对环境无影响，是一种环保的热泵。设备维护方面，由于该装置以电能驱动，所以需要考虑电能的稳定供应和设备的寿命问题。这类设备寿命通常较长，可靠性较高。

3.3.3.2 燃气驱动热泵

与电能驱动热泵类似，燃气驱动热泵是一种利用燃气作为驱动能源的热泵。

它通常由燃气发动机、发电机、压缩机、冷凝器、膨胀阀、蒸发器等部件组成，通过燃气驱动发动机和压缩机等部件的运动，实现制冷或制热的循环过程。

相较于其他类型的热泵，燃气驱动热泵的效能是比较高的，但是需要考虑燃气在产生和燃烧过程中会造成的损失。在燃气驱动热泵工作的过程中，会排放二氧化碳和其他污染物，所以它会对环境造成一定影响。设备维护方面，由于该装置以燃气驱动，所以需要考虑燃气的供应和设备的寿命问题。

这类设备寿命通常较长，可靠性较高。

3.3.3.3　太阳能驱动热泵

太阳能驱动热泵是一种利用太阳能作为能源的热泵系统，它通常由太阳能集热器、热泵、冷凝器和膨胀阀等部件组成。

太阳能驱动热泵的工作原理是通过集热器吸收太阳辐射能并将其转化为热能，通过蒸发器将热能吸收并压缩，然后通过冷凝器将热量释放到冷水中，最终产生可用于生活热水或采暖的热水。

相较于其他类型的热泵，太阳能驱动热泵的效能不太稳定，主要取决于太阳光照的强度和时间，通常在晴朗的天气下能效较高，在阴天或夜晚能效较低。适用场景方面，太阳能驱动热泵有一定限制，一般适用于有充足太阳光照的场所，如屋顶等。太阳能驱动热泵利用太阳能这类可再生能源，减少了对传统能源的依赖，同时降低了二氧化碳等温室气体的排放，对环境没有影响，是一类环境友好型热泵。太阳能驱动热泵还可以实现全天候的供热，无论天气如何变化，都可以稳定地提供热水或采暖服务。设备维护方面，需要考虑设备的防晒和防尘问题。与其他类型热泵相比，这类设备寿命通常较短，受天气影响较大。

3.3.3.4　水源热泵

水源热泵是一种以地球表面浅层地热资源（如地下水、地表水等）作为热源，通过热泵系统将低位热能转化为高位热能的装置。

与地源热泵相似，水源热泵的工作原理是利用地球表面浅层水资源作为热源，通过热泵系统吸收低位热能并压缩，将热量传递给高温热源，实现制冷或制热的循环过程。

相较于其他类型的热泵，水源热泵的效能较高，但需要考虑水源的温度和波动。适用场景方面，地源热泵适用于有适宜的水源条件的场所，如靠近河流、湖泊的区域。水源热泵对环境影响较小，但需要考虑水源的保护和修复问题。设备维护方面，水源热泵的机械部件少，维护成本低，使用寿命长。

3.3.4　根据规模和用途分类

根据规模和用途，热泵可分为家用热泵、小型商用热泵、大中型商用热泵、工业用热泵等。

3.3.4.1 家用热泵

家用热泵通常用于家庭住宅，提供热水和采暖。它们通常采用简单的空调系统，以适应不同的使用需求。家用热泵通常需要考虑家庭使用的便利性和舒适性，需要具备恒温和节能功能。家用空调系统又可分为冷、热水系统和空调风系统。

冷、热水系统的室外机为小型空气—水热泵机组，制备空调冷（热）水通过空调管路系统输送至室内的各末端装置（风机盘管）。风机盘管采取就地回风的方式与室内空气进行热交换，以此实现空气处理。室内温度可由设于每台风机盘管回水支管上，与各房间室内温度传感器连锁的电动三通阀调节，亦可由风机盘管三速开关调节。该系统的优点是控制较为简便，能满足各房间独立控制调节的要求，较为节能；同时由于该管道系统为水系统，与风管式系统相比，对建筑层高要求不高。末端装置风机盘管机组体型小，形式多样，布置和安装方便，运转噪声较小，室内环境安静。但该系统存在的缺点是水路系统进入室内较为复杂，安装运行不慎及冷凝水排放都容易引起吊顶漏水，破坏室内装潢；并且冷凝水盘管可能滋生细菌，对居住人员的身体健康有影响；维护工作较难进行；新风交换较为困难，室内空气品质相对较差。该系统初始投资成本适中，运行费用较低，在别墅和高层公寓均可采用。

空调风系统主要利用空气循环调节室内的空气，风管式室内机与室外机通过冷媒管连接，通过风管式室内机的风扇将室内的空气吸入机组内，在机组内冷却与加热后，再通过风管把处理好的空气送入房间，以此达到调节室内温度、湿度及空气质量的目的。空调风系统主要由室内机（包括风扇、蒸发器、过滤器等）、室外机（包括压缩机、冷凝器、扇叶等）、风管系统、控制系统、过滤器组成。空调风系统的优点是初期投资小，比较节省成本，能在高温或寒冷的季节快速提供舒适的环境，相对于水系统，风系统空调不需要冷却塔等多种辅助设备，因此安装比较方便且灵活。缺点是噪声相对于冷热水系统来说比较大，热交换效率比较低，连接的风管走向不是很灵活，不易与装潢相配合，运行成本比较高。

3.3.4.2 小型商用热泵

小型商用热泵适用于中小型公共场所，如饭店、学校、医院、游泳馆、健身房等，可以提供热水、采暖和制冷。商用热泵需要考虑商业场所的使用需求和成本效益，需要具备高效、稳定和可靠的性能。

小型商用热泵主要由压缩机、冷凝器、蒸发器和膨胀阀等组成。此外，还配有水箱、水泵和控制系统等辅助部件，以实现更为复杂的功能和控制。

3.3.4.3 大中型商用热泵

大中型商用热泵适用于大规模的公共场所，如商场、办公楼、酒店、医院等。

大中型商用热泵由一台主机和多台室内机组成，通过管道将空气输送到各个房间。大中型商用热泵可以提供冷暖空气，并且能调节室内温度和湿度，使室内环境更加舒适。

大中型商用热泵能够精准控制室内温度和湿度，提供更加舒适的环境；能够高效地利用能源，相比传统空调更加节能环保；其室内机可以隐藏在吊顶内部，不破坏室内装修，同时室外机也可以安装在隐蔽的位置，不影响建筑物的外观；同时，室外机一般安装在远离卧室的阳台上，噪声相对较小。

大中型商用热泵也存在一些缺点。它的初始投资相比传统空调要高一些；它的安装过程相对复杂，需要专业的团队进行安装；它的维护成本相对较高，需要定期对整个系统进行维护和保养。

3.3.4.4 工业用热泵

工业用热泵则适用于大型工业场所，如化工、纺织、食品加工等行业，可以提供大量的热水和大面积的制冷，通常需要考虑工业生产的需求和安全性，需要具备高效率、高稳定性和高可靠性的系统。

3.3.5 根据使用场景分类

根据使用场景，热泵可分为空间供暖热泵、地板采暖热泵、泳池加热热泵、数据中心冷却热泵等。

3.3.5.1 空间供暖热泵

空间供暖热泵是最常见的热泵类型，人们日常生活中绝大部分场景采用的都是空间供暖热泵，它就是我们俗称的“暖气”。

3.3.5.2 地板采暖热泵

地板采暖热泵是另一种非常常见的热泵类型，目前许多新建建筑倾向于使用地板采暖热泵。它是一种以地热能为主要能源的供暖设备，它可以将低品位热能转化为高品位热能，提供室内供暖。

地板采暖热泵采用底部送风的方式，即热风从房间底部吹出，然后沿着地板在房间内流动，缓慢上升，最终达到室内均匀加热的目的。相比空调的顶部送风方式，这种加热方式更加舒适，不会让人感到干燥和闷热。

地板采暖热泵利用低品位热能作为能源，而不是将电能转化为热能，因此其功耗极低，仅为传统电加热方式的25%左右。同时，它还可以通过地暖、风机盘管等加热终端为室内加热，相比传统的暖气片和空调等加热方式更加节能。

地板采暖热泵采用低温热水供暖，对人体没有危害，可以减少使用者患关节炎的风险。它还可以提高室内温度的稳定性，避免温度波动对人体造成影响。同时，它的室内管道隐藏在地板下或墙内，不影响室内的美观和装修风格。

3.3.5.3 泳池加热热泵

泳池加热热泵在工作时，蒸发器中的制冷剂吸收泳池水表面的蒸发潜热，同时吸收空气中的热能。制冷剂吸收热能后变成高温高压的气体，然后经过压缩机压缩成高温高压的液体。这个液体再通过冷凝器，将热量传递给泳池水，从而加热泳池水。同时，制冷剂变成低温低压的液体，经过膨胀阀后变成低温低压的气体，继续循环吸收热能。泳池加热热泵通过这样的循环过程，不断吸收空气中的热能，并传递给泳池水，从而实现对泳池水的加热。

3.3.5.4 数据中心冷却热泵

数据中心冷却热泵是一种专门用于数据中心冷却的设备，它采用热泵原理，通过吸收和释放热量，将数据中心内的热量排出，保持数据中心的稳定运行。

3.4 地埋管热泵的模型建立

3.4.1 浅层地热能三维地质模型概述

城市本身是构建于地质体之上的，智慧城市的建设自然也无法离开对其产生支撑作用的地质体的研究，无论是浅层地热能开发还是中深层地热能开发，智慧城市的建设都不能离开对地质资源和地质环境的调查、监测工作而独立运行。因此，有必要将多年连续调查、监测的浅层地热能数据通过先进的信息化技术转化为高精度、高标准、多时相的三维地质模型，这样可以更好地服务于浅层地热能资源的开发和管理，服务于智慧城市的规划和建设。

针对浅层地热能三维地质模型而言，其建设目标主要有两个，一是进行三维可视化表达，就是通过剖切、导览等方式对三维模型进行多角度展示，这也是现在绝大多数三维地质模型的目标，但是这种模型不能直接应用于工程建设当中，其作用仅限于“可视化”，所以这不是未来的发展趋势；二是空间数据场的计算能力，包括建立各种地质结构模型约束下的属性模型，甚至进行有限元剖分从而进行地应力的计算，这是构建浅层地热能地质三维模型的主要趋势，但是当前技术层面仍不成熟，还需要一定的时间。

浅层地热能三维地质模型具有较为广阔的应用领域，其所服务的基础地质、水文地质、地热地质、工程地质等，在国民经济中起到了重要的基础性作用。与地表城市建设、地下管线建设和地下空间资源开发利用相关的各个领域都可以依托于三维地质模型、三维属性模型来提高其研究水平和多时相、多演化程度的表达能力。在日常的浅层地热能技术管理过程中所采用的常规地质信息都是以二维的图件、曲线、表格作为载体，但是地质信息本身就是三维的，将其二维化的过程中，必将造成数据精度的损失。如在二维图件中的深大断裂等地质构造，仅能直观地表达出其走向，其倾向和倾角都是依靠在活动断裂上的标注来表达，不能反映出断层两盘的真实情况；而在三维地质模型中，活动断裂在空间上的展布状态便清晰可见。因此，地质信息需要三维来进行表达。

浅层地热能三维地质模型的服务对象主要包括工程技术人员、浅层地热能管理者、换热工程技术人员、社会公众等。对于管理者和工程技术人员而言，浅层地热能的三维地质模型、初始地温场模型、响应地温场模型、换热贡献率模型可以对项目所在区域的地温场环境进行有效的刻画和精确的模拟，使之更为准确、客观，可视化地解决浅层地热能资源在开发时遇到的各类问题，如开采策略、开采计划、开采能力、开采周期、峰值调节等，凸显出了小区域、大比例尺三维地质模型的优势。另外，由于浅层地热能三维地质模型早已与地表建筑、地下管线、道路交通、地铁设施等智慧城市相关设施相融合，因此可以为交通道路规划、地铁选线、城市规划选址等提供科学、可靠的数据支撑。最后，对于社会公众而言，浅层地热能相关的模型建设可以将各类换热设备、管道设备、末端设备、地埋管设备等与浅层地热能开发息息相关的多源异构数据进行“可视化”集成，这将便于社会公众直观、便捷、快速地了解浅层地热能开采过程，促进地质科普知识的传播。

3.4.2 三维地质模型发展概述

欧洲对三维地学可视化研究起步较早，英国，法国，德国的相关建模技术是相对比较成熟的。从各国地质调查局整体部署来看，在地质三维建模技术的发展和应用方面，英国是最具完整性和系统性的，英国将不同时期、不同比例尺建立的基岩三维地质模型进行了融合处理，从而形成了英国国家地质模型。德国在萨克森—安哈尔特州地区，建立了面积超过 100 平方千米的三维地质模型，其建模方法为基于剖面的地质建模法，采用 3D - GIS 等先进的建模技术，将全部三维地质模型都通过统一的软件进行展示、分析、集成、评价。德国波茨坦大学开发一个三维虚拟现实系统 CAVE，CAVE 是一种基于投影的沉浸式虚拟现实设备，分辨率高，沉浸感强，交互性好，可以产生一个被三维立体投影包围的虚拟环境。东南亚的部分区域采用了基于栅格场的隐式地质界面耦合建模方法，这是一种矢栅一体化的建模方法，将矢量的地质模型通过统一的栅格场进行整合，让矢量地质模型具有了连续性特征。

我国的三维地质模型建设起步于 20 世纪 90 年代，建模平台在同一时期也有了迅速发展，形成了武汉中地、网格天地、超维创想、睿城传奇等多个软件平台，每个平台均有其不同的特点和适用性。武汉中地的 MapGIS 平台是国内最为悠久的地质建模平台，可以实现钻孔建模法、剖面建模法、矢栅一体化建模法、结构属性一体化建模法等，同时可以将模型在统一的平台中进行有效的集成。网格天地自主研发了深探地学建模软件、大工区整体建模平台与透明地球系统，被广泛应用于地球科学相关行业，如石油勘探与开发、城市地质调查、基础地质调查、矿产勘探与开发、地质灾害预警与治理等。超维创想研发的地质大数据平台是利用物联网、云计算、大数据技术，实现资源的统一汇聚、互联互通，平台可以为业务单位实现地质信息服务的聚合，数据资源的深度挖掘，为政府部门和社会提供全方位、多层次的地理信息服务。睿城传奇建立了企业级的 3D GIS 平台，可以为政府提供三维数据服务、综合管理服务、三维规划辅助决策等。福州市对于知识驱动的多尺度三维地质体建模进行了深入的研究，通过对研究区域进行盆地分析和古沉积环境分析，摸清了时代内沉积相和沉积微相的空间分布，同时建立了多源、多类数据的融合方法，使钻孔、剖面、沉积相区划边界等不同来源、不同类型的数据有效地融合在一起。

3.4.3 三维地质模型建设集成存在的主要问题

3.4.3.1 建设中存在的主要问题

虽然国内外开发出了如此多的三维地质模型的建设方法和软硬件平台，但依旧存在很多的关键技术问题有待解决，这些问题的存在较大程度地制约了三维地质模型在浅层地热能领域的应用，也必将会影响其在数字孪生平台中的进一步拓展和应用。

第一，钻探资料的命名杂乱无章，无标准可言。无论是北京还是其他城市，多年以来都积累了丰富的地质资料，但由于其钻孔产生年代、施工单位、编录员技术水平、钻孔深度、地层岩性划分标准都不一样，大大影响到钻孔的集成应用程度。以北京市地质矿产勘查院为例，从2000年开始，其在北京市的平原和山地多次、多方建立了多组三维地质模型，如平原区第四系三维地质模型、新生界三维地质模型、基岩地质模型、工程层地质模型、地下空间地质模型等，这些三维地质模型在建模过程中均采用独立的建模标准，其岩土体概化的标准和方法具有很大的主观性，因此必将造成多组三维地质模型之间无法进行数据融合和模型的集成，自然就无法形成资源合力，为国土空间规划和自然资源管理提供强有力的支撑。而钻孔岩性的概化和地质剖面的绘制则较强地依托地质专家的个人能力和技术水平，不同专家、不同单位、不同建设目标、不同时间所绘制出的地质剖面可能呈现出巨大的差异性，这将直接影响到地质剖面的复用性。

第二，建模流程复杂，造成专业技术人员需要大量培训才能掌握整个建模流程。建模流程自身的复杂性、多源异构钻孔资料的多样性、建模软件操作的烦琐性，造成使用软件建模需要大量的培训，建模的总体进程也需要反复摸索，容易造成“推倒重来”的现象发生。同时，鉴于复杂的建模操作方法，很多建模单位更倾向于将原始数据整理好后，让软件厂商进行建模，这种建模流程已经违反了地质模型的建设初衷，因为软件厂商不是地质专家，无法通过专业的地质知识建立正确的模型。

第三，由于建模软件对于建模数据较为挑剔，所以前期数据的准备需要耗费很长的时间和很多的精力。前期的数据准备工作包括但不限于钻孔资料的整理、标准化处理、分层解译、分层概化等过程，地质剖面数据也需要重新进行解译、匹配、套合，这些工序完成后，其数据大概率还存在一些微小的瑕疵，这些将导致建模软件频繁报错，而又很难精确地找出出错的具体位置，这就需要大量的人力、物力进行排查。

第四，当前三维地质模型无论是模型建设方法还是软硬件平台都没有统一的标准。这将造成不同地区、不同平台、不同项目、不同时期建设的三维地质模型根本无法集成，更无法实现基于三维地质模型的信息资源融合。由于三维地质模型成果的空间复杂性远高于普通的空间地质图，因此模型进行数据交换变得非常困难。另外，由于三维地质模型属于矢量化的结构模型，其在物理场表达方面也无能为力，更无法与地温场模型、力学模型、溶质运移模型进行有效的集成。

第五，当前三维地质模型所使用的数据都是历史调查监测成果，无法将最新的监测数据直接接入。未来的三维模型应具备物联网的实时接入能力，如根据地面沉降、地下水动态、浅层地温能等地质资源和地质环境物联网数据，就可以在三维场景中对监测井、监测点的真实状态进行浏览，同时可以对监测数据进行曲线拟合，甚至可以对历年的地面沉降演化趋势进行三维模拟，从而将静态的三维模型转化为动态，让三维模型更加有活力。

第六，当前尚未形成大数据多源异构集成的建模能力。因此，未来三维地质建模软件应引入大数据的存储、处理、分析技术，以及云计算、多维时空数据挖掘等 IT 主流技术，让三维模型变成一个可以挖掘的大数据平台，可以将各类监测数据、成果图件都集成在真实的三维场景中，真正实现基于三维的地质“一张图”。

上述列举的这些问题都是目前三维地质模型在模型建设、模型集成、模型利用、模型共享过程中普遍存在的，其中有一些问题可以通过软硬件平台的优化得到解决，如共享交换格式、模型集成格式、模型交换格式；但有一些问题不会伴随软硬件水平的提升而解决，如钻孔岩性的概化方法、地质剖面的制作方法，这些都需要大量的人工参与才能完成，因为任何离开专业技术人员参与的三维建模工作都是不准确的。因此，下阶段的主要任务就是在三维地质模型建模软件性能提升的基础上，能够让人工更多、更容易、更便捷地参与到模型的建设之中，而非研发某种全自动建模的技术方法。

3.4.3.2 模型集成的现状和存在的问题

(1) 地表模型现状

城市地表三维模型是对城市建筑物、地形、道路、植被、基础设施和景观等城市地物的三维几何表达。构建三维城市模型，目前主流方法有基于多视图点云的自动建模、基于 LiDAR 点云的三维重建、基于矢量数据的参数化建模，以及多源数据融合的建模技术等，并出现了许多建模平台，诸如 3DMAX、CityEngine、Skyline、SketchUp、Pix4D、睿城传奇等。在大规模的城市三维构建方面，倾斜摄影测量技术已成为主流，并形成了倾斜摄影与LiDAR 点云相结合的高精度城市三维实景建模技术，以及倾斜摄影与地面采集技术相结合的、用于改善倾斜角度大和遮挡等带来的几何和纹理缺陷的建模技术。城市三维建模需求的深入，对三维模型在查询、统计、规划、更新等方面提出了更高的要求，形成了单体三维模型技术，该技术针对三维模型中每个单独管理的对象，都建立一个单独的实体，并附加独有属性，以支持查询、统计等多样化管理。目前多个城市都开始了单体模型的建设，部分核心区域的一个摄像头、一块地砖都是一个单体三维模型。虽然数据采集手段以及三维建模技术日新月异，但是当前城市建模仍然存在着局限性，主要体现在完整数据获取的局限性和全自动建模解决方案的局限性上。

(2) 地下管线模型现状

地下管网三维空间数据模型是一种基于矢量的面元模型，主要是以管线段和管点的几何实体来描述现实世界。目前的研究方向基本上是基于管网的二维数据自动化实现三维表面建模，实现技术可分为组件类技术和数学类技术。组件类技术主要的做法是将管点和管线段分开构模，管线段模型采用已封装在软件平台中的函数库来创建圆柱体、长方体等几何体表达，管点则调用单独制作的模型库，代表的 GIS 软件平台包括 ArcGIS、MapGIS、SuperMap、睿城传奇等。数学类技术主要是利用 OpenGL、Java3D、Direct3D 等进行二次开发，进行管网拟合构模，其方法也大都是将管线中的管点和管线段分开构模，再进行衔接以满足整条管线的表面连续性。目前地下管线三维模型的问题主要体现在，大部分的三维管网还仅注重对象本身的可视化表达，对各对象之间的语义表达、关系表达还不够完善，数据的更新都是采用定期全量更新的模式，费时费力，且无法满足管网应急抢险的要求。

（3）城市地质模型现状

城市地质模型主要是指对地质体的三维结构的表达，包括基岩、第四系、工程地质和水文地质三维模型等。不同于城市地表模型，由于人们对于地质体信息获取的不完备，城市地质模型建模时需要利用多源的数据以及多方法协同的方式进行建模，包括基于钻孔的建模方法、基于层位标定的建模方法、基于交叉折剖面的建模方法和基于网状含拓扑剖面的建模方法等。除了在钻孔信息丰富和地质情况简单的情况下可以利用钻孔信息进行自动化建模外，大部分情况下要充分利用物化探资料、钻探资料、剖面图、地形图、地质图、等厚图、断裂信息等进行半自动的人工建模。目前国内外已经有多个成熟的建模平台，包括法国的 GOCAD、美国的 Petrel、加拿大的 LYNX Micro Lynx 以及国内的 MapGIS K9、Creatar 等。从地质模型的应用来讲，地质模型多采用八叉树、三棱柱等体元模型的数据结构，来实现可视化、剖切、开挖分析、扩散分析等功能，但是离基于三维模型的空间决策分析、规划应用等尚有一定距离。而且地质体建模仍旧存在一些难点亟待解决，包括模型的局部更新、复杂地质体的刻画，以及由于地下信息获取的限制而造成的模型精度问题，不过，随着技术手段的不断提升，以及与建筑、交通、水利等部门数据的共享协同，地质模型的建设质量将逐步提升。

（4）集成现状及存在的问题

城市三维模型、地下管线三维模型和地质三维模型，从各自模型不同的专业领域的集成和模型间的集成角度来讲，都存在着由于专业性强及缺乏统一的建模和编码标准，导致三维模型数据格式互不兼容和不同领域间共享困难的问题。以城市模型、地下管线模型与建筑信息模型（BIM）的集成为例，由于 BIM 技术构建的建筑物三维模型精细程度高，BIM 模型可以成为三维城市模型中建筑物数据更新的重要数据来源，BIM 模型中的管线信息也是管线模型的重要组成部分，因此 BIM 与其他模型的集成一直是一个重要的研究课题。然而，由于应用领域不同，模型之间采用了不同的数据标准，即便统一了数据格式，也很难达到信息的等值转换。从地下三维模型的集成角度来看，研究者们将地下的三维模型建设分为四大类，包括地层、地质、地下构筑物和地下管线，由于这四大类所包含的各种实体对象在空间特征、性质形态和数据获取手段上都有着很大的不同，且数据尚处于条块分割、分散管理的状态，因此目前尚未实现将地下所有对象进行统一集成的先例。城市三维模型与地质三维模型之间的集成也一直是研究的热点，但是集成过程中需要处理相交、穿插、重叠、缝隙等空间拓扑问题，人工参与判断处理的工作量较大，因此很多学者只进行了小范围的试验研究，尚无自动化的解决方案，难以进行大范围推广。北京市测绘设计研究院采用了一种视觉跟踪的算法来实现城市模型与地下管线模型的集成，但是也只实现了视觉效果，而非真正意义上的物理集成。也有研究者提出建立标准化的地上、地下一体化的数据模型，虽然标准化是解决模型集成的有效手段，但是需要对城市三维模型、地下管线三维模型和地质三维模型全部“推倒重建”，需要耗费大量的人力、物力，也是对已建成模型的浪费。因此，当前阶段距离建成地上、地下一体化模型，支撑智慧城市的规划管理应用尚有一定距离。主要问题归纳如下。

①对已建成的城市模型、地下管线模型和地质模型进行集成，存在着由于平台、格式、数据结构、坐标、数据精度等不统一造成的集成困难，若以统一的标准进行模型“推倒重建”，则造成极大的资源浪费；

②如果将城市模型、地下管线模型和地质模型经过标准化处理后置于同一场景中，将会产生大量的空间拓扑错误，如地质体穿插和建筑物悬空等，处理需要大量的人力、物力；

③地表建筑物、道路及其他构筑物的地下部分的资料难以获得，无法准确地对地基部分进行三维模型的构建；

④河流、湖泊等小型水体没有经过精确的测绘，不能精确确定衔接面；

⑤各模型创建的时间不同，尤其地质模型不会因地上局部工程的建设而进行重建，因此地上、地下模型存在因时态不同而造成的衔接问题。

3.4.4　浅层地热能三维地质模型的建设方法

浅层地热能领域的三维地质模型建设方法与其他大区域复杂地质体建模方法有很大的不同，主要是因为其建模范围普遍较小，一般不超过 0.1 km^2。因此，在诸多的地质模型建模方法中，主要采用普通钻孔建模法、钻孔标注层次建模法、基于拓扑的折剖面建模法、基于网络拓扑的剖面建模法、基于多源异构的地质体建模法和多理论场结合的建模方法。浅层地热能三维地质模型的建模流程主要包括数据准备、模型建设、模型检验和模型综合利用四个阶段，以下将对数据准备和模型建设两个阶段进行介绍。

3.4.4.1 数据准备

数据准备工作主要是收集、整理各类地质钻孔，包括水文地质、工程地质、地热地质等，并对这些钻探资料进行标准化处理。由于这些不同年代、不同施工单位、不同类型的钻孔分散在不同物理介质上，且具有不同的数据格式，因此第一步就需要将这些分散的地质钻孔进行整合，并按照统一的岩土分类标准、统一的概化方式、统一的分层解译标志对其进行概化处理，从而形成具有统一标准的地质钻孔，以备建立标准地层使用。由于浅层地热能仅对地表以下数百米的热能进行开发，因此钻孔资料在收集时要以地下 200 m 以内为主要目标，辅之以收集附近区域的水文地质、基岩地质钻孔的资料。

第二步，在全部钻孔中遴选出基准钻孔。本项工作就是在收集、整理出的诸多地质钻孔中，在浅层地热能项目建设区内部，均匀地选取经过全孔取芯、物探测井、古地磁采样测试、孢粉分析的标准钻孔，让这样的基准钻孔形成三维地质模型的骨架，也作为未来建立区域交叉剖面的基础。

第三步，建立基准联合剖面。第一，应从宏观的视野掌握区域地质情况，特别是了解第四纪冲洪积扇的分布、形态、迁移、叠置关系，以及古河道的分布及变迁等情况，掌握第四纪沉积物的分布和变化规律。第二，利用电测深和测井数据，这些数据可显示不同深度沉积物的粒度和横向变化趋势，是孔与孔之间地层连接的重要参考依据。第三，参考古河道法，就是通过遥感、物探、钻探等资料事先掌握古河道的分布等情况，比如沿古河道走向分布的砂砾石可以相连。第四，参考冲积扇法，由于沉积物的粒度从冲积扇的扇顶、扇中到扇缘由粗变细，呈有规律的由粗到细分布，因此应根据钻孔所在冲积扇的相互位置判断钻孔间地层的连接方式。第五，可以根据钻孔从下到上沉积物粒度的多次韵律性变化，来推导附近地层第四系沉积物的变化规律。第六，除了一些常用的剖面图编绘方法之外，将上述几种方法综合应用，才能有好的效果，在编绘剖面图的同时还要考虑相邻剖面的连接问题，因此要不断实践总结经验。综上所述，联合剖面的绘制非常依赖于专家的经验，所以无论采取何种建模方法，离开了地质专家的宏观掌控，模型是无法准确地建设。

最后，将准备好的基准剖面、联合剖面、拓扑剖面和其他包括 DEM、地质图、构造图、断裂信息等在内的多源数据按照标准化的格式统一进行预处理和规范化整理，为后期的三维模型建设奠定基础。

3.4.4.2 模型建设

在上述数据准备的基础上，下一步便可以根据浅层地热能项目建设范围有针对性地进行三维模型的建设。适用于浅层地热能领域的大比例尺、小区域三维地质模型的建设方法包括普通钻孔建模法、钻孔标注层次建模法、基于拓扑的折剖面建模法、基于网络拓扑的剖面建模法、基于多源异构的地质体建模法和多理论场结合的建模方法等。这些方法在浅层地热能建模过程中的适用性不一样，不同的项目可以采用相应的建模方法。

普通钻孔建模法是最为普遍采用的地质建模法，其主要是通过在项目区均匀部署地质钻孔，然后根据钻孔的分层岩性直接进行建模的方法，本方法的优点是建模流程简单、建模数据单一，适用于无法获取到其他物化探成果的简单地层建模，无法适用于大区域、小比例尺、地层复杂区域的建模工作。钻孔标注层次建模法是在普通钻孔建模法的基础上，针对钻孔的每个概化层位进行矢量标注，并对矢量标注信息进行规化处理，从而在较少人工参与的条件下形成标准剖面，进而形成精度较高的三维地质模型，本方法较普通钻孔建模法，提高了基于剖面的建模精度，适用于大比例尺、小区域的中等精度建模工作，同样也不适用于大区域、小比例尺、高精度的三维地质模型建模工作。基于拓扑的折剖面建模法是使用基准钻孔生成基准剖面，并对基准剖面加注矢量信息，从而形成具有矢量特征的地质剖面，然后遍历整个矢量地质剖面，形成地质体。基于多源异构的地质体建模法主要是通过钻孔柱状图、物探剖面、断裂构造信息、人工标注信息等多源异构地质数据进行建模的方法，本方法将可用的多源异构数据全部加以合理利用，扩大了数据利用的范围，适用于小比例尺、大区域、高精度的三维地质模型建设。多理论场结合的建模方法主要是通过将地质结构场、力学场、温度场、演化场等全部的场源进行集成，形成统一的结构物理场的模型，这是未来三维地质模型的发展趋势。

模型建设完成后需要对模型进行验证和应用。模型评价一般是使用独立的、未参与计算的其他物化钻探资料，对地层模型的建模精度进行校验，并对误差产生的原因和大小进行分析。模型的应用主要包括集成、分析评价和预警预报三个方面。只有建好的三维模型能够应用，实现对区域地质资源环境承载能力的评价和预警，才能产生最大的社会效益。

3.4.4.3 三维地质模型建设方法的比较

（1）基于钻孔类的建模方法

基于钻孔类的建模方法一般是通过对钻孔坐标和分层数据进行解译，来快速建立起地质层位的方法。其建模流程一般分为五个步骤。第一，选择参与建模的钻孔数据集，一般由钻孔相关的基本表、测斜表、分层表和样品表组成；第二，进行钻孔解译，人工交互确定地层自上而下的层序；第三，水平自动分区，确定每层的分布范围，此步骤用户可以交互调整；第四，生成主层面，根据解译结果和分区情况自动插值生成；第五，自动成体，并将地质体保存到选择的数据集中。本方法自动化程度极高，可用于大规模钻孔的快速建模，但本方法的交互程度低，一般只适用于简单的工程类模型，无法处理断层或倒转褶皱等复杂地质现象。

在一般钻孔建模的基础上，为解决钻孔解译方法效率低、易出错等现象，提出了基于层位标定的快速解译方法。本方法可以辅助钻孔解译者实现快速、相对准确的钻孔解译，一定程度上，克服了传统钻孔建模方法中钻孔解译难度大、效率低的问题，其优点还包括可以通过建立虚拟层面来处理多值问题，可以对地层尖灭等地质现象进行很好的表达，建模过程中采用交互式操作，可以对建模进行人工调整。

但是钻孔类的建模方法有其共同的缺陷；第一，不适合构建交互关系复杂的地质体；第二，无法解决“透镜体”和“螺旋体”地质现象；第三，钻孔资料获取的难度较高，成本较大；第四，无法利用地质剖面图、物化探等现有资料；第五，不支持断层系统的建模。

（2）基于剖面的建模方法

基于剖面类的建模方法顾名思义就是以区域联合剖面为基础，结合区域物化探信息、钻探资料等进行建模的方法，此类方法前期，联合剖面数据的准备比较费时费力，而且需要大量的专家介入工作，但后期进行建模的自动化程度较高。

在浅层地热能领域应用比较多的是基于拓扑的折剖面建模方法和基于网络拓扑的剖面建模方法。基于拓扑的折剖面建模方法是通过引入剖面中空间要素之间的拓扑关系来生成基于边界表达的三维地质模型的方法。这个方法的优点是建模全流程的人工干预较少，并适用于建设大多数大区域、小比例尺、高精度的地质模型。基于网络拓扑的剖面建模方法和基于拓扑的折剖面的建模方法的主体思想一致，都是通过引入剖面中空间要素之间的拓扑关系来生成基于边界表达的三维地质模型的方法，本方法主要是通过建立多剖面间的网状结构，来实现精细模型的构建。

（3）基于多源数据交互的建模方法

基于多源数据交互的地质体建模方法，是将钻孔信息、物探剖面、化探剖面、钻探测井信息、人工标注信息、地震信息和专家经验等全部集成至模型，从而形成多源异构的地质模型的过程。本方法在北京全市基岩三维地质模型建设过程中有了多项应用，如将断层作为复杂地质体建模控制性骨架，并将复杂褶皱、透镜体、岩体等嵌入地质模型中，从而形成合理的复杂地质体模型。

（4）基于多场耦合的建模方法

由于浅层地热能三维地质模型需要对工程地质体的几何形态、拓扑关系和内部属性信息进行完整、统一的描述和分析，因此需要使用矢量模型和体元模型相结合的三维混合数据模型来对地质空间进行映射、表达。

具体而言，首先应用三维几何建模技术建立一个以主要地质界面为主的地质结构框架模型，然后将地质空间离散化为体元网格，在地质结构框架的约束下对地质属性参数场进行内插外推，生成一个初始的耦合模型，在初始耦合模型的基础上，结合地质专家的知识、经验以及各种定性、定量的地质数据，选用合适的构模方法及控制参数，对地质结构框架模型进行局部细化和调整，通过不断的迭代和修正操作来逐步求精，从而得到较为真实可信的初始地温场模型、响应地温场模型和换热贡献率模型。

本方法的优点包括实现了结构场和属性场的耦合，可以用于工程地质计算，可以进一步实现基于大数据的空间数据挖掘；缺点包括地质属性参数场三维重构方法有待完善，以及多场耦合模型生成机制有待完善。

3.5 国内外热泵技术的发展现状

热泵技术的发展与应用越来越受到各国研究人员的重视，我们有必要了解热泵技术的当前发展现状，掌握其动态和研究热点，从而准确地把握热泵技术的发展趋势和关键科学技术问题。国内外很多学者对热泵技术及其应用进行了综述，但完整性和系统性不足，缺乏定量研究，因此，本节利用 VOSviewer 软件统计了国内外近 5 年（2019—2023 年）热泵技术相关文献的基本信息（国家、机构、作者和关键词等），进行关联性分析，梳理研究脉络，定量评估领域整体研究水平，展示近期研究热点和研究趋势。

3.5.1 信息来源与数据获取

（1）数据来源及检索方式

本研究基于 web of science 核心集的内容，在保证查全率和查准率方面，选择“TS =（heat pump * OR heat pump system）AND TS = technology”，文献类型选择“Article”进行检索，出版日期选择“最近 5 年”。经过上述检索方法，最后共检索到了 2437 条记录，检索时间为 2023 年 9 月 19 日。

（2）数据清洗和处理

下载的数据有可能会重复，也有可能不规范，需要进行进一步的清洗。软件提供了数据清洗的功能，对于下载的数据进行过滤和除重。之后对文献进行了初步筛查，通过阅读文献标题和摘要，排除新闻类、会议类文献等非研究文献。初步筛查后下载文献，最终纳入文献 2351 篇。

（3）数据规范化

本研究发现文献关键词、机构名称中存在很多近义词及自由词，对关键词的共现分析及聚类造成一定程度的影响，导致图谱绘制结果不准确。因此，在数据分析之前，先对关键词、机构名称等进行了规范化处理。例如 ground source heat pump，ground - source heat pump，geothermal heat pump 等统一合并为 ground source heat pump；geothermal energy，geothermal power 等统一合并为 geothermal power；学校、科研机构等机构名称表述不统一的，统一只写到单位一级名称。

（4）数据导出

对处理好的 2351 条记录进行下载，根据 VOSviewer 要求的 RIS 格式，点击“保存为 RIS 格式”，之后在弹出的对话框“发送到文件”中选择“记录：X_1 至 X_n”“记录内容：全记录与引用的参考文献”“文件格式：纯文本”。

3.5.2 热泵技术研究进展的可视化图谱分析

基于文献计量学对热泵技术的相关文献进行可视化图谱分析，主要包括一般情况分析、作者、机构及关键词共现分析、聚类分析。

3.5.2.1 一般情况分析

一般情况分析主要包括文献发表年份、作者所在国家、作者所在机构等，发文年份及文献发文数量代表着特定时间段内该领域研究的热度，通过对热泵技术相关文献的统计分析，可了解该领域的发展脉络及研究重视程度。

（1）发文年份分析

发文年份分析主要是为了对热泵技术相关学术论文的年度分布获得大致的了解，观察热泵技术相关文献近5年的增长变化情况，有助于理解该技术领域的发展状况。对2351篇文献进行年份分布统计后发现，最近5年相关文献发表每年持续增长，10年内发文量平均为470篇，年增长率为25.3%。由于2023年不是一个完整的统计年度，因此不予考虑。近年来WOS核心集的热泵技术相关文献量一直处于快速增长中，可以看出目前该技术正是学界的研究热点和重点之一，受到大批学者的重视。（表3-2）（图3-25）

表3-2 发文量所占百分比

发文年份	发文量	所占百分比
2019	387	16.46%
2020	457	19.44%
2021	547	23.27%
2022	608	25.86%
2023	352	14.97%

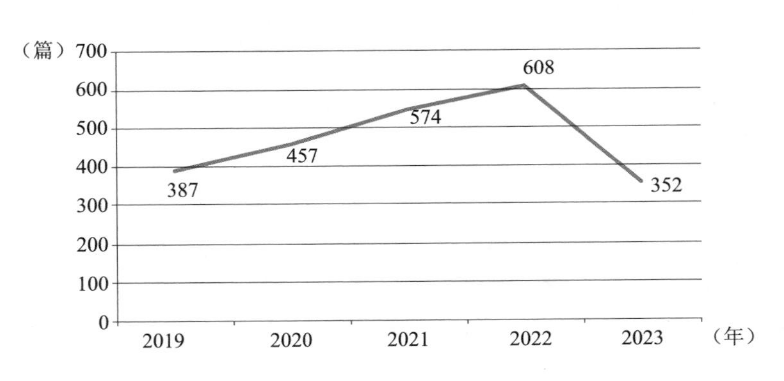

图3-25 近5年相关文献发表年份趋势

（2）发文国别分析

2019—2013年研究热泵技术的文献共计2351篇，涉及91个国家（地区）。发文量前 10 名的国家（地区）发文量共 2034 篇，占发文总量的 86.51%。其中，中国稳居榜首，发文量 834 篇，占比 41%；美国和意大利紧随其后，发文量相当，分别为 216 篇和 215 篇，占比为 10.6% 和 10.5%。前 10 名的其他国家（地区）分别是英国、德国、西班牙、伊朗、韩国、加拿大和日本。发文量可以在一定程度上反映国家在该领域的研究实力。从最近 5 年热泵技术领域的发文量来看，中国、美国和意大利的研究实力达中上水平，属于热泵技术研究实力雄厚的国家。(图 3-26)

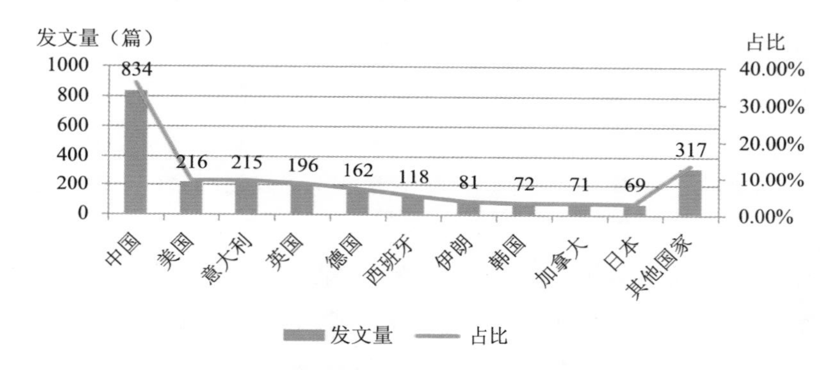

图 3-26　前 10 名国家及其他国家发文量及占比

（3）发文机构分析

搜索 WOS 核心数据库在 2019—2023 年发布的有关热泵技术主题的论文机构数据，共有 199 个机构，选取了发文量排名前 10 名的机构进行分析（表 3-3）。数据显示，前 10 名的研究机构中，中国占据半数，为 5 个，美国、英国、德国、瑞士、芬兰各 1 个。整体来看，前 10 名的机构多为大学、学院等高等院校（6 所），其余 4 个为科研院所。从区域分布来看，5 个来自亚洲，4 个来自欧洲，1 个来自北美洲。

表 3-3　排名前 10 的机构发文量及所占百分比

发文机构	发文量	所占百分比
中国科学院	109	4.64%
西安交通大学	64	2.72%
天津大学	51	2.17%
美国能源部	46	1.96%
上海交通大学	45	1.91%

续表

发文机构	发文量	所占百分比
伦敦帝国理工学院	41	1.74%
亥姆霍兹联合会	39	1.66%
瑞士联邦技术学院	35	1.49%
清华大学	34	1.45%
阿尔托大学	29	1.23%

分析2019—2023年的研究机构排名发现，在热泵技术研究领域中，中国科学院的发文量稳居前列，属于实力强劲的科研机构。利用发文量分析2019—2023年各发文机构的研究实力，国内进入发文量前10名的机构主要有：中国科学院、西安交通大学、天津大学、上海交通大学和清华大学。

（4）发文作者分析

在某一领域的发文数量能在一定程度上衡量作者在该领域的研究水平和研究成就，发表的核心文献越多，越能提升作者在该领域的学术影响力。同时，通过对文献作者之间的合作网络图谱进行分析，能够了解该领域的研究群体网络，从而发现热泵技术领域的学术团队，并发现学术带头人。

3.5.2.2 热泵技术的热门研究主题及研究现状

运用VOSviewer软件对核心数据库中的热泵技术相关文献主题可视化，进而分析热泵技术的热门研究主题。热泵按低位能来源，可分为空气源热泵、地源热泵和水源热泵。因本研究主要的关注点在浅层地热能及其应用，故在对主题进行聚类和共现分析时主要关注地源热泵技术的相关主题。

地源热泵技术按照所利用的地热资源的不同，可分为浅层地源热泵技术和中深层地埋管热泵技术。而由地源热泵技术主题密度和影响力的可视化可知，关于地源热泵技术的热点研究主题整理归纳有：地埋管、建筑负荷、不同应用场景、复合式系统、运行控制与优化等。接下来，我们将根据聚类的热门研究主题对这两类热泵技术的研究现状进行梳理。

（1）浅层地源热泵技术相关的研究成果

1）土壤源热泵相关成果

土壤源热泵被认为是浅层地源热泵中最为核心和发展最为成熟的技术方向，20世纪末已初步建立了土壤源热泵技术的理论体系，涵盖了系统设计、运行的监测与评估、优化、成本控制等理论成果。

①有关建筑负荷的热点问题及研究现状

一是建筑负荷对地源热泵系统的影响：宋胡伟[12]等人的研究得出了不同地区典型城市建筑负荷的特性，分析了建筑负荷对地源热泵系统的影响。结果表明，建筑负荷对地源热泵系统的运行效率有着重要影响，合理的建筑负荷设计和利用可以优化地源热泵系统的运行效果。

二是建筑冷热负荷在不平衡的对地源热泵系统和土壤温度的影响：孙文峰[13]的研究分析了建筑冷热负荷在不平衡的情况下对热泵系统和土壤温度的影响。结果表明，只有保证冷热负荷在相对平衡的情况下才能使地源热泵系统长期稳定运行，否则会导致土壤温度波动过大，影响地源热泵系统的运行效果。

三是土壤源热泵蓄能系统在高校建筑中的应用：申思[14]等人的研究主要针对土壤源热泵蓄能系统在高校建筑中的应用。结果表明，土壤源热泵蓄能系统可以有效利用土壤能源，为高校的建筑提供稳定、可再生的冷热源，具有很好的节能减排效果。

四是地埋管运行温度工况监测在办公建筑和住宅建筑中的应用：钱程[15]等人的研究针对办公建筑和住宅建筑进行了土壤源热泵系统地埋管运行温度工况的监测，分析了 2 种建筑类型地埋管的运行特性。结果表明，地埋管的运行温度受到多种因素的影响，如建筑类型、气候条件、土壤性质等，需要根据实际情况进行监测和调整。这些研究为更好地理解和利用建筑负荷提供了基础数据和理论支持，有助于推动地源热泵等可再生能源在建筑领域的应用和发展。

②不同场景的应用

地源热泵技术的应用需要根据不同气候地区的特点进行定制化设计。各地的学者在针对当地气候条件和建筑特点进行了广泛的研究后，提出了适合当地的地源热泵系统设计和运行方案。这些研究成果对于推动地源热泵技术的进一步发展和应用具有重要的意义。

在寒冷地区，全年以冷负荷为主，地源热泵系统需要解决冬季供暖和夏季制冷的问题。刘馨[16]等人以严寒地区某实例建筑为研究对象，分析了地源热泵供暖系统的运行特性，对地源侧和用户侧供回水温度及流量、室内温度等参数进行了实时监测，探究了地源热泵系统的实际供暖效果及其存在问题，并分析了系统在同一地区不同年份运行策略的优劣，求得最优运行策略。

夏热冬冷地区，一般要求夏季制冷、冬季制热，该地区比其他气候区都要适合使用地源热泵系统。吴子龙[17]等人通过研究发现，跨季节土壤蓄冷可有效降低土壤温度，减小土壤源热泵系统全年运行后的土壤温升，缓解长期运行时的土壤热堆积问题，有利于夏季供冷工况的运行。同时，在供暖后期进行土壤蓄冷，可在不影响供暖效果的同时，进一步降低土壤温度，提高蓄冷效率和蓄冷量。

在夏热冬暖地区，夏季炎热，冬季温暖，空调供冷需求较大，而供暖需求相对较小。在这种情况下，地源热泵系统作为一种可再生能源利用方式，具有很大的应用潜力。胡映宁[18]等人认为地源热泵系统在该地区具有良好的气候条件与资源条件，可通过间歇运行等措施有效地解决冷热平衡问题。这种间歇运行策略可以更好地适应夏季高温和冬季低温的环境变化，同时也可以有效利用土壤的蓄热性能，提高系统的能效比。但不能为了满足较大的冷负荷需求，盲目地加大地下埋管换热器的配置，这样做不仅会增加初始投资成本，还会影响系统的正常运行，增加能耗。因此，在设计和应用地源热泵系统时，需要综合考虑系统的能效比、投资成本、运行维护等因素，选择合适的配置方案。

综上所述，地源热泵技术在不同气候地区的应用需要因地制宜，学者们通过对当地气候条件和建筑特点的研究，提出了适合各地的地源热泵系统设计和运行方案。这些研究成果对于地源热泵技术的进一步发展和推广具有重要意义。

③系统的运行和优化

地源热泵系统相比普通空调系统具有后期运行成本较低的优势，主要是由于地源热泵系统利用了土壤中的热量，通过地下埋管与土壤进行热交换，从而实现了能量的转移。傅允准[19]等人的研究结果表明，间歇运行是一种有效的运行方式，可以最大程度地发挥地下埋管的换热能力，保证地源热泵机组长时间高效运行。这种运行方式可以改善地下传热、恢复地温、提高热泵系统性能，同时还可以减少对电网的负荷，节约能源。王冬青[20]等人的研究进一步细化了间歇运行的影响因素，探究了不同启停比对地埋管换热器换热性能的影响。结果显示，机组的启停比对地源热泵系统土壤温升的累计影响显著大于运行起止时间对土壤温升的影响。这表明在设定间歇运行策略时，需要考虑合适的启停比，以保持土壤温度在合适的范围内。

日本的 Katsura 等人在现场测试中观察到，随着冷负荷的降低，最佳流量也随之降低。这表明在满足冷负荷需求的前提下，采用变流量控制可以有效地降低循环泵的能耗。Katsura 等人的研究证明了变流量控制在多联机地源热泵系统中的节能潜力。在实际运行中，根据负荷需求进行流量调整可以显著降低系统能耗，提高能源利用效率。这对于优化地源热泵系统的运行策略具有重要意义，并为相关领域提供了一个实用的参考方法。

戴霖姗[21]的研究显示了变流量运行对地埋管换热量和土壤温度变化的影响。相对于定流量运行，变流量运行能够提高地下埋管的单位深度换热量，并显著降低水泵能耗，从而明显提升节能效果。这种研究结果对于优化地源热泵系统的运行方式具有重要的指导意义。然而，实际运行工况下的变流量控制调节确实存在一定的复杂性。为了简化运行过程并实现有效的系统调控，研究者建议采用定流量运行模式。在这种模式下，可以通过控制开启换热孔的个数来进行负荷调节。这种做法既能保证地源热泵系统的性能和效率，又能避免复杂的控制调节问题。

王勇[22]等人的模拟研究为地源热泵系统的长期运行提供了宝贵的见解。他们的研究主要关注建筑负荷、土壤温度随运行时间的变化及机组运行效果而变化。他们还从多个切入点分析了机组的运行效果，包括地埋管的出水温度、机组性能系数和热流密度等。研究结果显示，只有采取合理的运行方式或一些辅助措施来保证热平衡，才能缓解热积累现象，并使土壤温度分布保持在植物生长的适宜温度范围内。这确保了地源热泵机组能够长期稳定并高效地运行。这些发现对于地源热泵系统的设计和运行具有重要的指导意义。在实际应用中，应考虑采取适当的措施来平衡热负荷和冷负荷，以避免土壤温度过度升高或降低。此外，还应考虑采取一些辅助措施，如使用热回收系统或引入其他能源来源，以确保系统的长期稳定性和高效性。

④复合式系统

许抗吾[23]等人以北京市某地源热泵项目为例，提出了燃气锅炉、电锅炉蓄热、空气源热泵蓄热三种辅助热源方案，并制订了相应的运行策略。研究结果表明，燃气锅炉辅助热源方案能耗适中，初始投资成本和运行费用较低，可行性最佳。这个研究关注辅助热源的选择和运行策略的制订，为地源热泵系统的实际运行提供了参考。

杨震[24]等人针对太阳能—土壤源热泵复合系统在水箱直接供暖模式下存在的问题，提出了基于 BP 神经网络的动态供暖策略。这种策略减少了机组的启停次数，提高了机组的效率，优化了供暖负荷分配。这项研究关注系统的优化和效率提升，为复合式系统的运行提供了新的思路。

周世玉[25]等人对地源热泵系统与常规冷水机组复合式系统做了研究，建议在低负荷时段应优先运行冷水机组，能耗虽有所增加，但初始投资成本明显降低，总体而言，这种复合式系统是优于常规地源热泵系统的。

2）地下及地表水源热泵相关成果

地下及地表水源热泵对自然资源的要求较高，因此它们的推广和应用受到了一定限制，主要在一些特定区域，如浅层地下水丰沛或靠近江河湖海的地方得到应用。尽管有一些研究人员对地下水源热泵的适宜性和回灌方式进行过深入研究，但目前地下水源和地表水源热泵在我国的应用规模仍然远小于土壤源热泵。这种状况可能是由于热泵技术在实际应用中存在一些技术挑战和风险，如回灌不充分可能导致浅层地表沉降等问题。总的来说，虽然地下水源和地表水源热泵具有一些独特的优势，但由于其应用受到自然资源的限制，以及存在一些技术风险，它们的普及和应用还需要进一步的研究和改进。

3）污水源热泵相关成果

①污水流动与换热特性相关成果

在设计污水源热泵系统时，需要了解并利用污水的流动特性和换热特性，它是污水源热泵系统设计的基本依据和关键参数。

赵明明[26]对城市污水进行了流变特性测定和圆管流动换热实验，通过实验测量了城市污水的流变特性，即在流动过程中，污水表现出的黏性、弹性等性质，得出了城市污水圆管层流热力入口段和紊流段的换热准则关联式。

刘志斌[27]在某污水源热泵工程现场开展了污水管内流动换热特性实验，证实了污水在管内流动具有非牛顿幂律流体特性，并提出了管内污水沿程阻力系数变化规律关联式、温度场分布通用式、热阻通用式等一系列污水流动和传热特性计算公式。

Song 等人搭建了原生污水换热特性的试验系统，通过分析实验数据建立了污水在水平管内流动的传热模型。陈顺之建立了原生污水管内湍流流动换热的数学模型，并通过实验证实了其适用性。以上的研究工作对于揭示污水在管道中的流动和换热规律起到了推动作用，这些研究结果也提供了关于污水换热的计算方法，从而为完善和优化污水源热泵系统的设计提供了理论依据。

②除垢技术相关成果

以下是污垢生成机制与规律、污垢的预测和控制前置过滤技术、流化床技术和声空化技术在污水源热泵系统中的应用和研究进展。

污垢生成机理与规律：魏巧兰[28]分析了原生污水换热设备内污垢的成分，发现有机污垢占比最高，并指出了污垢形成的过程；王智伟等以西安某污水处理厂直接式污水源热泵为研究对象，探究了蒸发器和冷凝器中污垢生长规律的差异，他们的研究发现，蒸发器污垢生长周期较长，存在诱导期，稳定热阻较小，冷凝器污垢生长周期较短，不存在明显诱导期，稳定热阻较大。这些研究结果对于优化污水源热泵系统的设计和运行具有重要的指导意义。

污垢的预测和控制：Gao 等基于长期污垢实验数据，考虑管道几何形状、水质和水流速度影响，开发了两种管壳式换热器污水侧污垢的广义预测模型，并在实际工程中验证了模型的适用性和准确度。这项研究为预测和控制污水侧的污垢提供了有效的工具。

前置过滤技术：孙德兴[29]等开发了一种滚筒格栅污水水力自清装置，这种装置可以有效地过滤原生污水，并实现对过滤面的冲洗，从而保证污水在进入换热器之前得到净化。

流化床技术：马广兴[30]等采用沙粒和聚四氟乙烯（PTFE）颗粒去除污水换热器污垢。他们的研究结果显示，体积分数为5%的 PTFE 颗粒和沙粒均能显著降低污垢热阻，提高换热系数，二者除垢效果相当，但 PTFE 颗粒对换热管的磨损程度显著小于沙粒，因此推荐使用 PTFE 颗粒对污水换热器进行流态化除垢。

声空化技术：钱剑峰[31]等采用超声波考察了超声波对污水源热泵系统污水侧的抑垢除垢效果。实验结果表明，超声波功率越大，污垢含水率越高，声空化除垢效果越好；声空化作用时间增加，除垢率和传热系数均显著提高，但在作用 50 min 后趋于稳定。这些发现为利用声空化技术抑制和去除污垢提供了重要的依据。

总的来说，这些研究工作在揭示污垢生成机制与规律、开发前置过滤技术、流化床技术和声空化技术等方面取得了显著的进展，为完善和优化污水源热泵系统提供了重要的理论依据和技术支持。

（2）中深层地埋管热泵技术相关的研究成果

1）单一地埋管相关成果

①单双 U 型地埋管

关于单双 U 型地埋管研究的热点问题及其研究现状。

一是单双 U 型地埋管的选择：朱宪良[32]等人的研究探讨了地源热泵地埋管单双 U 型选择的问题。结果表明，双 U 型地埋管的换热性能相对较好，但打井数量较多，需要较高的钻井费用；单 U 型地埋管的换热性能相对较差，但打井数量较少，可以降低钻井成本。因此，在选择地埋管形式时需要综合考虑地质条件、埋管单位管长换热量、管材及钻井难易等因素。

二是单 U 型和双 U 型地埋管换热传热的模拟研究：马健等人的研究对单 U 型和双 U 型地埋管换热传热进行了模拟研究，结果表明，双 U 型地埋管的换热性能要优于单 U 型地埋管，但两种类型的地埋管分别在特定条件下存在最优的换热性能。因此，在实际工程中需要根据具体情况选择合适的换热器类型。

②地埋管换热器

地埋管换热器是一种利用地下土壤热量进行热交换的设备，广泛应用于地源热泵系统中。地埋管换热器的设计和优化对于提高地源热泵系统的能源利用效率和使用效果具有重要意义。以下是几个关于地埋管换热器设计与优化的热点问题及其研究现状。

一是地埋管换热器设计方法的验证和比较：美国的 Cullin 等人的研究验证了垂直地埋管换热器的两种常见的设计方法，即使用模拟仿真软件和 ASHRAE 手册中的计算公式，计算 4 个地源热泵系统在实际工程中的地埋管设计长度，并将 2 种方法计算出来的设计长度进行比较，以验证这两种设计方法的准确性。结果表明，两种方法在大多数情况下能够得到相近的结果，但实际工程还需要考虑地质条件、气候条件、土壤类型、地下水位等因素的影响。

二是地埋管换热能效度的定义和优化：於仲义[33]等人首先定义了地埋管换热能效度，综合评价地埋管换热器的换热性能，然后使用该指标来优化地埋管换热器的设计，以达到提高能源利用效率的目的。该研究为地埋管换热器的设计和优化提供了一个新的思路和方法。

三是U型地埋管换热器的动态模拟设计方法：苏华[34]等人提出了一种更为全面、准确地针对U型地埋管换热器的动态模拟设计方法。该方法考虑了地下土壤温度场的变化和地埋管的热传导过程，能够更准确地预测地埋管的换热量和地下土壤温度场的分布情况，从而指导地埋管换热器的设计和优化。

四是地埋管换热器的单位深度换热量设计方法的局限性：苏华[34]等人的研究还指出了不能采用单位深度换热量设计换热器的问题。这是因为地埋管的换热量不仅受到土壤温度的影响，还受到土壤的热传导系数、土壤含水率等因素的影响，因此简单地采用单位深度换热量进行设计会存在较大的误差。

③地埋管换热性能

有关地埋管换热性能的热点问题及其研究现状。

一是埋管深度对地埋管换热能力的影响：曹学等人的研究着重探讨了埋管深度对地埋管换热能力的影响。结果表明，随着埋管深度的增加，地埋管的换热能力逐渐增强，但同时施工难度和成本也会增加，因此需要综合考虑埋深与经济性能之间的关系。

二是管内流量对地埋管换热能力的影响：张锐[35]等人的研究探讨了管内流量对地埋管换热能力的影响。结果表明，随着流量的增加，地埋管的换热能力逐渐增强，但流量的增加也会导致能耗增加，因此需要寻找最优的流量值以实现最佳的换热效果。

三是回填材料对地埋管换热器性能的影响：齐承英[36]等人的研究着重探讨了不同回填材料对地埋管换热器性能的影响。结果表明，不同的回填材料具有不同的导热性能和热阻，对地埋管换热器的性能有着重要影响。

四是地下水渗流对地埋管换热性能的影响：张文科[37]等人的研究专门探讨了地下水的渗流对地埋管换热性能的影响。结果表明，地下水的渗流会对地埋管的换热性能产生重要影响，需要考虑防水和排水措施以保证地埋管的正常运行。

五是地下水流方向和速度对钻孔换热器的影响：韩国的Choi等人的研究建立了一个包含热对流方程的二维数值模型，探讨了不同方向和速度的地下水流对不同类型钻孔换热器的影响。结果表明，地下水的流向对非矩形管组阵列的影响最大，流速对矩形钻具组性能的影响最大。

六是有关U型地埋管支管热短路问题的研究，王韬[38]等人认为U型管支管中心距、回填材料、流体速度等因素都可能影响热短路，在出水管段敷设保温层、U 型管间加设隔热板及增大支管间距等措施可有效减小热短路的影响。

④地埋管换热器的设计和施工

地埋管换热器施工对于提高地源热泵系统的能源利用效率和使用效果具有重要意义。以下是几个关于地埋管换热器施工问题的研究热点及其研究现状：

关于地埋管施工技术的研究：黄炜等人对地埋管施工技术做了重点探讨，对实际工程有较强的指导意义。该研究对地埋管的布置形式、施工工艺、回填材料等方面进行了详细阐述，并提出了一些实用的建议，对于地埋管换热器的设计和施工有一定的指导作用。

⑤水平埋管

相对于垂直地埋管，水平埋管在地源热泵系统中的应用较少，但这些研究为水平埋管的优化设计和应用提供了重要的参考。

沂燕等人的研究探讨了水平埋管换热的埋管间距对土壤温度场分布的影响。他们通过实验和模拟，发现埋管间距对土壤温度场的分布有显著影响，合理的埋管间距可以更好地实现土壤的热量交换，这项研究为水平埋管的优化设计提供了有益的指导。张锐[39]等人分析了埋深对水平埋管夏季换热性能的影响。他们发现，埋深对土壤温度和换热器性能之间存在密切关系：在较浅的埋深下，土壤温度受气温影响较大，而在较深的埋深下，土壤温度受气温影响较小，这有助于提高水平埋管的换热性能。林共等人结合工程实例，解释了如何计算水平埋管所需的埋管长度和占地面积。他们提出了一些实用的计算方法和公式，为实际工程中的设计和预算提供了方便。那威[40]等人运用模型和软件，详细模拟了冬季和夏季两种工况下水平埋管及其周围土壤的温度场和热流分布规律。这项研究揭示了地下土壤的温度变化和热流传递规律，为地埋管换热器的优化设计和运行提供了重要的参考。这些研究对于推动水平埋管在地源热泵系统中的应用和发展具有重要意义。通过深入了解水平埋管的性能和影响因素，可以更好地优化其设计和运行，提高能源利用效率。

2）复合式地埋管相关成果

复合式地埋管地源热泵系统是一种新型的地源热泵系统，它通过结合两种或多种地埋管换热器来提高系统的换热性能和能效。这种系统可以有效地解决传统单一中深层地埋管地源热泵系统在实际应用中所面临的技术限制。首先，复合式地埋管地源热泵系统可以降低场地要求。由于它采用两种或多种地埋管换热器组合，因此可以在有限的场地内实现更好的换热效果，这对于在建筑用地紧张的城市中应用地源热泵系统具有重要意义。其次，复合式地埋管地源热泵系统可以降低打井费用。通过优化设计和布局，可以将不同深度的地埋管换热器组合在一起，从而利用最少的打井数量实现最佳的换热效果。这不仅可以减少打井费用，还可以缩短施工周期，提高系统的经济性。最后，复合式地埋管地源热泵系统还可以提高系统的可靠性和稳定性。通过将不同深度的地埋管换热器组合在一起，可以增加系统的冗余度和容错能力，即使其中一种换热器出现故障，系统仍然可以通过其他换热器正常运行，从而保证系统的稳定性和可靠性。总之，复合式地埋管地源热泵系统是一种具有广阔应用前景的新型地源热泵系统。它不仅可以解决传统单一中深层地埋管地源热泵系统在实际应用中所面临的技术限制，还可以提高系统的性能和能效，降低打井费用和施工周期，增加系统的可靠性和稳定性。这些优点使得复合式地埋管地源热泵系统成为未来地源热泵发展的重要方向之一。

①太阳能 + 地埋管

彭冬根[41]等人建立太阳能地源热泵联合运行试验台，发现与传统单一地埋管地源热泵相比，太阳能地源热泵的联合应用提高了整个系统的利用率。张宏葛等研究表明，太阳能 + 地埋管复合热泵系统比传统单一地埋管地源热泵具有更高的利用率。太阳能集热器与地埋管换热器的负荷比为 4∶6 时，系统 COP 达到最大。然而，这种系统受到区域性和季节性影响较大，主要是由于太阳能资源分布不均，导致系统无法实现规模化量产。

②冷却塔 + 地埋管

李营[42]等人针对冷却塔复合式地源热泵系统的运行策略展开研究，提出了一种可计算土壤温度和系统能耗的程序算法，并以此分析不同设计方案下的运行策略。结果表明，地埋管与冷却塔串联连接的削峰控制对土壤温度的影响最大；并联和混合连接的温度控制与温差控制对土壤温度影响较小；混合连接的温差和负荷控制运行策略下能耗最小。

③热补偿 + 地埋管

甄浩然[43]等人提出一种热电冷三联供与地源热泵耦合的综合能源系统，并进行了优化。优化后的耦合系统在满足冷热负荷前提下，不仅供可再生能源上网，还节约了大量的运行费用。这种系统采用了热补偿技术，能够有效地提高地源热泵系统的能效和稳定性。

太阳能、冷却塔和热补偿技术与地埋管的结合，可以显著提高系统的性能和能效，降低打井费用和施工周期，增加系统的可靠性和稳定性。然而，这些系统在实际应用中仍存在一些问题和限制，需要进一步研究和改进。

3.5.3 地源热泵技术的应用现状

全球正在进行能源转型，以实现可持续发展和应对气候变化。在这个背景下，热泵作为一种高效、清洁的能源利用方式，得到了广泛的关注，各国政府陆续推出了支持政策，为热泵的部署提供了目标和激励，进一步推动了热泵行业的快速发展。随着热泵技术的不断成熟，其应用领域也在不断拓宽。除了传统的供暖和制冷应用外，光伏热泵、新能源车热管理系统、烘干等领域的应用也在不断增加，这些需求的增长进一步推动了热泵市场的扩大。预计到2030年，全球潜在的热泵市场规模将达到2万亿元以上。欧洲市场的热泵渗透率较低，但有较大的提升空间，预计2021—2030年，其市场规模的年复合增长率（CAGR）有望达到26%；预计中国热泵销量在2020—2030年，年复合增长率（CAGR）有望达到15%~19%，中国市场在未来的发展潜力巨大。

3.5.3.1 各国供暖脱碳政策加速热泵部署，政策规划下长期增长确定性强

国际能源署发布最新统计数据称，2022年全球热泵销量同比增长11%，连续第2年实现两位数增长；预计到2030年，全球建筑供暖领域市场中热泵份额将增至20%。分国家（地区）来看，欧洲地区2022年热泵销量破历史纪录，达到300万套，同比增长近40%；北美地区热泵累计装机量全球第一，美国2022年热泵销量首次超过燃气炉；亚洲地区，尽管经济增速放缓，2022年中国热泵销量仍居全球首位，且热泵产量占全球比例高达40%以上。

从政策角度来看，各国正在积极推动供暖脱碳政策，以降低能源依赖和维护能源安全。这种趋势对热泵行业的发展非常有利，因为热泵是一种高效、清洁的能源利用方式，可以帮助各国实现可再生能源替代化石能源的目标。例如，欧盟提出的“REPowerEU”计划旨在加速推进可再生能源替代化石能源，实现能源独立并向绿色转型。该计划提出了一系列行动，其中包括提高可再生能源在能源结构中的占比，以及将热泵的部署速度提高1倍。英国、

德国、法国等国家也出台了类似的政策，明确未来热泵部署目标，这为热泵行业的长期增长提供了强有力的支持。（表 3-4）

表 3-4　欧洲各国出台热泵部署目标

国家	目标年份	热泵目标销量
比利时	2030	热泵安装量较 2018 年增加 5 倍以上
法国	2030	热泵安装量达到 270 万~290 万台
德国	2024	热泵每年安装量达 50 万台
匈牙利	2030	热泵总安装量达 600 万台
意大利	2024	热泵安装量较 2020 年增加 6 倍以上
波兰	2030	热泵安装量较 2017 年增加 2 倍以上
西班牙	2030	热泵安装量较 2020 年增加 3 倍以上
英国	2030	热泵安装量较 2020 年增加 6 倍以上

“双碳”背景下，中国正在加快低碳转型的步伐。北京市出台的《北京市碳达峰实施方案》明确提出，逐步削减对燃气供暖等化石能源消费的政策补贴，释放出推动热泵发展的积极信号。除此之外，其他各省（自治区、直辖市）也在不断推出政策鼓励新能源产业的发展。例如，一些省（自治区、直辖市）出台了支持光伏发电的政策，鼓励居民和企业安装光伏发电设备。这些政策对新能源产业的发展具有积极的推动作用，同时也为热泵产业的发展提供了良好的环境。（表 3-5）

表 3-5　部分热泵技术相关政策梳理

地区	政策名称	颁布时间	主要内容
全国	2030 年前碳达峰行动方案	2021/11/24	因地制宜推行热泵、生物质能、地热能、太阳能等清洁低碳供暖。到 2025 年，城镇建筑可再生能源替代率达到 8%，新建公共机构建筑、新建厂房屋顶光伏覆盖率力争达到 50%
全国	深入开展公共机构绿色低碳引领行动促进碳达峰实施方案	2021/11/19	鼓励因地制宜采用空气源、水源、地源热泵及电锅炉等清洁用能设备替代燃煤、燃油、燃气锅炉。到 2025 年力争实现北方地区县城以上区域公共机构清洁取暖全覆盖，到 2025 年实现新增热系供热（制冷）面积达 1000 万 km^2。
全国	城乡建设领域碳达峰实施方案	2022/7/13	推广空气源等各类电动热泵技术，到 2025 年城镇建筑可再生能源替代率达到 8%。推广热泵热水器、高效电炉灶等替代燃气产品

续表

地区	政策名称	颁布时间	主要内容
江西	江西省碳达峰实施方案	2022/7/8	统筹推进煤改电、煤改气，推进终端用能领域电能替代，推广新能源车船、热泵、电窑炉等新兴用能方式，全面提升生产生活终端用能设备的电气化率。
海南	海南省碳达峰实施方案	2022/8/22	利用风能、生物质能、水能、天然气等资源组合优势，研究推进空气源热泵、太阳能空调等技术在建筑中的应用试点。
北京	北京市碳达峰实施方案	2022/10/13	大力发展地热及热泵、太阳能、储能蓄热等清洁供热模式，建筑领域因地制宜推广太阳能光伏、光热和热泵技术应用，具备条件的新建建筑应安装太阳能系统，新建政府投资工程至少使用一种

注：数据来源：中国政府网等

本文重点关注的地源热泵也已经得到国家层面的认可，在“十四五”期间成为明确推广对象。国家住房和城乡建设部最新出台的《“十四五”建筑节能与绿色建筑发展规划》（下文简称“规划”）提出了加强地热能等可再生能源利用的目标，并推广应用地热能、空气热能等解决建筑采暖、生活热水、炊事等用能需求。同时，鼓励各地根据地热能资源及建筑需求，因地制宜推广使用地源热泵技术。对于地表水资源丰富的长江流域等地区，积极发展地表水源热泵，在确保100%回灌的前提下稳妥推广地下水源热泵。在满足土壤冷热平衡及不影响地下空间开发利用的情况下，推广浅层土壤源热泵技术。此外，“规划”还明确设立了“十四五”期间新增地热能建筑应用面积1亿m^2以上的具体指标，这表明国家对于地源热泵技术的推广和应用具有很高的重视程度。

3.5.3.2　热泵应用领域持续拓宽，市场规模持续增长，未来可期

随着热泵技术的不断成熟和优化，其高效、环保、可持续的特性使其在许多领域得到了广泛应用，如光伏热泵、新能源车热管理系统和烘干等。

在光伏热泵方面，热泵可以利用太阳能资源，吸收太阳能转化为热能，为建筑物提供供暖、制冷和生活热水等需求。欧洲一些国家，如丹麦等国，兴起了一种热泵租赁业务，这种租赁模式与融资租赁业务有些相似，都是让热泵使用者根据合同在相应的时间内支付供暖和产品费用。热泵租赁业务对于用户来说，可以解决安装问题和节约热泵的前期开发成本，用户不需要一

次性支付大量的购买费用，而是可以通过分期支付租金的方式获得热泵的使用权。这样可以让更多的用户负担得起热泵的使用费用，从而快速打开热泵销售市场。

在新能源车热管理系统方面，热泵技术可以用于车辆的制冷和制热，以及电池的加热和冷却。随着消费者对新能源汽车的经济性和续航里程的需求不断提高，热泵技术逐渐成为新能源汽车热管理的升级趋势之一。许多知名汽车品牌，如比亚迪海豚、大众 ID. 3、特斯拉 Model Y 等，都已经在其新能源汽车中配备了热泵空调。热泵空调是一种高效、节能的空调系统，它利用热泵技术将车外的低温空气中的热量“泵”至车内，以提供制冷和制热功能。与传统的 PTC（positive temperature coefficient）加热方式相比，热泵空调具有更高的能效比（COP），可以大大降低车辆的能源消耗，提高续航里程。此外，热泵空调还具有许多其他的优势。例如，它的制冷和制热效率更高，可以更好地调节车内温度，提高驾驶舒适度。同时，由于热泵空调不需要使用传统的冷媒，因此不会对环境造成负面影响。

在烘干领域，热泵技术可以用于各种物料的烘干，如食品、木材、纺织品等。与传统的干燥方式相比，热泵干燥可以提供更高效的能源利用和更好的干燥效果，同时减少对环境的影响。热泵烘干机是一种高效、节能的干燥方式，其热效率高达 400%，较传统干燥方式的热效率高出许多，同时能够节省 90% 的能源。由于其节能优势，长期来看，热泵有望在烘干市场获得长足发展。此外，家用热泵干燥场景也在逐步拓宽。热泵干衣机具有较低的烘干温度（60~70 ℃），能够减少对衣物的损伤，且用电量仅为普通冷凝干衣机的 50%。这些优势使得热泵干衣机在家用市场上的需求也在逐步增加。

随着这些领域的不断发展，热泵技术将有着更为广阔的市场空间和良好的发展前景。同时，政府对可再生能源的支持和鼓励政策，也将进一步推动热泵市场的发展。因此，可以期待未来热泵技术的应用领域进一步扩大，市场规模持续增长。

地源热泵的应用主要以供暖、制冷为主。国家发改委等八部门联合发布《关于促进地热能开发利用的若干意见》提出，到 2025 年，各地基本建立起完善规范的地热能开发利用管理流程，全国地热能开发利用信息统计和监测体系基本完善，地热能供暖制冷面积比 2020 年增加 50%；到 2035 年，地热能供暖制冷面积及地热能发电装机容量力争比 2025 年翻一番。

地热能作为一种清洁、可再生的能源，具有巨大的开发利用潜力。根据自然资源部资料，全国地源热泵行业供暖、制冷建筑面积从 2010 年的 1 亿 m^2 左右，高速增长到 2020 年超过 8 亿 m^2，年均复合增速超过 20%，为我国节能减排、打赢蓝天保卫战作出了巨大的贡献。《“十四五”建筑节能与绿色建筑发展规划》提出，“十四五”期间将新增地热能建筑应用面积 1 亿 m^2，平均每年有 2000 万 m^2 的新增需求。保守预估地源热泵将以 7% 的年增速增长，“十四五”期间年均新增地热能供暖制冷面积 1.12 亿 m^2，2026—2030 年，每年平均新增 1.57 亿 m^2。估计 2020 年单位面积综合平均工程造价360 元/m^2，以造价年均下降 2% 的速度估算，地源热泵在“十四五”期间每年将有约 379 亿元的市场空间，2025—2030 年每年将有 481 亿元的市场空间。

3.5.3.3　地源热泵市场参与企业众多，企业类型多元，市场竞争充分

地源热泵行业依据企业的注册资本划分，可分为 3 个竞争梯队。其中，注册资本大于 10 亿元的企业有中电建华东勘测、中石化绿源、格力电器等；注册资本在 1～10 亿元的企业有青岛海信、挪宝新能源、天加能源等；注册资本在 1 亿元以下的有永源热泵、华清集团、四联智能等。在地源热泵行业的上市公司中，华清安泰的地源热泵业务营收规模相对较高，覆盖京津冀等国内主要推广应用市场，企业竞争力较强；卓成节能、四联智能等企业经营规模处于中等偏上水平，在区域市场竞争具备一定优势。

目前，国内地源热泵市场参与企业众多，企业类型多元，市场充分竞争。市场竞争企业主要分为四大派系：空调系统制造企业、能源、建筑等综合型企业、新能源供热供冷技术服务企业以及专业地源热泵生产及技术服务企业。

我国地源热泵行业企业大多数以中小规模为主，企业经营较为分散，导致地源热泵行业的市场集中度较低。基于行业代表上市企业的地源热泵业务营收情况，测算得到 2022 年我国地源热泵行业 CR1 企业市场占有率超过 2%，CR5 市场占有率超过 10%。

从“五力”竞争模型角度分析，目前，我国地源热泵行业现有企业较多，市场集中度低，竞争较为激烈；上游供应商主要是压缩机等零部件或设备供应商等，议价能力适中；而下游需求市场主要是事业单位、高校、大型建筑企业等，议价能力较强；同时，行业存在准入资质、资金、技术门槛，潜在进入者威胁相对适中。

参考文献

[1] 王禹翰. 中外名人全知道 [M]. 沈阳：万卷出版公司，2013：271.
[2] 朱庭光，李显荣，沈永兴，等. 外国历史名人传——近代部分 中册 [M]. 北京：中国社会科学出版社，1982.
[3] 梁宗巨. 数学家传略词典 [M]. 济南：山东教育出版社，1989：278.
[4] Green K. 世界第一台已知热泵发明人 [J]. 供热制冷，2008 (8)：62.
[5] 栾英波，郑桂森，卫万顺. 浅层地温能资源开发利用发展综述 [J]. 地质与勘探，2013，49 (2)：21 – 24.
[6] 上海市水文地质大队. 地下水人工回灌 [M]. 北京：地质出版社，1977.
[7] 黄坚. 上海地区地下水源热泵系统适用性研究 [J]. 上海国土资源，2017 (3)：53 – 56，61.
[8] 邬小波. 地下含水层储能和地下水源热泵系统中地下水回路与回灌技术现状 [J]. 暖通空调，2004 (34) 1：20 – 22.
[9] 李家伟，廉乐明，于立强. 土壤源热泵的国内外发展历史与现状 [C]. //中国建筑学会暖通空调委员会，中国制冷学会第五专业委员会，全国暖通空调制冷 1996 年学术年会资料集. 1996.
[10] 徐伟.《中国地源热泵发展研究报告》(摘选) ——国际国内地源热泵技术发展 [J]. 建设科技，2010 (18)：5.
[11] 杨树彪，周念清. 中国地源热泵发展历程分析 [J]. 上海国土资源，2017 (3)：4.
[12] 宋胡伟，刘金祥，陈晓春，等. 不同地区土壤温度及建筑负荷特性对地源热泵系统的影响 [J]. 建筑科学，2010，(8)：68 – 73.
[13] 孙文峰. 冷热负荷不平衡型建筑物地源热泵复合系统的分析及优化 [D]. 济南：山东建筑大学，2023.
[14] 申思，李云云，鹿巍，等. 土壤源热泵蓄能系统在高校建筑中的应用 [J]. 石河子科技，2023，(3)：41 – 42.
[15] 钱程，朱清宇，肖龙，等. 2 种不同建筑类型土壤源热泵系统地埋管运行特性典型案例分析 [J]. 建筑科学，2013，(4)：41 – 44.
[16] 刘馨，鲁倩男，梁传志，等. 严寒地区办公建筑土壤源热泵系统运行策略优化研究 [J]. 建筑科学，2021，37 (8)：79 – 86.
[17] 吴子龙，吕超，朱伟. 夏热冬冷地区土壤源热泵跨季节土壤蓄冷特性实验研究 [J]. 低温工程，2023，(2)：70 – 77.
[18] 胡映宁，林俊，王艳，等. 夏热冬暖地区地源热泵供热制冷系统的适应性研究 [J].

建筑科学，2012，(10)：9-14，50.

[19] 傅允准，蔡颖玲，韩坚洁，等. 地源热泵制冷运行特性实验研究 [J]. 太阳能学报，2014，(12)：2508-2513.

[20] 王冬青，颜亮，王沣浩. 不同开停比下地埋管换热器运行特性研究 [J]. 建筑科学，2010，(8)：74-76，97.

[21] 戴霖姗. 土壤源热泵变流量系统换热特性及节能分析 [D]. 南京：南京工业大学，2014.

[22] 王勇. 动态负荷下地源热泵性能研究 [D]. 重庆：重庆大学，2006.

[23] 许抗吾，魏俊辉，孙林娜，等. 基于地源热泵的多种辅助热源方案比较分析 [J]. 建筑节能（中英文），2023，51 (9)：73-79，119.

[24] 杨震，陈翔燕，刘诚，等. 一种基于 BP 神经网络的太阳能-土壤源热泵复合系统供暖策略仿真 [J]. 太阳能学报，2022，43 (8)：224-229.

[25] 周世玉，崔文智. 冷机辅助复合式地源热泵运行特性探析 [J]. 制冷与空调（四川），2015，(5)：513-517.

[26] 赵明明. 热泵冷热源污水的换热特性研究 [D]. 哈尔滨：哈尔滨工业大学，2008.

[27] 刘志斌. 污水源热泵系统取水换热工艺中污水流动与换热特性研究 [D]. 大连：大连理工大学，2014.

[28] 魏巧兰. 污水换热器污垢增长特性的实验研究 [D]. 哈尔滨：哈尔滨工业大学，2009.

[29] 孙德兴，吴荣华. 设置有滚筒格栅的城市污水水力自清装置：CN1594112 [P]. 2005-03-16.

[30] 马广兴，徐健，潘晨晓，等. 原生污水源热泵换热器流态化在线除垢与磨损实验的研究 [J]. 可再生能源，2021，39 (9)：1183-1189.

[31] 钱剑峰，任启峰，徐莹，等. 污水源热泵系统污水侧声空化防除垢与强化换热特性研究 [J]. 太阳能学报，2018，39 (10)：2728-2736.

[32] 朱宪良，郝赫，张素芳，等. 地源热泵地埋管单双 U 选择探讨 [J]. 资源节约与环保，2015，(7)：70-71.

[33] 於仲义，陈焰华，胡平放，等. 基于换热能效度的竖直地埋管埋设深度设计 [C]. //湖北省土木建筑学会建筑电气专业委员会，武汉市土木建筑学会建筑电气专业委员会，湖北省建筑电气设计技术协作及情报交流网，建筑电气设计与研究——湖北省/武汉市建筑电气专业委员会二〇〇九年年会议文集. 湖北省土木建筑学会，2009：5.

[34] 苏华，施恂根. 用动态模拟方法设计 U 形地埋管换热器 [J]. 暖通空调，2011，(4)：91-95.

[35] 张锐，张旭，周翔，等．流量对地埋管换热性能影响的实验研究［A］．//中国制冷学会．走中国创造之路——2011 中国制冷学会学术年会论文集．2011：5.

[36] 齐承英，王华军，王恩宇．不同回填材料下地埋管换热器性能的实验研究［J］．暖通空调，2010，(3)：79－82.

[37] 张文科，杨洪兴，孙亮亮，等．地下水渗流条件下地埋管换热器的传热模型［J］．暖通空调，2012，(7)：129－134.

[38] 王韬，余跃进，夏晨．添加隔热板对竖直 U 型地埋管换热器换热能力的影响［J］．建筑科学，2011，(10)：93－97.

[39] 张锐，张旭．埋深对地源热泵水平连接管夏季换热性能的影响［J］．暖通空调，2012，42（2）：71－75.

[40] 那威，宋艳，姚杨．土壤源热泵地下水平埋管换热性能及其周围土壤温度场的影响研究［J］．太阳能学报，2009，(4)：475－480.

[41] 彭冬根，李寅蒂，张振涛．太阳能－地热能复合利用的溶液除湿空调系统研究［J］．太阳能学报，2023，44（3）：360－367.

[42] 李营，由世俊，张欢，等．冷却塔复合式地源热泵系统的运行策略研究［J］．太阳能学报，2017，38（6）：1680－1684.

[43] 甄浩然，张永贵，赵玺灵，等．一种三联供和地源热泵耦合的综合能源系统的运行策略优化研究［J］．区域供热，2019，(1)：36－42.

第四章

城市规模化开发浅层地热能的路径与方法

摘要：浅层地热能又称浅层地温能，过去15年（2006—2021年）的主要进展集中表现在浅层地热能“资源化”方面。由制冷空调技术发展而来的地源热泵技术是浅层地热能开发利用的关键依托技术，目前我国利用地源热泵技术开发浅层地热能规模位居世界第一，呈现出“全国高速度、城市规模化、单体大型化”的发展态势，发展模式为速度效益增长型，但也出现了“水源热泵”“浅层地热能行业谁都行”和“摩托罗拉手机”三大现象，影响了城市高质量规模化开发浅层地热能的进展。

本章指出，未来15年我国浅层地热能发展模式将转为质量效益增长型，提出城市规模化开发浅层地热能的路径为：发挥政府引导作用，大力降低“水源热泵”现象的发生概率，解决资源与环境协调发展的问题，开展市域范围浅层地热能资源调查评价，编制市域范围浅层地热能开发利用规划，建设市域范围浅层地热能开发利用监测网，关注城市规模化开发浅层地热能的影响因素，大力推进浅层地热能资源的有序开发利用。发挥市场驱动作用，大力降低“浅层地热能行业谁都行”现象和“摩托罗拉手机”现象的发生概率，解决大型地源热泵工程高效换热关键问题，开展浅层地热能开发利用可行性场地勘查评价，优化超大型地源热泵系统设计，遴选大型地源热泵系统施工工艺，大力推进大型地源热泵工程的科学施工和高效运行。

4.1 浅层地热能的发展现状与问题

4.1.1 过去15年（2006—2021年）浅层地热能的主要进展

浅层地热能又称浅层地温能，由制冷空调技术发展而来的地源热泵技术是浅层地热能开发利用的关键依托技术。过去15年（2006—2021年），随着热泵技术日臻成熟，关于浅层地热能的科学研究不断取得新成果，主要进展集中表现在浅层地热能“资源化”方面，围绕“提出概念”→“创建理论体系”→“关键技术攻关”→“示范工程建设”→“成因机制研究”→“成果推广应用”这条主线发展[1]。

（1）创立了浅层地热（温）能理论体系

2006年4月，笔者完成了国内第一份浅层地热能战略研究报告——《北京市浅层地热能开发利用现状、问题与对策战略研究报告》，首次提出了“浅层地热能”的概念，明确指出浅层地热能属于资源范畴，是一种新型的可再生清洁能源，拓宽了新能源领域。该报告得到北京市政府的高度重视，北京市政府同意立项开展北京浅层地热能资源地质勘查工作。

2006 年 9 月开始，历时 3 年，笔者完成了国际上首次开展的浅层地热能调查评价工作——“北京平原区浅层地温能资源地质勘查”项目，摸清了北京市平原区浅层地热能资源家底，成果居世界科学前沿领域，总体达到国际领先水平。

笔者出版并发表了一系列专著、论文，创立了浅层地热能地质学理论体系和勘查评价体系。总结了北京浅层地热能资源特征，编撰了国际上首部浅层地热能资源研究专著——《北京浅层地温能资源》（2008）；开展了全国浅层地热能分布规律、开发利用条件和相关支持政策研究，编著了《中国浅层地温能资源》（2010），为我国大力发展浅层地热能提供了重要的理论基础支撑；首次开展了区域浅层地热能资源量计算方法的研究，确定了评价计算资源量所需的参数及其测试方法和技术要求，编撰了《浅层地温能资源评价》（2010），创立了浅层地热能资源勘查评价理论体系；首次开展了我国浅层地热能成因类型划分，将我国浅层地热能成因类型按常温层岩土体原始温度 T_h 划分为 $T_h \geqslant 15$ ℃、$T_h = 15 \sim 10$ ℃、$T_h = 10 \sim 5$ ℃和 $T_h \leqslant 5$ ℃四种类型（2020），发表了《北京平原区浅层地温场特征及其影响因素研究》（2010）等 50 多篇理论与技术研究论文，不断完善、充实着浅层地热（温）能的理论体系，有效指导了工程实践与应用。

笔者编制了《浅层地热能勘查评价规范》（DZ/T 0225—2009）、《地源热泵系统工程技术规范》（GB 50366—2005）、《北京市地埋管地源热泵系统工程技术规范》《北京市再生水热泵系统工程技术规范》和《省级浅层地温能调查评价工作方案编写要求》等相关规范和技术要求，建立了我国浅层地热能勘查开发标准体系，为全国开展浅层地热能资源调查评价工作提供了重要的标准支撑。

（2）关键技术研究取得重大突破

自 2006 年开始，笔者组织开展了系列关键技术科技攻关，完成了“北京浅层地温能勘查开发关键技术研究及其工程应用”等一批项目，研究内容涉及资源勘查评价、开发利用、相关参数测试和环境监测关键技术研究等 8 个方面、20 多个研究子项目。研制出浅层地热能热、冷响应测试仪及测试车等技术装备，取得专利 30 多项。

浅层地热能开发利用关键技术研究取得重大突破：获得了浅层地热能热、冷响应测试仪以及测试车、非洁净水板式换热器现场实验系统和再生水板式换热器的在位清洗方法等 5 项专利；污水源热能二次利用技术、热管蓄能、自然蓄冰等技术在北京奥运村、用友软件园和上海世博会世博轴等一系列有重大影响的工程中得到应用，其中污水热能二次利用技术被列入“北京奥运遗产”。浅层地热能热、冷响应测试车填补了国内空白。

笔者首次基于区域新构造、地形地貌、气候条件、地质条件、水文地质条件，采用关键因子法，对全国浅层地热能资源进行了区划。对北京市平原区浅层地热能开发利用方式进行了适宜性分区，编制了北京市浅层地热能开发利用规划。

笔者提出了环境监测方法和标准，首次采用 GPRS 无线远程传输技术和网络化管理的方法；截至 2020 年，在北京已建成了包含 80 个监测站点的监测站网。

笔者建成了国内首个浅层地热能综合效能实验平台，实现了室外地埋管换热影响因素实验、室内空调末端选择对比实验和地下岩土体地温场变化监测实验三大功能。

（3）创新了浅层地热能规模化开发理念

在结合大量科学研究和工程实践的基础上，笔者提出了“以浅为主、多源复合，适度调峰、集约优化”的开发理念。“以浅为主、多源复合”是指以浅层地热能为主，其他能源补充；“适度调峰、集约优化”是指供热制冷总负荷的 50%~60% 由浅层地热能提供，不足部分由其他能源通过调峰解决，这样既能满足供热制冷需求，又能最大程度减少初始投资成本；同时将一些节能技术、蓄能技术、峰谷电等因素作为重要指标，优化热泵系统设计。

笔者运用“以浅为主、多源复合，适度调峰、集约优化”的开发理念，应用关键技术研究取得的成果和专利技术，指导实施了北京奥运村、用友软件园、北京当代万国城和上海世博会世博轴等一系列有重大影响的浅层地热能开发利用示范工程。

笔者推动了北京和全国城市浅层地热能规模化开发的快速发展，市场前景广阔。北京市 2013—2020 年新增浅层地热能利用面积约 3700 万 m^2，按建设投资费用 230 元/m^2 均价计算，实现市场规模约 85 亿元；截至 2019 年底，全国浅层地热能建筑应用面积达 8.41 亿 m^2，应用规模居世界第一（中国水电水利规划设计总院，2020）；减去 2013 年的 3 亿 m^2，实增 5.41 亿 m^2，按建设投资费用 230 元/m^2 均价计算，实现市场规模 1244 亿元以上；336 个地级以上城市浅层地热能年可开采资源量可实现供暖（制冷）建筑面积 320 亿 m^2（中国地质调查局，等，2018），按建设投资费用 230 元/m^2 均价计算，潜在市场规模为 73 600 亿元。

（4）创建了我国浅层地热能研究和创新体系

2007 年，中国地质调查局浅层地温能研究与推广中心成立以来，已形成了由 40 多人组成的浅层地热能核心研究团队；以该中心为核心辐射全国不同区域，先后建立了山东、重庆等 6 个分中心，武汉、山东、廊坊 3 个实验中心，上海 1 个发展研究中心，总研究人员达 200 多人。创建了“浅层地热能实验室”，建成了浅层地热能开发利用对环境影响监测系统。举办了 14 期全国浅层地热能高研班，培养了全国技术骨干 3000 多人次；开展了 2 期学术交流会，参会人员 300 多人；组织了 6 届地源热泵技术应用论坛，参会人员 600 多人。形成“北京经验”并成功复制到全国其他地区，推动了我国浅层地热能事业快速、高质量发展。

4.1.2 我国城市浅层地热能开发利用现状

2010 年以来，我国城市浅层地热能开发以年均 28% 的速度递增，目前我国利用地源热泵技术开发浅层地热能规模居世界第一（中国水利水电规划设计总院，2020）；城市开发浅层地热能热情高涨，城市“集中连片”规模化开发；单体供热（冷）面积越来越大，不断出现单体供热（冷）面积大于 100 万 m^2 的（超）大型地源热泵系统。发展模式为规模速度增长型，已形成了勘查→开发→运营→管理各环节的完整产业链，缓解了城市能源与环境压力，推动了城市经济社会发展，规模化开发态势已成为我国城市特有的浅层地热能发展特色：如北京城市副中心行政办公区 237 万 m^2，北京大兴国际机场 257 万 m^2、重庆江北城江水源热泵项目 400 万 m^2、中石化江汉油田燃煤替代项目 570 万 m^2、南京江北新区地源热泵项目 1600 万 m^2 等。

从地源热泵技术应用的建筑类型来看，住宅建筑、公共建筑和工业建筑等几乎所有建筑类型都有应用地源热泵系统进行供暖制冷，应用面广泛；从地源热泵的应用冷热源类型来看，我国土壤、地表水、地下水均有应用热泵系统供热制冷的项目，应用多元化；从地区的适宜条件来看，地源热泵系统在我国北方寒冷地区供热较为广泛，因为地源热泵系统在供热时的节能效果比供冷时的节能效果更加明显，此外，它还能够很好地与末端地板辐射系统相配合。从地源热泵系统的分布来看，由于我国经济水平较欧美国家还有一段差距，地源热泵系统的分布与欧美地区有所不同，欧美地区主要应用于乡村别墅，而我国主要应用于城市中的居住建筑与大型公共建筑，农村、城镇很少使用地源热泵系统。

（1）我国寒冷地区浅层地热能利用情况

我国寒冷地区主要包括辽宁、北京、天津、河北、山东、山西、河南、宁夏、甘肃、新疆等地区，其显著的气候特点是夏季炎热，冬天寒冷，而且干旱少雨，建筑冬夏均有冷、热量的需求，浅层地热能的开发利用以夏季制冷（3 个月），冬季供暖（4~5 个月）为主[2]。

以北京市为例，截至 2012 年底，北京市地源热泵项目数量已达到 1042 个，实现供暖面积 3276 万 m^2。其中，地下水地源热泵项目 876 个，实现供暖面积 2506 万 m^2；地埋管地源热泵项目 157 个，实现供暖面积 702 万 m^2；地表水地源热泵项目 9 个（不包括污水源热泵项目），实现供暖面积 68 万 m^2。北京浅层地热能资源开发利用项目以公共建筑为主，建筑类型包括办公楼、商业建筑、工业厂房、教学楼、居民建筑、旅馆酒店、卫生建筑及文化与体育建筑等，其中办公和商业建筑、居民建筑及教育建筑所占比例较大，约占总服务面积的 83%。各地源热泵项目规模不等，1 万~10 万 m^2 的建筑居多，利用规模较大的可达几十万 m^2。北京大兴国际机场地源热泵项目通过利用多能互补、智能耦合的方式，把地源热泵、烟气余热回收热泵及污水源热泵进行了多能耦合，集中解决周边 257 万 m^2 配套建筑的供热需求，建成了国内最大的多能互补地源热泵工程。

为提高北京城市副中心行政办公区可再生能源率及能源系统运行效率，北京城市副中心行政办公区复合式地源热泵系统工程供热、供冷均采用浅层地热能为主，其他清洁能源调峰和补充，系统形式为浅层地热能 + 水蓄能 + 调峰冷热源多能耦合，其中浅层地热能装机容量占 60%，供能量占总能源需求的 85%。考虑到投资经济性及安全、环境的影响，项目选用市政热力作为冬季供热调峰热源，调峰冷源采用冷却塔 + 冷水机组系统，调峰冷热源的设置同时也是保持地下冷热平衡的重要措施。结合北京市商业峰谷平电价，考虑系统运行成本及冷、热两用，设计水蓄能系统，同时降低热泵系统装机容量，增强了系统的保障性。项目的能源供应范围包括了北京市委、市政府等建筑，规划服务建筑面积约 236.5 万 m^2，设计总热负荷 140 MW，总冷负荷 160 MW。根据北京城市副中心行政办公区的能源规划，该区域的能源由 1#能源站和 2#能源站供应，其中，1#能源站位于物流配送中心地下三、四层及地下二层局部，建筑面积 14 954 m^2，蓄能水池总体积约 7500 m^3，服务范围包括核心行政办公区（含 A2、B1、B2、B3、B4）以及规划范围内的多功能建筑区和其他行政办公区等，服务总建筑面积约 139.8 万 m^2，设计总热负荷约 80 MW，总冷负荷约 95 MW；2#能源站建于 A1 楼东侧绿地下，建筑面积 15 758 m^2，蓄能水池总体积约 30 000 m^3，服务范围包括核心行政办公区（含 A1、A3、A4）以及规划范围内的文化设施和其他行政办公区等，服务总建筑面积约 96.7 万 m^2，设计总热负荷约 60 MW，总冷负荷约 65 MW。

根据测试结果、地埋管实施范围钉桩条件和浅层地热能装机容量等条件，最终北京城市副中心行政办公区复合式地源热泵系统工程确定划分为 9 个地埋管区域，共设置 11 082 个双 U 型埋管换热器，其中，换热孔孔深 140 m，孔间距 4.5～5 m，孔径 152 mm，所有地埋孔均设置在公共绿地、道路、河道等下方，不占用地上空间。

城市副中心行政办公区复合式地源热泵系统工程自 2018 年 10 月底正式投入运行，已完成 4 个年度的供冷、供热服务，系统运行安全稳定，目前已开始第 5 个采暖季；与常规能源系统相比，每年可节约能源消耗 30% 以上。能源系统满负荷运行后，与常规能源系统比较，预计每年可节约 14 959.8 t 标煤，可以减排二氧化碳 39 194.6 t/a，减排氮氧化物 299.7 t/a，减排二氧化硫 359.0 t/a，减排烟尘 150.0 t/a，采用地热“两能”相当于多种植近 10 万棵树，可以有效改善城市副中心的空气质量，提高节能效益、环境效益，同时利用智慧能源管控平台，融合多能耦合、区域能源互联网、能源调控、实时监测、智能化用户服务等功能，能源系统运行费用将降低 15% 左右。因此，该项目的实施对于调整京津冀地区能源供应结构、减少大气污染、改善生态环境、发展可持续道路具有重要意义。

天津市第一个浅层地热能开发利用工程项目于 2000 年建成，利用面积为 500 m^2。经过 10 年的发展，浅层地热能开发利用工程数量和利用面积均有大幅度增加。据统计，截至 2010 年，天津市的地源热泵项目数量达到 174 个，应用建筑面积约为294.79万m^2。其中地埋管地源热泵项目132个，占总数量的75.86%，利用面积为174.87万m^2；地下水地源热泵项目42个，占总数量的24.14%，利用面积为111.5万m^2。在地下水地源热泵项目中，开采方式主要为对井采灌、多井采灌，并以回灌量确定开采量[1]。应用项目的类型主要包括企事业单位办公楼、学校、医院、住宅小区、商场、展馆、宾馆、饭店以及车站、高速公路服务区等，系统末端主要为风机盘管、地板采暖等。

河北省浅层地热能开发的工程主要集中在石家庄和保定，邢台、承德、张家口的工程数量次之。根据调查，截至2010年底，河北省地源热泵应用建筑面积约920万m^2。其中石家庄、保定、邢台、邯郸、廊坊、衡水、沧州、张家口、承德和秦皇岛等11个城市的应用面积约占河北省总应用面积的一半，约为490万m^2。据不完全统计，截至2010年底，这11个重点城市的地源热泵利用工程约为202个，其中地下水式利用工程为159个，地埋管式利用工程为43个[3]。

陕西省具有丰富的浅层地热能资源，自2006年以来先后在关中、陕南和陕北地区开发利用浅层地热能的单位已经有150多家，浅层地热能的开发利用面积已达1153万m^2[4]。

综上来看，寒冷地区浅层地热能的应用从发展初期的小型单体建筑，向大规模建筑群发展，单体项目规模由原来的几千平方米发展到现在几十万乃至百万平方米以上。浅层地热能作为重点推广的可再生能源，在寒冷地区得到了蓬勃发展。

（2）我国夏热冬冷地区浅层地热能利用情况

夏热冬冷地区主要位于我国长江地区，包括上海、江苏、浙江、安徽、江西、湖北、湖南、重庆、四川等省、市的大部分地区以及贵州东北、福建北部等地区，其显著的气候特点是夏天热，冬天冷，而且常年湿度很高，建筑在冬、夏均有冷、热量的需要。浅层地热能的开发利用以夏季制冷（约4个月）和冬季供暖（约3个月）为主。

以杭州为例，据统计，截至2012年，杭州已有地源热泵项目73个，建筑总面积455.6万m^2。其中，地埋管地源热泵项目68个，地下水地源热泵项目5个。单个项目利用面积最小的为中国计量学院地源热泵实验室，空调面积64 m^2，最大的为杭州新火车东站，建筑面积32万m^2。在杭州市区浅层地热能开发利用建筑类型中，别墅类项目最多，共33个，总面积222.73万m^2，其次为住宅小区，共 11 个，总面积 101.56 万 m^2，其他建筑 29 个，总面积 131.27 万 m^2。

南京自 2009 年成为全国首批可再生能源建筑应用示范城市以来，浅层地热能的开发利用逐渐提速，开发应用领域扩展到政府公共建筑、办公大楼、商业广场及一般民用住宅等领域。据统计，南京浅层地热能应用面积每年均以 40 万 m^2 的速度增长，截至 2013 年 9 月，已有 141 处浅层地热能开发利用工程，应用面积已经超过 600 万 m^2[5]。

综上，从项目类型上看，寒冷地区浅层地热能开发利用项目主要为办公楼、商场等公共建筑，夏热冬冷地区浅层地热能开发利用项目主要集中在别墅、住宅等民用住宅领域。从浅层地热能的规模化利用情况来看，近年来各地区浅层地热能利用项目的数量增长迅速，大规模的地源热泵项目层出不穷，个别工程的应用面积达到了数十万平方米甚至更大，单体项目应用呈集中化、规模化的趋势。

4.1.3 科学开发浅层地热能需关注“三大现象”

未来 10～15 年，我国浅层地热能开发仍将呈“全国高速度、城市规模化、单体大型化”的发展态势，但发展模式将转为质量效益增长型。快速、粗犷式的规模速度增长型发展带来了一系列问题，尤其是大型地源热泵高效换热（冷）问题日益凸显，已严重制约利用地源热泵技术大规模、可持续高效开发利用浅层地热能，需引起高度重视。在全国浅层地热能开发利用突飞猛进的同时，也要适当放慢发展脚步，“进中思危”，其中最值得关注的就是以下三大现象的出现[1]。

（1）“水源热泵”现象

对于政府管理部门来讲，“水源热泵”现象的阴影越来越大。具体表现是：单个水源热泵项目运行效果良好，但大范围乃至整个城市都用水源热泵供暖，就会出现“没有那么多热可采”的现象，造成供暖效果差，实际上是浅层地热能资源承载力不足，政府管理部门仅考虑了浅层地热能在环保方面的有利性，但没有考虑浅层地热能资源条件的约束。降低“水源热泵”现象的发生概率，要解决从“木”到“林”的量变到质变问题、资源与环境协调发展问题，必须查明控制浅层地热能资源分布特征的地质条件。

(2)“浅层地热能行业谁都行”现象

对于专业技术人员来讲，“浅层地热能行业谁都行”现象呈蔓延之势。具体表现是：虽然从事浅层地热能开发利用的技术人员有地质勘查、暖通、设备制造等专业技术人员，但技术人员主要关注的是安装施工因素和热泵设备因素，却忽视了控制浅层地热能资源的地质条件和热泵系统智慧化开发因素，造成不需要“专业技术”支撑，“技术”有了，“专业”没了。“浅层地热能行业谁都行”现象属科学与技术协调发展的问题，关键是浅层地热能开采机制这个“科学问题”不清，导致行业技术含量不高。

(3)“摩托罗拉手机”现象

对于从事浅层地热能开发利用企业来讲，“摩托罗拉手机”现象日渐显现。具体表现是：目前从事浅层地热能开发利用企业主要有热泵厂商、建筑安装企业和地勘企业三大类，这些企业大多关注热泵设备和安装施工两个环节，但不重视地下浅层地热能资源的禀赋特征。而我国较早从事浅层地热能开发利用的部分企业，曾是行业的先行者和领军者，却在市场不断发展的浪潮中面临着被淘汰的局面，造成浅层地热能行业“热”了，个别技术企业却“凉”了。“摩托罗拉手机”现象的发生是行业与企业协调发展的问题，关键是找出单位自身的独特优势，提升企业科技创新能力。

4.2 城市规模化开发浅层地热能的路径

在浅层地热能开发中，未来重点需在具有供暖、制冷双需求的华北平原、长江经济带等地区，优先发展土壤源热泵，积极发展再生水源热泵，适度发展地表水源热泵，扩大浅层地热能开发利用规模。在满足土壤热平衡情况下，积极采用地埋管地源热泵供暖供冷；在确保100%回灌的前提下，积极稳妥推广地下水源热泵供暖供冷；对地表水资源丰富的长江中下游区域，积极发展地表水源热泵供暖供冷；大力推进云贵高寒地区地热能利用。而且，在京、津、冀、晋、鲁、豫及长江流域地区，结合供暖（制冷）需求因地制宜推进浅层地热能开发，积极推进浅层地热能集群化利用示范。采用大型地源热泵技术对水、土壤中的低品位地热能，经电力做功，产生高品位地热能供利用。

城市规模化开发浅层地热能的路径是：发挥政府引导作用，进一步落实原国土资源部《关于大力推进浅层地热能开发利用的通知》（国土资发

〔2008〕249 号）的要求，大力降低“水源热泵”现象发生的概率，解决资源与环境协调发展的问题，开展市域范围浅层地热能资源调查评价，编制市域范围浅层地热能开发利用规划，建设市域范围浅层地热能开发利用监测网，关注城市规模化开发浅层地热能的影响因素，大力推进浅层地热能资源的有序开发利用[6]。发挥市场驱动作用，大力降低“浅层地热能行业谁都行”现象和“摩托罗拉手机”现象发生概率，解决大型地源热泵工程高效换热关键问题，开展浅层地热能开发利用可行性场地勘查评价，优化超大型地源热泵系统设计，遴选大型地源热泵系统施工工艺，大力推进大型地源热泵工程的科学施工和高效运行。

4.2.1 规范市域范围浅层地热能有序开发利用

4.2.1.1 开展市域范围浅层地热能资源调查评价工作

我国地域辽阔，从南到北地温和气温的分布不同，即使同一纬度，高程不同，年平均气温相差也较大，如重庆与拉萨纬度相近，但年平均气温相差10 ℃，所以供暖和制冷的需求有很大不同。我国各省市的地质情况也千差万别，有的城市处于平原，有的处于山区，如同样位于沿海的青岛和大连属于滨海山地型，而上海和天津则属于滨海平原型，由于覆盖层厚度的不同，所采取的换热方式和经济性都有很大的差别。即使在同一地区，如山前冲洪积扇类型地区，由于不同地段地层颗粒度及含水层厚度、渗透系数等差别，开发利用方式也不同。开发的适宜性由地质条件、经济条件和施工条件等因素决定，因此，各城市都应及时开展浅层地热能的调查评价工作，调查评价内容主要是查明浅层地热能的分布特点、赋存条件和地层热物性参数等，估算可利用的资源量，调查评价工作应按照原国土资源部行业标准《浅层地热能勘查评价规范》进行。通过调查评价摸清资源家底，查明浅层地热能资源的分布规律和控制条件等，为今后科学开发利用浅层地热能、编制专项规划提供依据。

4.2.1.2 编制市域范围浅层地热能开发利用规划

作为一种可再生能源，浅层地热能在世界许多国家获得了大规模的商业推广和应用。虽然目前收集到世界各国应用浅层地热能的资料不够完整，但至少可以定性地看出，在大部分国家和地区规模化开发利用浅层地热能是可行的[7]。充分分析研究我国区域气候特征、水资源条件、地质环境等基础条件，以重点经济带或人口密集区为重点工作区，对不同水资源及地质背景下地下水源热泵与土壤源热泵系统的应用条件与适用范围进行适宜性分析，是我国城市浅层地热能规模化开采利用的前提和基础。

除此之外，为了保证浅层地热能的合理开发利用，有必要结合城市发展的建设和能源需求，在城市浅层地热能资源调查和系统评价的基础上，制订合理的开发利用规划，划定适宜开发区和不适宜开发区；依据水文地质条件，圈定适宜不同开发方式（地下水、地理管）的地段，估算不同适宜区浅层地热能可利用率，估算可能的供暖面积，提出合理的开发利用规模，确定有利的开发地段及适宜的开发利用方式，做到有序开发、合理利用，科学管理浅层地热能资源，为政府统一规划浅层地热能资源、提高能源利用效率、保证能源安全的宏观决策提供基础依据。但应注意以下问题。

（1）浅层地热能资源的可持续性

石家庄市近郊区都处在极强富水区内，但是对同一面积，用地埋管换热计算的供热潜力比用地下水换热计算的结果大了 13 倍。所以，地源热泵虽然成本较高，换热效率相对偏低，但是它具有比使用水源热泵更大的取热潜力。这告诉我们，在资源紧张时尽量考虑地源热泵，是一种节约的选择。

（2）浅层地热能资源的有用性

地下的热能采集系统和地面的热泵系统能否做到地下温度的冷热平衡，决定了系统的有用性。北京外语教学与研究出版社地下水换热系统地源热泵的地温监测资料是一个例子，根据温度监测，它在一年的周期内实现了冷热平衡。这说明这套系统可以长期有效运行。

（3）对地质环境的影响应予注意

地源热泵工程中会暴露一些问题，如地下水源热泵系统地下水回灌难，造成水位下降，地面沉降；系统整体不节能；水质污染；以及地温场的变化等问题。这些问题从水文地质和环境地质专业的角度，只要在施工工艺方面认真对待，如避免不同水质含水层的水混抽、混灌，针对不同水文地质条件设置回灌等，都是可以解决的。

（4）限制条件应充分考虑

虽然国际上称地源热泵是“适合于任何地方的地热能源”，但是从中国的具体情况来看，在具体的工程应用上，还会有一些不适宜之处。例如，地源热泵工程应用应避开供水水源地，城区建筑集中区的推广可能受建筑容积率的限制，地埋管换热系统有可能妨碍城市公共地下空间利用。地源热泵工程的发展得益于政府优惠政策和鼓励，也需要多方的协调配合才能做得更好。

4.2.1.3 建设市域范围浅层地热能开发利用监测网

随着浅层地热能项目数量增多、规模扩大，其在发展过程中出现了一些问题，如地下水源热泵系统地下水回灌难，造成水位下降，地面沉降；系统整体不节能；水质污染以及地温场的变化等问题。目前，由于缺乏必要的地质环境影响监测系统，浅层地热能开发对地质环境的影响没有定论。

各城市在开发利用浅层地热能的同时应建立浅层地热能地质环境影响监测网，对不同深度的地温、地下水水位和水质、地面标高等项目实施长期监测，及时掌握地温变化动态、水土质量和地面变形情况，一旦发现地温长期持续单向变化，或水土污染、地面沉降，应立即采取有效措施加以解决，防止产生地质环境问题。为了在浅层地热能开发利用方法、技术等方面加强示范引导，各城市应选择有代表性的大型热泵工程，建立若干监测实验站。

4.2.1.4 关注城市规模化开发浅层地热能的影响因素

结合对国内外地源热泵研究情况及国内典型地源热泵项目施工运行情况的调研成果，分析城市浅层地热能规模化利用的影响因素，包括气候条件、地质条件、场地情况等。

目前浅层地热能开采的主要用途，是通过地源热泵系统利用地下200 m深度以内浅层地壳中储存的热能资源对建筑物进行供暖和制冷。其常规利用模式是，冬季供暖时抽取地下近于常温的热量，再将降低了几度温度的冷量回注地下；夏季制冷时抽取地下近于常温的冷量，携走建筑物内的热量，再将增加了几度温度的热量回注地下。从地源热泵的运行周期和热交换过程看，影响浅层地热能资源的主要因素有如下4个方面。

（1）地温分布不均

以北京地区为例，地面极端最高温度高于50 ℃，地面极端最低温度低于 −20 ℃，即地面温度的变化幅度超过70 ℃。但是随着深度的增加，温度变化幅度锐减，至1.6 m深度时，温度年变幅接近10 ℃，至3.2 m深度时，更减为不足2 ℃。据此对数曲线关系外推至深度12～13 m处，年变幅小于0.01 ℃，约等于没有变化了，如图4－1所示。这个深度称之为常温层深度。随地理纬度、气候条件和地质条件的不同，常温带深度变化幅度在 10～20 m。常温层深度以上的变温层地温则是受太阳能影响，地温夏高冬低。

在常温层深度以下的增温层，地温的变化是受地壳深部高温向地表热传导影响的结果，地温越往深处越高。全球大陆地壳的平均地热增温率是每往地下深入 100 m，温度增加 3 ℃。在世界各地不同地点，地热增温率的差异极大，这影响到浅层地热能可利用的能力（强度）。

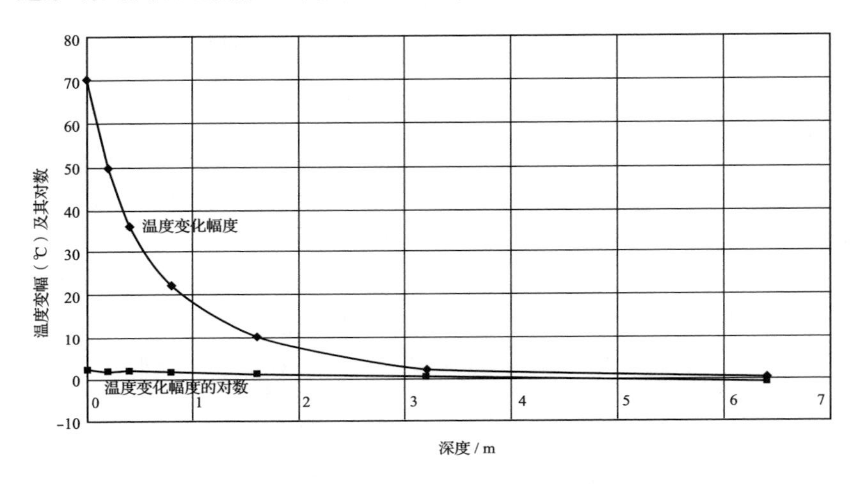

图 4－1　地温年变化幅度在深度剖面的分布

（2）地质构造差异

地质体是世界上最大的非均质体，因此浅层地热能资源的分布特性主要取决于地质构造条件。地质构造条件控制和影响地温的分布。

从全局来说，高温地热田、活火山附近地区、地质板块的活动带都是区域性的热异常区，这些地区的地热增温率远高于大陆地壳的平均值 3 ℃/100 m，可以达到 5 ℃/100 m、10 ℃/100 m、20 ℃/100 m，甚至 30 ℃/100 m 的量级，这属于地壳内热对流的传递。通俗来说，浅层地热能资源不是指这些特例，这些特例也占不到 1% 的比例，浅层地热能资源是针对 99% 以上地壳内热流传导的地区而言。

地壳内的热流传导，与地质体的热导率紧密相关。类比导体和绝缘体的导电性差异，地质体也有良好导热体和近似热绝缘体的导热性差异。一般来说，致密坚硬的岩石如花岗岩、石英岩热导率高，相对软质的页岩、泥岩的热导率低，松散沉积物的热导率更低，而且黏土比砂土的热导率低。这样，由不同组合的岩石和松散沉积物组成的地质体，即使来自地下深部的大地热流一致，也会显示不同的地温分布。

（3）地下水的影响

地下水储存在地下岩石的孔隙或裂隙中，也储存在松散沉积物如砂、土的孔隙中。在地下水位以下的岩石和砂土属于饱水体，在地下水位以上的一定空间，有毛细水富水带和水汽湿润带。饱水体的热导率比干燥的岩土体要高，毛细水富水带和水汽湿润带的热导率，处在饱水体和干燥体之间。

另外，地下水在强径流区的对流，会极大地影响热的传输，类似于热对流的传输，能够大大增强热传输能力，有利于浅层地热能的热抽取和热恢复。

（4）地理气候条件的影响

地理和气候条件属于相对次要的因素。地理纬度和高程都会影响当地的气候条件，一个地方的地下常温层的温度大致相当于年平均气温。地源热泵系统从浅层地热能提取热量和冷量，总体上说，以地理上的温带地区最为适宜，具体原因如下。

一是冬季需要供暖、夏季需要制冷，其运作过程中向地下的注冷和注热有利于地温的平衡；二是冬季供暖后提取了热量的回水不至于近冰点（0 ℃）；三是夏季制冷需要抽取冷量的地温不至于太高，例如，若达到 25 ~ 30 ℃会影响提取的效率。

在寒带只需要供暖，不需要制冷，出现上述情况也能用技术措施解决，比如在循环液中混入一定比例的防冻液；在热带只需要制冷，不需要供暖，出现上述情况，也可采用技术措施应对；但这些条件下应用地源热泵系统的能效比（COP）会有所降低。

4.2.2 推进大型地源热泵工程科学施工和高效运行

大型地源热泵工程是我国推进城市规模化开发利用浅层地热能的关键环节，要发挥市场驱动作用，大力降低“浅层地热能行业谁都行”现象和“摩托罗拉手机”现象发生的概率，解决大型地源热泵工程高效换热关键问题，开展浅层地热能开发利用可行性场地勘查评价，优化超大型地源热泵系统设计，遴选大型地源热泵系统施工工艺，科学安全组织施工，关注大型地源热泵系统的常见问题，大力推进大型地源热泵工程的科学施工和高效运行。

4.2.2.1 开展浅层地热能开发可行性场地勘查评价

开展浅层地热能开发利用可行性场地勘查评价，对合理、可持续利用浅层地热能起着举足轻重的作用。不同区域的地质条件千差万别，因此，项目建设单位需要因地制宜地采取专门的勘查方法对资源进行勘查评价。

浅层地热能场地勘查评价范围的确定需要综合考虑地质条件、地热地质条件和建筑工程需求，勘查范围应大于拟定换热区。针对地埋管换热系统勘查，可采用钻探、井探和地球物理勘探等勘查方法，勘查方法的选取应符合勘查目的和岩土体的特性。勘查孔布设应充分考虑工程场地内的地质条件差异和换热孔的分布情况，考虑到大型工程埋管占地面积较大，宜分散布设于换热孔区域。根据勘查孔的测试数据及模型结果，计算浅层地热能热容量和可利用量，评价浅层地热能开发利用的环境影响和经济性。

在复杂地质条件下进行场地开发，所有的影响因素可以分为两大类：场地因素与开发因素。场地因素包括地质条件、地下水赋存条件、地层热传导条件等先天由场地物理条件决定的因素；开发因素包括经济因素、时间因素和技术因素等由社会发展状况决定的因素。场地因素在很大程度上决定开发因素，例如影响钻孔成本、勘探技术和工程进度等，甚至能够直接决定该场地有无开发价值。对于复杂地质条件的项目场地，场地因素对于开发因素的技术、经济因素影响更为明显，因此在建立场地开发适宜性评价分析的过程中将场地因素四大项设为中间层（对象层），同时结合开发因素对目标层的影响进行权重分析，以达到合理科学评价的要求[8]。

（1）场地特点

场地条件对于项目开发的影响主要体现在地貌地形、施工环境和物探环境。简单场地指地貌、地形简单，施工环境良好，地热能开发带来的生态环境问题和地质效应问题较小，且周围电磁环境对前期物探工作影响较小或没有影响，如单一的碳酸岩地层，对于后续施工方案的确定、钻孔的推进成本及周围的环境和地质影响都起到良好的作用。中等复杂场地和复杂场地的水文地貌与地形均比较复杂，施工环境较差或恶劣，周围电磁环境对前期物探工作影响较大，后续的施工成本和所带来的地质、环境影响也比较高[9]。

（2）地层特点

在复杂地质条件下，影响场地开发的地层条件主要包括裂隙发育程度、基岩厚度和溶洞发育程度，其中溶洞和裂隙都是影响地源热泵系统建设的不良地质现象，溶洞发育程度越高，钻孔时丢钻、卡钻事故发生率就越高，当钻孔通过过大的裂隙带时也须做相应的钻进防护处理，避免钻孔施工难度加大，项目施工周期延长；基岩厚度包括地下 150 m 以内各基岩层的厚度、空间分布关系、厚度比例，基岩厚度也在很大程度上决定了钻孔成本。综合确定地层条件对于评价该开发场地的可钻性，对后继地埋孔、勘查孔施工与回填工作提供依据和建议都具有十分重要的作用[10]。

（3）地下水特点

地下水条件多种多样，根据地下水在不同介质中的赋存形式和运移状态，选取在复杂地质条件下对场地开发影响最大的因素作为评价因素。地下水在孔隙和裂隙中的运移对于地埋管系统的散热具有十分重要的作用，可在很大程度上避免换热系统的热失衡，提升系统的换热效率[11]。对地下水条件选取最大影响因素，可综合成裂隙水流量、裂隙水流速、孔隙率和孔隙水流速四项指标，这四项指标的数值越好，后期地埋管系统建成后系统运行效率也就越高[12]。

（4）岩土体热物性参数特点

岩土体热物性参数包括开发区域内地温场分布特征、地层的有效传热系数、岩土体平均导热系数、地层初始温度和地下水温度等参数[13]，综合成地下水水温、地层比热容和地层导热系数三大指标。这些指标对于计算下一步该场地地源热泵系统地埋管换热孔的合理间距，进行场地浅层地热能评价，提出合理的开发利用方案都有很高的参考价值[14]。

4.2.2.2 优化大型地源热泵系统设计

（1）冷、热负荷确定

大型及超大型地源热泵系统项目前期需要充分了解各单体建筑内拟采用的空调系统形式、空调冷热水需求温度、空调冷热负荷特点等，在此基础上确定项目冷热负荷具体种类。各单体建筑冷热负荷计算时仅考虑自身建筑物冷热负荷需求，项目能源站设计时需在分析各单体建筑负荷需求的基础上，充分考虑建筑物同时使用系数，以确定项目最终的冷、热负荷设计。

（2）能源系统形式确定

大型及超大型规模项目实施地源热泵系统，根据项目特点及资源禀赋条件，多数情况下采用以地源热泵为主，结合蓄能及常规能源调峰等多能耦合的能源系统形式。这种以清洁能源为主，多能耦合的系统形式，供能形式灵活，充分利用了可再生能源，同时兼顾了项目经济性及供能安全可靠性。

地源热泵装机容量配置需根据可实施地埋孔的场地及项目经济性最终确定。在场地条件允许的情况下，地源热泵装机容量建议按照不低于承担热负荷的60%进行配置。常规能源设备因造价较低，为提高系统安全保障性可适当冗余。

（3）地埋管系统设计

根据岩土热响应试验获得的土壤热物性参数、设计冷热负荷及系统运行策略等，通过软件模拟计算得到地埋管的总延米数，并通过全年动态负荷模拟计算校核地埋管换热器进出口流体温度及热平衡，进一步优化地埋管设计，最终确定地埋管设计总延米数。根据项目所在区域的地质条件及管材承压确定实施地埋管的深度，按照1.05～1.1的富余系数确定换热孔的设计数量。换热孔布置按照4～6 m间距分区域布置，区域内换热孔按照一定数量（10～30个）汇集到同一水平联络管，各水平联络管再汇集到区域内各个分集水器。各水平联络管上的换热孔数量尽量保持一致，各个分集水器上连接的水平联络管支路一般不超过8路。各区域内地埋管系统水力平衡具体措施包括：各支路地埋管同程式布置；接到同一集水器上的各回水支路设置静态平衡阀；区域内连接各个分集水器主管路同程式布置，同时各集水器主管路设置流量平衡阀。可实施换热孔的场地范围较广泛，避开地下设施、管道即可，绿地、广场、停车场、河道、建筑基础下等均可实施。为保障地埋管长期安全稳定运行，地埋管系统须设置地温场监测系统，后期运行根据地温场监测数据实施调整系统运行策略，保证地温场取热量、排热量平衡。

（4）输配管网设计

冷热源用户侧一次管网设计首先按照末端用户对冷热源水种类的需求进行划分，并根据需求负荷大小及特点进行管路优化设计。根据项目建筑物分布特点及能源站的位置确定采用枝状或环状管网，一般采用枝状管网，异程布置。超大型项目管网通常设置专用管廊。管网水力平衡具体措施包括分区设置二次泵、选取合理管径、在各二级站配置平衡阀等。

超大规模项目，地埋管数量多，地源侧管路一般分几条主管路引入能源站。地源侧主管路设计与用户侧一次管网类似，一般采用枝状管网异程式布置，地源侧管路采用直埋或专用管廊等方式敷设。

4.2.2.3 遴选大型地源热泵系统施工工艺

（1）换热孔钻探工艺

换热孔钻探方式通常按照建设区地层结构特征进行选择，对第四系细颗粒地层宜采用回转钻进，第四系粗颗粒地层宜采用回转钻进或冲击钻进，基岩地层宜采用潜孔锤钻进，若基岩地层上覆第四系地层，则钻进第四系地层时应采用跟管钻进。

大型竖直地埋管地源热泵项目钻孔数量多，单个布孔区域内孔数较多，钻探穿孔概率显著增加，因此在钻探过程中要严格控制钻孔孔斜。另外，大型项目中同时施工的机械及工序较多，钻孔过程中产生的废土、废渣和岩土屑在钻孔完毕后应及时清除，使场地干净不积污，保持场地平整、清洁、移机方便，以提高施工效率。

（2）回填材料选取

本次工作开展的高导热回填料配比及测试数据显示，在粉砂、细砂和中砂添加6%的重晶石粉可以显著提高回填料的导热性能，且与添加膨润土和水泥相比更加经济。因此，砂土地层中建议添加含重晶石粉的中砂回填料作为提升回填料热导率的主要手段，如果地埋管换热器设在非常密实或坚硬的岩土体或岩石下，宜采用易凝固的水泥砂浆作为回填材料，以防止孔隙水因冻结膨胀损坏膨润土灌浆材料而导致管道被挤压节流，建议优先选择配制粉砂水泥砂浆作为回填材料，以提升回填材料的导热性能。

北京城市副中心复合式地源热泵能源系统建设区位于潮白河与永定河冲洪积扇的中下游，区内第四系地层厚度大于100 m，岩性主要以黏土夹砂、砾砂为主，属于砂土地层，项目利用原浆循环方式进行了回填，即将后面钻孔过程中的钻井液循环通过前面已钻凿待回填的钻孔，使后面钻孔的排出物在前面钻孔中沉淀，达到回填的目的。该方法回填密实、效率高，推荐在砂层地区的大型地埋管项目中使用。

（3）监测系统建设

①室外监测系统建设

地源热泵项目监测系统建设应充分考虑不同应用场景及安装条件的特殊性，包括地下（垂向地层温度监测和水平管沟的地温监测，正常埋设和水系下埋设的差异）、小室（无检查井，直接连入管廊）、管廊（超长距离信号输送，过程信号存在衰减），同时考虑到后期维护及数据获取的便捷性、及时性、监测系统的安全性等。

设计室外监测孔时，应使监测孔全面覆盖场区，实现区域地温场的整体控制，同时在集中开发利用区实施重点监测；结合地层岩性分布情况确定监测层位。换热监测孔和影响监测孔布设位置应包含布孔区域中心及边缘，考虑地下水径流方向对地温场分布的影响；基准温度监测孔布设位置应能够代表区域地层原始温度。由于项目建成后埋设的温度传感器无法维修更换，为避免因传感器损坏造成监测点缺失，各处监测孔均应成对或成组布设。

②室内监测系统建设

室内监控包括系统冷热源监控及自控系统。冷水机组、变频水泵、变制冷剂流量多联分体式空调系统等机电一体化设备由机组所带自控设备控制，集中监控系统进行设备群控和主要运行状态的监测。锅炉房、热力站、制冷机房内设备在机房控制室集中监控；主要设备的监测纳入楼宇自动化管理系统总控制中心；其余暖通空调动力系统的采用集中自动监控，纳入楼宇自动化管理系统。采用集中控制的设备和自控阀均要求能够就地手动和控制室自动控制，控制室能够监测手动、自动控制状态。项目运营期内热回收系统投入比重的变更，需能够依据数据中心供冷计量系统的监测数据，阶段性切换。各楼采用分项计量体系，对照明用电、空调用电、动力用电、生活用水等项进行分别计量；对来自冷热源的总冷量、总热量进行计量，对外租或使用单位不同区域的供冷量、供热量进行分别计量。在能源中心设置园区能源管理平台，实现对多个用户、多种能源进行集中采集、监视、分析、管理。

设计自控系统时，可考虑在每个能源站采用 DCS 或 PLC 冗余控制器进行就地自控，并采用一套 PVSS 监控软件进行远程实时监控，最后在总调度中心建设一套综合监控系统，将所有的能源站监控系统连到总调度中心的监控平台上，实现整个能源供应调度管理的合理优化运行。

③能源管理平台建设

大型及超大型规模项目实施地源热泵系统应建立统一能源管理系统，将能源中心及二级分区换热站等纳入统一管理系统，对冷、热源的生产、输送以及使用进行整体的调度及优化，充分利用浅层地热能资源，以适应多种冷热源系统服务于多种用户需求的情况，保证系统供暖、制冷的可靠性。同时，根据项目分期建设特点，冷、热源设备分期装机，后期投入设备、系统可根据前期运行情况进行优化，提高能源利用的经济性。

④智慧能源运行策略

为确保系统运行安全、稳定、高效、节能，北京城市副中心百兆瓦级复合式地源热泵能源系统开展了智慧能源管控运行策略研究，结合系统能源站设备情况、建筑使用情况，模拟计算了建筑负荷，制订了冬季和夏季运行条件下的冷热源调度策略，包括高温热水调度策略、低温热水调度策略、高温冷水调度策略、低温冷水调度策略、1#和2#站蓄能联通调度策略、智慧蓄能策略以及过渡季调度策略，SCADA系统保证了调度策略的实现。其中，高温热水由市政热力和固体电蓄热锅炉承担；低温热水可由市政热力或热泵系统提供，考虑到夜间蓄热得到的热量最经济，所以尽量使用谷价电进行蓄热，然后用于白天；地源热泵在额定工况下，在电谷价时产生热量比市政热力更经济，其他时间都用市政热力来补充。高温冷水由蓄能模块提供，比由高温冷机模块提供更经济，因此当蓄能槽蓄能量大于低温冷需求时，蓄能模块剩余冷量优先于高温冷机供给高温冷水。低温冷水可由低温冷水机组、地源热泵和蓄能模块提供，由蓄能模块供冷最经济，因此夜间应尽量蓄满冷，白天在电价尖峰、高峰时均匀取用，额定工况下白天冷量不足时，优先用热泵模块进行供冷，热泵模块不够时启用低温冷机模块供冷。使用蓄能模块时，应一次蓄能，一次用尽，杜绝多次重放，导致蓄能池变温层混乱，失去经济性。

4.2.2.4 关注大型地源热泵系统的常见问题

（1）大型地源热泵系统初始投资成本过大

地源热泵项目与常规供热制冷项目相比，除机房内设备安装费用外，还有室外地埋管工程费用，包括初期的地质条件勘查、测试，地埋管钻孔、埋管、回填及地下水平管路敷设、分集水器、信号采集等费用。北方地区还要考虑防冻和保温，这些都增加了地源热泵系统的初始投资成本。在所有建设成本中，地埋管换热器所占成本最高可达到50%，与常规供热供冷系统相比，地埋管地源热泵系统初期建设成本最高可增加40%。但地源热泵系统后期运行费用比常规系统节约30%~40%，且自2013年以来，北京市为促进可再生能源利用，对地源热泵系统给予30%的固定资产投资补贴，大大提高了地源热泵等可再生能源利用的可行性及经济性。

（2）大型地源热泵系统室外布置工艺复杂

地埋管式地源热泵室外工程包括方案初期的地质条件勘查、岩土热响应实验，包括实施阶段的地埋管钻孔、换热器下管、换热孔回填、水平管路的连接、分集水器井设置、监测孔施工等环节。室外工程专业性较强，对系统整体效率、供热供冷能力影响较大。以往案例中，室外地埋管施工经常出现以下问题。

①地埋井深度达不到要求

竖直地埋管深度一般情况在 100 ~ 200 m。确定深度时应综合考虑占地面积、钻孔设备、钻孔成本和工程规模。在实际施工过程中，根据地质结构不同，钻孔难度会随着深度增大而增大。若施工队为节省施工费用，虚报管井深度，会造成地埋管换热效率达不到设计要求，直接影响地源热泵中央空调系统的使用效果。因此，应严格监督钻孔深度及下管过程，委托管材厂家加注米标。

②地埋井垂直深度不达要求

地埋管管井垂直度未达到设计要求，通常是钻孔施工队伍在钻孔前调整钻机底座平衡、钻孔四周地面夯实、钻杆垂直参照物选择等工作不认真造成。由此可使管井下方倾斜，严重时甚至造成管井与相邻管井相通，形成“串孔”，导致管井换热能力下降甚至管井报废。应夯实钻孔四周地面，调平钻机底座平衡，下钻杆时找准垂直参照物。

③地埋管下管过程易出现的问题

地埋管下管过程易出现下管深度不到位、PE 管管壁破损等现象。地埋管下管深度不到位可能是由于管井塌井、缩孔所致，此现象可降低换热效率。PE 管管壁破损影响 PE 管的耐压能力和使用寿命，破损严重时可造成漏水、管井报废。若施工队为加快施工进度、节省时间，偷工减料造成下 PE 管时 PE 管管壁受伤，则可能造成 PE 管管壁破裂、管井报废。应严格把好工序检验关，监督好施工队伍。

④地埋管回填时易出现的问题

地埋管回填时易出现回填不密实的问题，原因是回填料配比不当、回填不匀速、回填速度过快、未多次回填所致。回填不密实可导致换热效率降低，影响空调使用效果。要调好合适的回填料配比，匀速回填，多次回填。

⑤水平管连接易出现的问题

室外地埋管水平管较多，连接头较多，水平管连接中易出现漏水的问题。水平连接接头多，如果焊接工人未严格按焊接工艺操作，会导致接头质量出现问题。在进行水平连接前应夯实基础，避免基础下沉造成管材拉伸变形，从而造成接头处漏水、失压。

（3）回填材料选取影响较大

回填是地埋管换热器施工过程中的重要环节，是在钻孔完毕、安装 U 型管后，向钻孔中注入回填材料。回填材料介于地埋管换热器的埋管与钻孔壁之间，用来增强埋管与周围岩土的换热，同时也起到密封钻孔的作用，防止地面水通过钻孔向地下渗透，以保护地下水不受地表污染物的污染，并防止地下各个含水层之间的交叉污染。

回填材料的选择以及正确的回填施工对于保证地埋管换热器的性能有重要的意义。采用导热性能不良的回填材料将显著增大钻孔内的热阻，在同样的条件下导致所需的钻孔总长度增加，同时也意味着系统初始投资成本及运行费用的增加。随着地源热泵技术的推广应用，人们越来越关注回填材料性能的改善和优化，但这些研究成果，或是选用的材料成本昂贵，或是导热系数不够理想，都比较难以应用到实际工程中去。

（4）岩土体存在全年热失衡现象

地源热泵系统通过室外地埋管冬季取热，夏季排热，全年排、取热量不平衡会逐渐出现冷堆积或者热堆积问题，导致项目无法持续高效运行。不同气候分区的建筑物在一年之中的冷、热负荷相差较大。夏热冬冷地区，供冷和采暖的天数相差无几，冷热负荷基本相等，地埋管地源热泵系统就比较适合在夏热冬冷地区推广使用；夏热冬暖地区，夏季热负荷大于冬季冷负荷，造成热泵向土壤释放的热量大于冬季从土壤吸收的热量，可能造成地下土壤的温度升高，进而致使机组的冷凝温度提高、制冷量减少、设备功率上升；严寒地区，冬季热负荷大于夏季冷负荷，可能导致土壤温度逐渐降低、设备功率上升、供热性能 COP 降低。研究表明，土壤温度每降低 1 ℃，会使制取同样热量的能耗增加 3%～4%。因此，地埋管地源热泵项目，在机组设置、地埋孔个数设置、布孔方案、冷热平衡分析阶段需要结合项目当地气象条件、地质条件、负荷特性、运行策略综合分析，做项目全年热平衡计算，通过设置辅助热源、编制运行调度策略，调整取热量和排热量，维持地源热泵项目全生命周期的土壤热平衡，保障项目长期稳定高效供热、供冷运行。

地源热泵工程需求冷热负荷大、地埋管换热量大，热泵机组连续运行、单一制冷或单一供暖、埋管间距小、地下水渗流条件差，此种条件下的地下环境不利于冷热负荷的消散，地质环境温度的变化幅度就大，反之则较小。

办公楼、展馆类建筑的空调采取间歇运行方式，热泵机组关停时段内，聚集在岩土体中的冷热负荷逐步向周围地下环境释放，有利于地温的恢复；而宾馆、酒店及部分住宅等建筑采取连续运行方式，一个取暖季或制冷季内热泵机组持续运行，换热器持续不断地向地下环境输入冷量或热量，冷热负荷得不到及时消散，导致温度不断降低、升高，呈单趋势变化。

单个地埋管换热器对地下环境温度的影响，以换热器为中心，靠近中心，地下环境温度变化幅度大，沿径向远离换热器，地下环境温度变化幅度减小，直至不受影响。若间距过小，相邻换热器热影响相互叠加，温度变化幅度增大。因此，在设计地埋管工程时，在场地空间条件允许的前提下，埋管间距应尽可能大，最大程度减少或避免管群区换热器间的相互干扰，将温度影响控制在可接受的温度变化幅度内。

地下水渗流有利于减弱或消除由地埋管换热而引起的冷热负荷累积效应，冷热负荷以地下水为载体向下游传递，并逐渐消散，渗流速度越快，冷热负荷消散越快，地下环境温度变化相对越小。

（5）地下环境污染现象

本文结合国内典型地源热泵项目运行情况的调研，收集地源热泵项目运行监测成果，分析浅层地热能规模化利用可能对地质环境的影响，并提出应对方案建议。

浅层地热能开发利用对地质环境的影响及产生的问题主要有：岩土体环境冷热负荷堆积，使得地下环境温度场呈单趋势变化；岩土体温度变化引发微生物种群改变及数量变化；地埋管施工造成含水层间的交叉污染，或地面污染物下渗导致地下水水质污染；开采出的地下水不能全部回灌引起地下水位下降，引发松散层区地面沉降地质灾害等。

①埋管式热泵系统对地下环境影响的分析

地埋管式地源热泵项目在换热孔钻凿后会造成上下层含水层相通、上下混水等现象，若上部含水层受到污染，下部含水层也会受到污染，在施工过程中应随时关注钻探情况。为防止项目的实施对地下水环境带来风险，地埋管的回填采用膨润土加细砂砂浆，确保砂浆填实井壁和管壁的环状间隙，以保护深层地下水不被污染。浅层地下水对下游及周边水环境也有一定影响。地源热泵项目在后期运行中，需要及时对地下水环境进行监测，保护地下水资源。

实际地埋管热泵系统密闭管路中的循环介质通常是水。有的工程室外管路埋设深度小于该区的冻土层厚度，或上覆保护（温）层厚度较薄，冬季管内循环水上冻，从而造成水流不畅，局部堵塞，甚至管道冻裂。为防止此类事故，一般向循环水中加注适量的防冻剂，有的工程甚至全部采用防冻剂、循环液，但在管路中闭式循环，通常情况下，热泵系统运行不会对地下环境造成污染。一旦出现地埋管壁破裂或者接缝开裂，循环液在泵压下向外喷射，会直接对周围的土壤环境和水环境造成严重的污染；另外，管道安装调试时也有可能发生局部泄漏。防冻液大多是有机溶液，若泄漏点位于地下，一旦污染则极难治理。

②地下水热泵系统对地下环境影响的分析

地下水热泵系统若同层回灌且采灌量基本平衡，则不会对地下水位产生明显的影响；若开采量不能全部同层回灌或为异层采灌，则局部会出现地下水降落漏斗，对地下水位影响程度的大小取决于工程消耗水量的多少和地下水补给条件的优劣。以济南为例，济南地下水源热泵工程主要分布于长清区，地处山前冲洪积平原，含水层颗粒较粗，多粗砂、砾石，富水性较强，抽取的地下水大多数能全部同层回灌，回灌率最低也在80%左右，加之含水层颗粒孔隙度大，径流条件好，丰水期下伏岩溶地下水的顶托补给强烈，据调查，工程运行以来，地下水水位没有明显单趋势下降。而在济南西郊高铁站以西、小清河南部含水层颗粒细、补给条件相对较差的地带，若地下水不能全部回灌，则会以开采井为中心产生一个小范围的地下水位降落漏斗，停采后，水位缓慢回升；此区域的地下水若长时间、高强度开采而又得不到及时补充，区域水位将单趋势大幅度下降，严重的还会引发地面沉降和地面裂缝。

热泵工程需水量大，同一场地有时需要打多口开采井，水井位置不同，地下水质也不尽相同，即使是同一口井，不同含水层间也存在一定的差异，取水段若贯穿多个含水层，使地下水多层混合，若浅部含水层受到污染，而深层含水层水质良好，将会产生串层污染。同井不同层水质混合、不同井水质的混合或井组采灌功能的相互转换，都会使地下水水质发生一定的变化；同层回灌对地下水水质影响则较小，但若回灌系统密封性差，地下水水质也会因氧化作用发生改变；另外，金属出水管或回灌管还有可能与空气发生细菌锈蚀、电偶缝隙锈蚀、氧浓差锈蚀等，污染地下水。意外的井管破裂也有可能使地表污水或污染物直接通过破损处渗入含水层而污染地下水。

另外，能量交换后的循环水通过回灌井进入地下，不可避免地会使周围地下水及岩土体的温度升高或降低，对主要含水层中地下水温度影响最大，并且随着热泵运行时间的推移，温度的变化幅度会逐渐加大，影响范围也不断向外扩展。若换热功率大，地下水径流条件好，冷热负荷会以地下水为载体，由主要含水层迅速向外扩展，扩展速度和影响程度以沿地下水流向为最大。若采灌井间距过小，即使回灌井位于开采井的下游，由于开采井取水形成局部降落漏斗，漏斗伸向回灌井方向，回灌井温度的变化也可能会影响到开采井周围，使得热泵机组利用的地下水的温差减小，影响系统换热效率，当温差小于3 ℃时，应用效果会明显降低。只有确定合理的采灌井间距，才能避免地下水流形成“热短路”，保障工程制冷或供暖效果。此外，水源热泵工程回灌改变地下水和含水层颗粒的温度，有可能影响对温度变化敏感的微生物的生活环境，从而对其种群及数量产生影响。

4.3 实际工程案例

4.3.1 北京汽车产业研发基地地源热泵项目

4.3.1.1 项目概况

北京汽车产业研发基地地处顺义区内，紧邻中国最大的航空港——首都国际机场。总建筑面积170 435 m^2（其中地下建筑面积31 680 m^2，地上建筑面积138 755 m^2），建筑总高度36.00 m，地下1层，地上7层（图4－2）。

图4－2 项目建筑效果图

4.3.1.2 冷、热负荷

冷负荷：夏季最大供冷负荷约为18 782 kW；热负荷：冬季最大供热负荷

约为 19 484 kW。

4.3.1.3 水文地质条件

项目所在区域位于中朝准地台（Ⅰ）、华北断坳（Ⅱ2）、北京迭断陷（Ⅲ6）、顺义迭凹陷（Ⅳ5）的西南部。从区域地质来看，工区位于后沙峪凹陷内，第四系较厚，深度为 1000 m 左右，主要为河流相沉积地层，呈下粗上细的沉积规律。上部为粉细砂与灰色黏土层互层；下部为大套杂色砂砾石层，底部为一厚层深灰色砂砾石层。黏土层主要以灰、灰白、灰黑色为主，砾石成分以石英、长石为主，粒径一般为 1～12 mm，次圆、次棱角状，分选性差，泥质胶结，疏松，成岩性差。其基岩地层为侏罗系，主要为内陆盆地堆积的火山—沉积岩系。岩性为杂色安山岩、安山质角砾岩、岩屑砂岩及粉砂岩。

项目所在区域 130 m 以上地层主要为黏土、粉细砂和中粗砂，其中黏土层累计厚度为 52 m，粉细砂累计厚度为 51 m，中粗砂累计厚度为 27 m。此类地层含水量低，且不易回灌，不适宜实施地下水水源热泵系统，反之，此类地层非常适合实施地埋管式地源热泵系统，地源热泵系统的土壤换热器（地埋管）适宜的垂直深度为 120 m 左右，如果增加深度，施工造价就会大幅度增加，所以，建议本项目的土壤换热器深度为 120 m。

4.3.1.4 冷热源形式

（1）地源热泵复合能源系统

众所周知，地源热泵系统是一种节能环保的系统，从上文介绍的区域水文地质情况可以看出，本项目非常适合实施地源热泵系统，不过针对本项目而言，不宜实施纯地源热泵系统，原因如下。

一方面，由于布置土壤换热器（地埋管）的区域有限，不能满足纯地源热泵系统的需求，如果实施纯地源热泵系统，需要 120 m 深的土壤换热器，数量约为 2850 个，而本项目可布置土壤换热器区域最多只能布置 1800 个土壤换热器。

另一方面，从使用需求和系统的造价考虑，也没有必要按照最大负荷来设计成纯地源热泵系统，北京市夏季室外计算干球温度为 33. 2 ℃、冬季室外计算干球温度为 –12 ℃，从北京市室外气温变化图（图 4 – 3）可以看出，北京市室外气温在 33. 2 ℃以上（含 33. 2 ℃）的累积小时数为 78 h，合 3. 25 天，室外气温在 –12 ℃以下（含 –12 ℃）的累积小时数为 15 h，不足 1 天。如果为了满足最热或最冷时的需求而实施纯地源热泵系统，必然会造成系统的投资巨大，而且部分设备大部分时间会闲置，从投资上来说是一种不必要的浪费。

所以本项目的空调系统宜为复合式地源热泵系统，即地源热泵结合其他常规能源形式的空调系统，既能满足最大负荷的需求，也能使系统的造价大幅度降低，而且后期的运行费用又接近地源热泵系统，可谓“一举多得”。

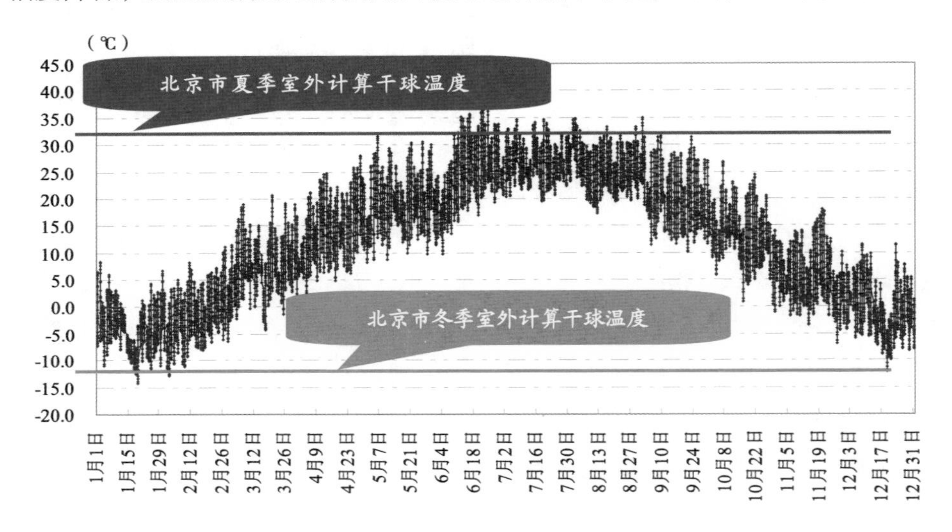

图 4-3　北京市室外气温变化图

根据本项目所在区域的能源现状，复合式地源热泵系统还可以采用燃气作为能源，所以，本方案中能源方式的设计思路为：地源热泵 + 燃气锅炉 + 常规冷水机组，燃气锅炉作为冬季供热的调峰设备，常规冷水机组作为夏季供冷的调峰设备。

（2）水蓄冷、热系统

本项目的建筑物使用功能决定了其冷、热负荷都具备白天大、夜间小的特点，所以，非常适合蓄冷及蓄热系统。另外，空调系统虽然要采用常规的能源方式，但是可以采用蓄能的方式来降低系统中常规设备（燃气锅炉、常规冷水机组）的配置比例，使整个系统尽可能地节能环保，也可以大幅度地降低系统的运行费用。

空调系统中的蓄能方式主要有冰蓄能和水蓄能，水蓄能与冰蓄能相比具有以下的优势。

①水蓄能系统既可以在夏季蓄冷，又可以在冬季蓄热，而冰蓄能系统只能在夏季蓄冷，冬季不能蓄热。

②蓄冰设备的造价要高于蓄水设备，而蓄冰设备在冬季供热工况时又会闲置，所以本项目从投资上来说，采用蓄水系统比采用蓄冰系统具有更大的优势。

③水蓄冷系统机组的效率远远高于冰蓄冷系统，系统的运行费用更低。冰蓄冷系统中机组在蓄冷工况时蒸发器最低出水温度为 -6 ℃，水蓄冷系统中机组在蓄冷工况时蒸发器最低出水温度为 4 ℃，出水温度要高 10 ℃左右，机组的效率比冰蓄冷系统高 25% 以上。

④水蓄能系统可以将蓄存的能量尽量用在电力高峰段，系统的运行费用更高。因为冰蓄冷系统中的蓄冰设备受到融冰率的限制，如冰盘管的最大融冰率为 15 左右，也就是说蓄冰设备在每个小时段最多能提供总蓄冷量的 15% 左右，蓄存的冷量只能慢慢地在各个小时段分摊，不能集中地用在电价最高的时段；而水蓄能系统没有这个限制，可以将蓄存的冷（热）量尽量用在电价最高的时段，这样就可以最大限度地降低系统的运行费用。

当然，水蓄能系统与冰蓄能系统比较也有劣势，就是蓄水罐的体积要远远大于蓄冰罐，不过，对于本项目而言，有比较合适的区域布置蓄水罐。

综上所述，无论是前期投资方面，还是后期运行费用方面，水蓄能系统都比冰蓄能系统具有更大的优势，所以，本方案中采用水蓄冷、蓄热的方式。

蓄水池初步考虑设置在如图 4－4 的平面位置处，蓄水池埋设在地下，与规划的地下室高度一致，不影响地上绿化与景观的整体布局。

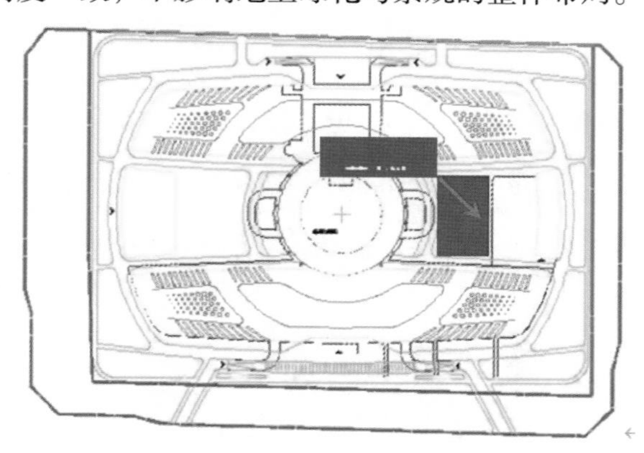

图 4－4　蓄水池位置示意图

(3) 大温差供水

常规空调系统供回水设计温差一般为 5 ℃，据统计，很多空调系统中，各种循环泵的能耗占系统总能耗的 30% 以上，有的甚至达到了 40% 左右，造成了能源的极大浪费。

本方案设计的供回水温差为 8 ℃，这样一方面降低了系统循环泵的电力消耗，节省了系统的后期运行费用；另一方面也使得循环管路的管径减小，降低了系统的初期投资。

4.3.1.5 土壤换热器系统设计

本方案中的土壤换热器系统的埋管形式设计为垂直埋管，根据热泵机组的技术参数和附近区域相近地层土壤换热器的各项参数，计算本项目共需要土壤换热器的总延米数量为 162 000 m，共需要配置 120 m 深的土壤换热器 1350 个，按照间距为 5 m×5 m 布置，土壤换热器的占地面积约为 33 750 m^2（图 4－5）。

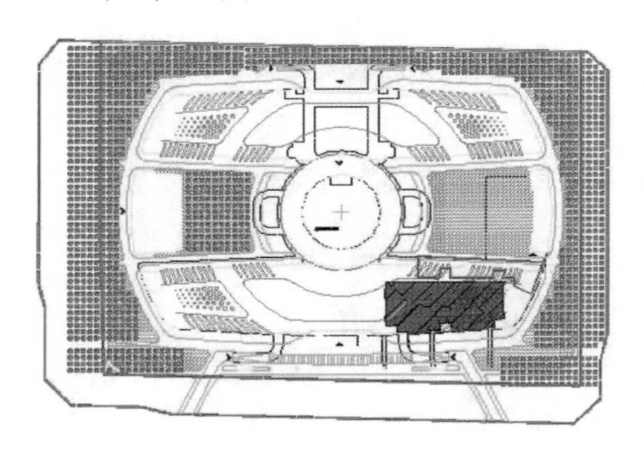

图 4－5　土壤换热器平面布置示意图

4.3.1.6 系统主要设备配置（表 4－1）

表 4－1　空调系统设备配置明细表

序号	设备名称	技术参数	功率（kW）	数量	单位
1	热泵机组	制冷量：2586 kW	447	4	台
		蓄冷量：2269 kW	444		
		制热量：2242 kW	537		
		蓄热量：2199 kW	560		
2	离心式冷水机组	650 RT	366	2	台

续表

序号	设备名称	技术参数	功率（kW）	数量	单位
3	真空燃气锅炉	2910 kW	/	2	台
4	热泵机组蓄冷、热循环泵	Q = 300 m^3/h，H = 25 m	30	5	台
5	热泵机组负荷侧一次循环泵	Q = 322 m^3/h，H = 13 m	18.5	5	台
6	土壤侧循环泵	Q = 600 m^3/h，H = 35 m	75	5	台
7	蓄冷水池	V = 7000 m^3	/	1	项
8	蓄能用板式换热器	3400 kw	/	4	台
9	蓄能板换一次循环泵	Q = 322 m^3/h，H = 15 m	18.5	5	台
10	冷水机组一次循环泵	Q = 300 m^3/h，H = 15 m	22	3	台
11	冷却塔	600 m^3	15	2	台
12	冷却水泵	Q = 550 m^3/h，H = 30 m	55	3	台
13	冷却水加药装置	/	/	1	套
14	锅炉供热一次循环泵	Q = 360 m^3/h，H = 16 m	22	3	台
15	南区空调二次循环泵	Q = 520 m^3/h，H = 26 m	55	3	台
16	北区空调二次循环泵	Q = 430 m^3/h，H = 35 m	55	3	台
17	软化水装置	10 m^3/h	0.1	1	台
18	软化水箱	V = 17.5 m^3	/	1	台
19	空调系统软化水补水泵	Q = 25 m^3/h，H = 50 m	7.5	2	台
20	空调系统定压罐	V = 3.26 m^3	/	1	台
21	地源侧储水箱	V = 6 m^3	/	1	台
22	地源侧补水泵	Q = 12 m^3/h，H = 32 m	3	2	台
23	地源侧膨胀水罐	V = 3.26 m^3	/	1	台
24	地埋管	120 m 深	/	1350	个

4.3.1.7 系统主运行费用

（1）夏季供冷运行费用

系统的运行费用主要取决于各设备的耗电费用及耗气费用。根据系统需求选择设备的技术参数和冷热负荷值，并进行计算。

北京的夏季空调期为 5 月中旬到 9 月中旬，约 120 天，运行费用统计上，采用分时段计算法，即把整个空调期划分为 5 个时段：20% 负荷段、40% 负荷段、60% 负荷段、80% 负荷段和 100% 负荷段，分别逐时计算相应时段的运行费用，并加以汇总，从而得出总的运行费用。

运行费用汇总见表4－2：

表4－2 空调系统夏季运行费用

空调期	日耗电量（kWh）	日运行费用（元）	运行天数（天）	总运行费用（元）
100%负荷段	53 247	34 597	10	345 970
80%负荷段	43 033	25 769	30	773 078
60%负荷段	33 139	16 204	40	648 151
40%负荷段	23 996	9596	30	287 882
20%负荷段	12 255	4497	10	44 968
合计			120	2 100 049
单位面积运行费用	12.4元			

（2）冬季供暖运行费用

北京的冬季采暖期为11月15日到次年3月15日，为120天，运行费用统计上，同样采用分时段计算法，即把整个采暖期划分为5个时段：20%负荷段、40%负荷段、60%负荷段、80%负荷段和100%负荷段，分别逐时计算相应时段的运行费用，并加以汇总，从而得出总的运行费用。运行费用汇总见表4－3：

表4－3 空调系统冬季运行费用

空调期	日耗电量（kWh）	日耗气量（m^3）	日运行费用（元）	运行天数（天）	总运行费用（元）
100%负荷段	57 386	5428	52 329	10	523 294
80%负荷段	53 359	2382	41 232	30	1 236 959
60%负荷段	40 434	1787	25 412	40	1 016 469
40%负荷段	27 760	1191	14 350	30	430 493
20%负荷段	17 452	0	6087	10	60 872
合计				120	3 268 087
单位面积运行费用		19.2元			

（3）系统全年运行费用

空调系统全年的运行费用约为536.8万元，合单位面积运行费用为31.6元/m^2。

4.3.1.8 案例结语

北京汽车产业研发基地项目的冷、热负荷都具备白天大、夜间小的特点，因此，在复合式地源热泵系统的基础上采用蓄能的方式来降低系统中常规设备（燃气锅炉、常规冷水机组）的配置比例，使整个系统尽可能地做到节能环保的同时，大幅度地降低系统的运行费用，为大规模地源热泵系统开发利用提供了新思路。

4.3.2 雄安新区地热能资源开发利用动态监测系统

4.3.2.1 项目概况

设立雄安新区是以习近平同志为核心的党中央深入推进京津冀协同发展作出的一项重大决策部署，是千年大计、国家大事。雄安新区是我国中东部地热资源开发利用条件最好的地区，地热这一清洁能源作为雄安新区建设发展的重要能源供应之一，是以习近平同志为核心的党中央为优化能源结构、赋能绿色发展、着眼实现碳达峰而作出的重大战略部署。雄安新区地热资源动态监测系统建设是雄安新区落实安全、绿色、高效能源发展战略，推动能源利用数字化，打造智慧友好现代能源系统的有益之举，对夯实新区建设发展基础，实现热力清洁能源稳定安全供应，服务新区“数字城市”建设，建立地热利用“雄安模式”具有重要的现实意义和战略意义。

4.3.2.2 地质背景

（1）地热资源概况

雄安新区地热资源丰富，辖区内有容城地热田、牛驼镇地热田和高阳地热田三大地热田，主要热储层为新近系砂岩孔隙型热储（包括明化镇组热储和馆陶组热储）和蓟县系、长城系裂隙岩溶性热储（包括雾迷山组热储和高于庄组热储）。明化镇组在全区广泛分布，顶界埋深 330～500 m，厚度 390～1300 m，热储温度 35～55 ℃，单井涌水量 60～75 m^3/h；馆陶组在容城县大部分区域及雄县西部缺失，其他地区均有分布，分布面积约 1212 km^2，顶界埋深 790～1760 m，厚度 100～800 m，热储温度 45～75 ℃，单井涌水量 25～60 m^3/h；蓟县系埋深小于 4000 m 的分布面积约 1256 km^2，埋深和厚度随空间变化差异较大，容城地热田和牛驼镇地热田埋藏较浅，高阳地热田埋藏较深，顶界埋深 500～3000 m，厚度 600～2000 m，热储温度 50～110 ℃，单井涌水量

25～170 m^3/h，为本区勘查开发的主要层位。

雄安新区地热流体总储存量 377 亿 m^3，其中容城地热田 30 亿 m^3，牛驼镇地热田 125 亿 m^3，高阳地热田 222 亿 m^3。在采灌均衡条件下，地热流体可开采量 4 亿 m^3/a，其中容城地热田 1 亿 m^3/a，牛驼镇地热田 1.4 亿 m^3/a，高阳地热田 1.6 亿 m^3/a。地热流体可利用的热能量 10 104 万 GJ/a，其中馆陶组热储 2222 万 GJ/a，蓟县系热储 7742 万 GJ/a，其余热储 140 万 GJ/a。

（2）地热资源勘查概况

雄安新区地热地质工作起步较早，20 世纪 70 年代就开展了地球物理勘查、地热钻探等工作，完成了河北省牛驼镇地热田、河北省地热资源开采总量控制与动态监测预警、河北省地热资源现状调查评价与区划、保定市地热资源调查评价、容城县地热资源调查评价、雄县地热资源调查评价等勘查评价及相关研究工作，全区地热资源勘查多处于调查阶段，牛驼镇地热田雄县境内区域达到了可行性勘查阶段。

2017 年 4 月雄安新区设立后，中国地质调查局全面开展雄安新区地热清洁能源调查评价，获得了重要的地热资源调查评价成果，这些成果总结了雄安新区地质构造、地层分布、地温场、热储特征、地热田划分等地热地质条件，初步分析了地热流体化学特征和开发利用动态特征，并对地热流体资源量和可采量进行了估算，为掌握雄安新区地热地质背景奠定了基础。

2020 年，河北雄安新区管理委员会综合执法局组织实施了“2020 年雄安新区重要建设片区地热资源预可行性勘查项目”，该项目包括 5 个勘查区块 6 眼地热勘探井的勘查工作，分别由天津地热勘查开发设计院、河北省地质矿产勘查开发局第三水文工程地质大队、山东省地质矿产勘查开发局第二水文地质工程地质大队、河北省地质矿产勘查开发局第九地质大队提交了勘查区块预可行勘查报告。其中，由天津地热勘查开发设计院提交的雄安新区起步区北部勘查区块（XK02）地热资源预可行性勘查成果，集成地震测线“二次解译”、物探电性反应及地热井连井剖面等成果综合分析，对容城断裂位置进行了重新确定，认为由容城断裂、F1 断裂和 F2 断裂三条断裂组成容城断裂带，同时在容城凸起与牛驼镇凸起之间划分新的Ⅳ级构造单元——牛北斜坡带，三条断裂及牛北斜坡带基本特征如下。

①容城断裂

该断裂控制着古近系的沉积，是容城凸起和牛北斜坡带的分界。区内长约 10 km，总体走向 NNE，倾向 SEE，倾角 45°左右，垂直断距 1000～3000 m，水平断距 1000～3000 m，上升盘明化镇组直接覆盖在中新元古界之上，下降盘古近系直接覆盖在中新元古代地层之上，古近系沉积厚度最厚处大于 2000 m。该断裂断距大，加之古近系沉积厚度大，因而断裂两侧蓟县系导水性较差。

②F1 断裂

区内长约 7.7 km，为一走向 NNE，倾向 SEE，倾角 35°的正断层，是牛北斜坡带内部的大断裂，垂直断距 2000 m，水平断距 1500 m，断裂两侧地层沉积差异大，断距大，加之下降盘古近系沉积厚度大，因而断裂两侧蓟县系导水性较差。

③F2 断裂

区内长约 2.45 km，断裂走向 NE，倾向 SE，倾角 45°左右，垂直断距 2200 m，水平断距 800 m，断裂上盘发育蓟县系地层，下盘发育长城系地层，该断裂是控制蓟县系沉积的正断裂。

④牛北斜坡带

区内面积约 57 km^2，西部边界为容城断裂，东部边界为古近系缺失线，南部边界为牛南断裂；基岩发育中新古界的蓟县系，地层走向为 NE，基岩顶板埋深 1200～3500 m，由边界两侧向中间呈逐渐加深趋势，起步区 XK02-1 勘探井揭露基岩为蓟县系雾迷山组，其顶板埋深为 3215 m。

4.3.2.3 开发利用与管理模式

（1）开发利用模式

2022—2023 年度，雄安新区共设 6 个地热采矿权，其中雄县和容城县各分布 3 个采矿权，采矿权均在有效期内。采矿许可证批准的生产规模共计 581.96 万 m^3/a，其中雄县 343.98 万 m^3/a，容城县 197.98 万 m^3/a。2022—2023 年度，雄安新区投入生产的地热井共计 110 眼，其中雄县 71 眼（开采井 42 眼，回灌井 29 眼），容城县 39 眼（开采井 22 眼，回灌井 17 眼）。所属地热田为容城地热田和牛驼镇地热田（容城县晾马台镇地热开采中轻 1 井、中轻 2 井暂时划归于牛驼镇地热田），生产井利用热储层均为蓟县系雾迷山组。开采的地热水主要用于建筑供暖，利用后的地热水进行了同层回灌。

雄安新区 2022—2023 年度地热水开采总量 526.59 万 m^3，回灌总量 511.09 万 m^3，净开采量 15.50 万 m^3，回灌率 97.1%，地热资源开发利用基本实现采灌平衡。

（2）管理模式

2009 年雄县人民政府引进央企，利用当地丰富的地热资源进行城区集中供暖，通过近 10 年的探索创建了“政府引导、统一规划、规模开发、技术先进、取热不取水”的“雄县模式”，代表了国内地热集中供暖的先进水平，成为全国地热直接利用的标杆。2013 年，容城县人民政府借鉴推广该模式，实施城区集中供暖建设。两县城区建成集中供热能力 602 万 m^2，实际供暖面积达 500 万 m^2。

2018 年起，全区系统开展地热井水质、水温水量、水位调查，着手建设地热资源开发利用动态监测系统。

按照《雄安新区地热资源保护与开发利用规划（2019—2025 年）》要求，雄安新区地热资源开发利用管理遵循以下原则。

保护优先、节约集约。按照生态文明建设要求，严守生态保护红线，实行保护与开发并举，加大监管力度，严格实施供暖用热以灌定采、同层回灌。优化开采布局，控制开采总量，提高地热开发利用技术，科学推进地热资源节约集约利用。

统筹兼顾、协同推进。坚持多种利用方式合理配置，以地热为供热基础热源，与电力、天然气、太阳能等多能源深度融合、协同供给，建立多能互补的清洁能源供热系统，实现地热资源综合高效利用。

因地制宜、科学管控。结合地热地质条件、功能分区及规划建设时序，有序整合现有地热井，科学设置地热资源采矿权，坚持宜热则热，地热流体循环利用与热能梯级利用相结合，建立地热利用集群，实现地热资源高效可持续利用。

示范引领、创新发展。先行先试，建立地热资源动态监测系统，着力培育地热高效利用示范区，推动科学技术和管理方式创新，打造地热资源高质量保护与开发利用的全国样板。

4.3.2.4 运行状况

雄安新区地热资源动态监测系统基础设施保持完好，监测设备运行稳定，自动监测设备上线率保持在 95% 以上。2022 年 7 月至 2023 年 6 月，取得监测数据 721 696 条，其中，信息化平台接收数据约 720 850 条，野外人工监测数据 846 条。对 30 眼开采井分别进行 1 次水质全分析，检测指标 52 项。

通过监测系统，获得地热水位监测数据，掌握雄安新区地热水位分布及其动态变化规律；获得地热开采量、开采温度、回灌量、回灌温度监测数据，为新区地热管理部门掌握地热资源开发利用情况提供支撑；获得地热全井段地温长期监测数据，为分析新区采灌条件下地温变化情况提供依据；获得地热水质监测数据，掌握新区地热水质特征及其变化规律。

（1）监测设备巡检

为保证生产井监测设备的正常工作，定期进行巡检，定期巡检的内容包括外观检测和设备测试。监测设备外观检测的内容包括检查流量/温度传感器运行是否正常，信号线缆、电源线缆和通信天线有无破损，数据采集和传输设备外观有无破损等。设备测试的内容包括监测设备数据采集测试，数据通信监测等。专用监测设备定期巡检的内容包括外观检测和设备测试。监测设备外观检测的内容包括检查井口保护装置和标识牌有无破损，数据采集和传输设备外观有无破损，信号线缆、电源线缆和通信天线有无破损等。设备测试的内容包括电池电量检测，监测设备数据采集测试，数据通信监测，水位水温校准等。

巡检频次为每年 4 次，每年巡检的时间为：每年 10 月 15 日至 30 日、1 月 15 日至 30 日、4 月 15 日至 30 日，7 月 15 日至 30 日。在设备维护的过程中，巡检人员及时通过手机 APP 填报维护信息，对专用监测设备的异常情况现场提出整改建议。

（2）监测设备维护

结合生产井监测设备运行情况，在项目周期的供暖季期间，为保障设备运行稳定，不定期前往现场进行数据核实、设备检查服务工作。在信息平台数据接收异常、生产单位现场发现设备异常等情况下，对监测设备运行情况进行检查核实；结合专用监测井水位水温监测设备运行情况和井口保护装置状态，为保障设备运行稳定与数据连续，不定期进行现场的设备检查，特别是在信息平台数据异常、其他现场发现异常、监测井周围环境发生变化等情况下，现场对监测设备运行情况及测试数据进行检查核实。

运行维保的响应时间：保证电话服务支持或技术响应时间小于 24 小时，48 小时内到现场排查处理，3 日内制订完整解决方案。在设备维护的过程中，维保人员及时通过手机 APP 填报维护信息，对专用监测设备的异常情况现场提出整改建议。

（3）信息化平台运行与维护

地热资源动态监测信息化平台运行维护的总体目标是：依据网络安全和信息化管理的相关标准规范，对系统的软硬件及运行环境开展巡查、检测、防护、修复和完善，提供系统日常运行监控及业务维护支撑。确保雄安新区地热资源动态监测信息化平台系统软件部分的正常运转，保障监测网络、设备运行、数据接收、数据处理等各项工作的开展，通过完善信息应用来服务系统建设。提升地热资源动态监测信息化技术水平和服务能力，促进雄安新区地热资源动态监测项目建设迈上新的台阶，最终实现系统安全、稳定、高效运行，逐步形成数据全面、功能完善、更新及时、运行顺畅的信息平台。

1）业务数据处理支持

在项目开展过程中，做好雄安地热资源动态监测项目的监测井基础信息建设、原始数据接收、业务数据处理等相关事宜。

对新建设的监测井基本信息进行录入、导入。针对站点异常，原始数据传输中断、数据不完整等相关情况。由厂家技术人员处理异常数据，协助因传感器反置造成的间断性数据异常等。

2）服务器运维防护

①安装杀毒软件，对服务器定期进行安全扫描。对服务器的所有文件进行集中检查看其是否带毒，若有带毒文件，则提供给网络管理员几种处理方法：清除病毒，删除带毒文件，或将带毒文件改名成不可执行文件并隔离到一个特定的病毒文件目录中。

②实时在线扫描，网络防病毒技术必须保持24小时监控网络，防止带毒文件进入服务器。为了保证病毒检测实时性，通常采用多线索的设计，让检测程序作为一个随时可以激活的功能模块，且在NetWare运行环境中不影响其他线索的运行。实时在线扫描能及时地追踪病毒的活动，及时告知网络管理员和工作站用户。

③系统及数据库备份

数据库是系统运行的基础，定期备份数据库是一项十分重要的日常维护工作，系统及数据备份恢复服务包括系统备份、数据库备份、业务系统的完整备份和恢复。服务提供方根据服务接受方的实际设备配置环境，制订完善的备份与恢复策略，定期将系统、应用程序或数据库备份到安全的存储介质上，以便发生意外情况时能够及时恢复系统和数据。

4.3.2.5 技术特色与工艺设备

（1）全域化动态监测网络

根据雄安新区地热地质条件，按照《雄安新区地热资源保护与开发利用规划（2019—2025年）》和《雄安新区地热动态监测系统和专用监测井技术规程》要求进行监测网布设，截至2023年6月，雄安新区已建立专用监测井19眼，监测范围涵盖牛驼镇地热田、容城地热田、高阳地热田和徐水凹陷内的新近系馆陶组、蓟县系雾迷山组和高于庄组热储。专用监测井均采用自动监测设备，监测项目为水位、水温，其中，D02井、A－8井和R059井在开展水位、水温监测的同时，下入光纤测温设备，进行全井温度监测。

雄安新区2022—2023年供暖季共有110眼地热井投入生产，利用蓟县系雾迷山组热储。其中，61眼生产井由河北雄安新区管理委员会自然资源和规划局统一安装自动流量、温度监测设备，其余生产井由企业自行安装监测设备，数据传入信息化平台，统一进行管理和巡检，实现雄安新区全部生产井自动化监测。

2022—2023年，雄安新区共部署水位统测井129眼，采用人工监测的方式，在供暖期前后各开展1次监测；水位长观井30眼，采用自动监测的方式，监测频率为1次/日；对110眼生产井进行流量、温度监测，采用自动监测的方式，监测频率为1次/小时；对19眼专用监测井进行水位、水温监测，采用自动监测的方式，监测频率为1次/小时；对30眼开采井取地热水样，进行1次水质全分析；对3眼安装光纤测温设备的专用监测井进行全井温度监测，采用自动监测的方式，监测频率为1次/6小时。雄安新区地热资源动态监测网点统计见表4－4。

表4－4 雄安新区地热资源动态监测网点统计

划分类别		水位统测井	水位长观井	流量、温度监测井	水质监测井	全井温度监测井
按地热田划分	牛驼镇地热田	74	15	71	16	2
	容城地热田	42	4	37	14	1
	高阳地热田	5	5	–	–	–
	牛北斜坡带西	7	5	2	–	–
	徐水凹陷	1	1	–	–	–

续表

划分类别		水位统测井	水位长观井	流量、温度监测井	水质监测井	全井温度监测井
按县域划分	雄县	71	12	71	16	1
	容城县	49	9	39	14	2
	安新县	9	9	–	–	–
按热储层划分	蓟县系雾迷山组	116	17	110	30	3
	新近系馆陶组	6	6	–	–	–
	蓟县系高于庄组	6	6	–	–	–
	蓟县系雾迷山组与高于庄组混合	1	1	–	–	–
按井别划分	生产井	96	–	110	30	–
	专用监测井	19	19	–	–	3
	勘探井	10	10	–	–	–
	未利用井	4	1	–	–	–
总计*		129	30	110	30	3

*为生产井至未利用井几项的总和

（2）性能优越、运行稳定的地热动态监测设备

自动化监测设备部署方面，从设计采购，到安装维护，均按照最高标准，最严要求执行。部署了生产井流量、温度自动监测设备113套，专用监测井水位、水温自动监测设备19套，全井温度监测设备3套，实现了生产井、长观井、全井温度监测井自动化监测设备全覆盖，设备运行稳定，监测自动化水平大幅提升。

1）生产井流量、温度监测及传输设备

①电磁流量计

结合现场安装条件，针对不同生产井的管径现状，选择中国地质调查局水文地质环境地质调查中心自主研发，天津星通九恒科技有限公司生产的R-G-L系列耐温120 ℃的R-G-L-120-100型、R-G-L-120-125型、R-G-L-120-150型、R-G-L-120-200型，四种型号的电磁流量计。该装备为转换器和传感器分体式设计外观，传感器测量封闭管道中导电液体和浆液的体积流量，转换器采集传感器的流量信息，并通过物联网，将地热管道内的流量信息上传至雄安云，再发送至雄安新区地热资源动态监测信息化平台。电磁流量计测量原理与R-G-L-120-200型电磁流量计实物见图4–6。

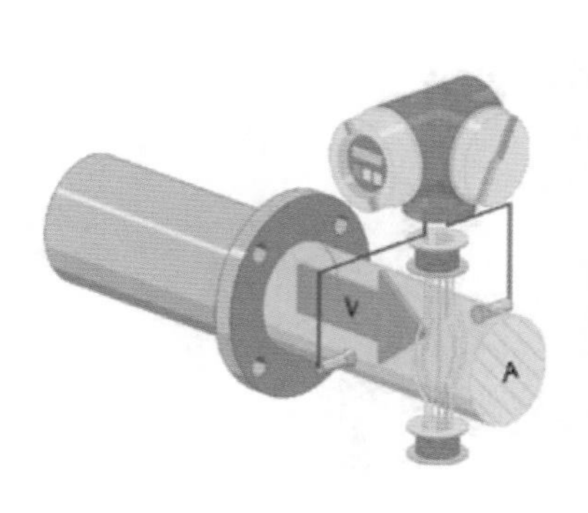

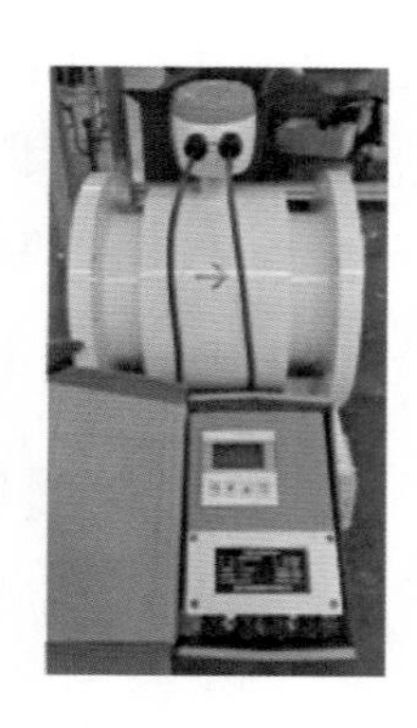

图 4－6　电磁流量计测量原理与 R-G-L-120-200 型电磁流量计实物图

②温度计

选择中国地质调查局水文地质环境地质调查中心自主研发，天津星通九恒科技有限公司生产的 R-G-W 系列耐温 120 ℃的 R-G-W-120-100 型、R-G-W-120-125 型、R-G-W-120-150 型、R-G-W-120-200 型，四种型号的温度计。该装备为传感器和转化器一体式设计，可测量地热管道内的各种液体、气体介质以及固体表面的温度，输出标准模拟信号和数字信号，可通过物联网，将地热管道内的温度信息上传至雄安云，再发送至雄安新区地热资源动态监测信息化平台。R-G-W 型温度计实物见图 4－7。

图 4－7　R-G-W 型温度计实物图

③数据采集传输仪

选择中国地质调查局水文地质环境地质调查中心自主研发、天津星通九恒科技有限公司生产的 R-G-LWYY 型数据采集传输仪。该装备集数据采集、传输、存储、控制功能于一体，可以与其他自主研发的监测装备，如 R-G-L 型电磁流量计、R-G-W 型温度计、R-G-Y 型压力计、R-J-Y 液位计等相配合，监测地热管道的流量、温度、压力信息和地热开采井、回灌井的液位信息，并通过物联网，将监测数据上传至雄安云，再发送至雄安新区地热资源动态监测信息化平台。R-G-LWYY 型地热资源监测远程传输装置实物见图 4－8。

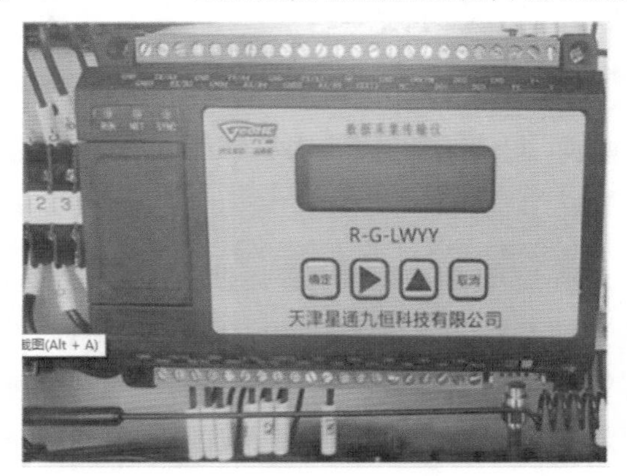

图 4－8　R-G-LWYY 型地热资源监测远程传输装置实物图

图 4－9　监测机箱及配套装置实物图

④监测机箱及配套装置

地热井房、换热站房的供电条件差异性较大，有些监测井的民用电电压过高（超过 250 V AC）、部分井无电力供应，需要利用太阳能供电、部分井有 24 V 供电，为了将现场安装规范化、工程化，项目组配置户外监测箱，监测箱内部配置多功能变压器（可实现 380 V AC 降压和 220 V AC 稳压）、AC/DC 开关电源、防雷击浪涌模块、空气开关、太阳能控制器、延长天线、接线端子、开门预警器和工业级走线等，有力保障监测设备的稳定、有效运行。监测机箱及配套装置实物见图 4－9。

⑤专用监测井水位水温一体化监测及传输设备

选择天津星通九恒科技有限公司组织生产的 R-J-WW 型地热井水位水温动态监测装备实施监测工作。该设备由中国地质调查局水文地质环境地质调查中心在原有地下水监测技术设备（S-WW-1 型）的基础上改进升级的一款地热资源动态监测设备。该设备由耐温 80 ℃的地热井动态监测传感器（投入式温度、压力一体化传感器）、数据采集传输仪（井口 RTU）和通信线缆组成。按照《水文监测数据通信规约》的通信协议，将地热井的水位、水温信息上传至雄安云，再发送至雄安新区地热资源动态监测信息化平台。R-J-WW 型地热井水位水温动态监测装备实物见图 4－10。

图 4－10　R-J-WW 型地热井水位水温动态监测装备实物图

（2）全井温度监测设备

①DBDTS-2000 型深井分布式光纤测温系统

全井温度监测与传输设备选择中国地质调查局水文地质环境地质调查中心研发，天津星通九恒科技有限公司组织生产的 DBDTS-2000 型深井分布式光纤测温系统。配合测温光缆采集空间温度信息，通过物联网，将监测数据发送到雄安新区地热资源动态监测信息化平台。

DBDTS-2000 型深井分布式光纤测温系统是一种用于实时测量空间温度的传感系统，在系统中，光纤既是传感介质也是传输媒体。利用光纤的拉曼光谱效应，光纤所处空间各点温度场调制了光纤中传输的光载波，解调后能够实时地显示光纤所在空间的温度值；利用光时域反射（OTDR）技术，由光纤中的光传播速度和背向光回波时间，可对所测各温度点定位。DBDTS-2000 型深井分布式光纤测温系统测温原理、软件主界面和主机面板见图 4－11。

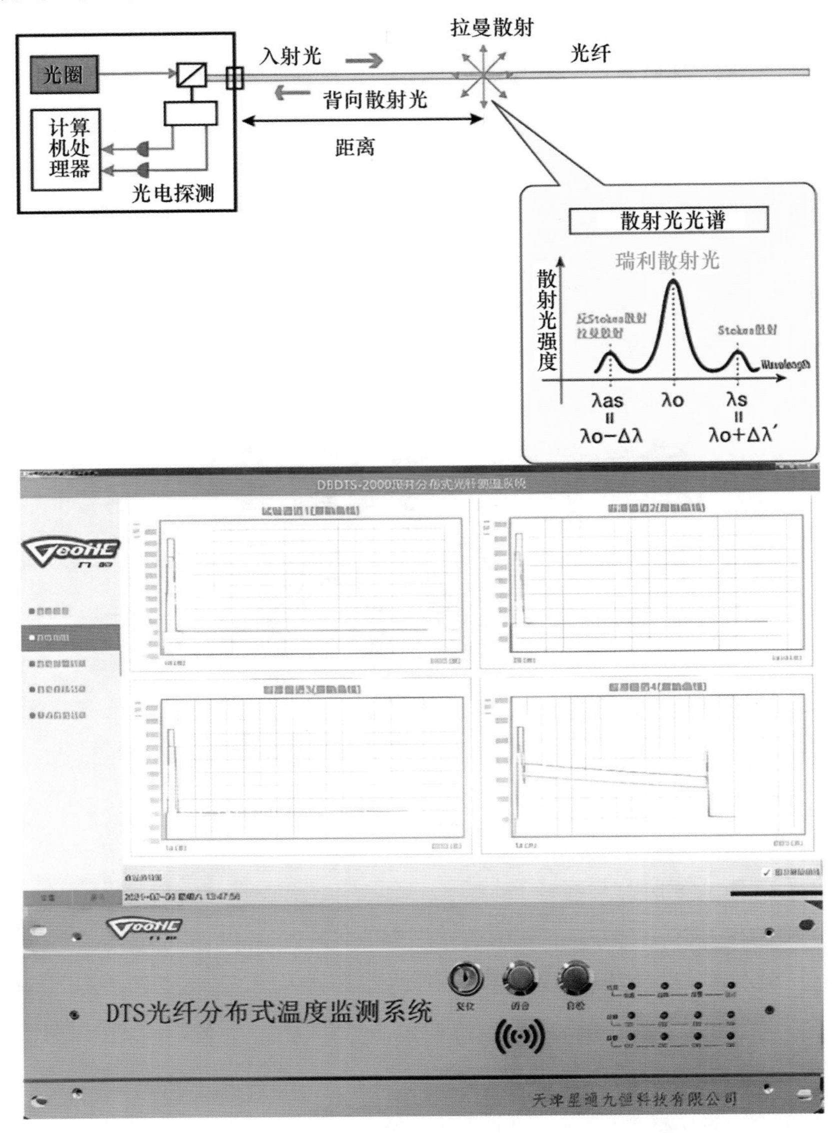

图 4－11　DBDTS-2000 型深井分布式光纤测温系统测温原理、软件主界面和主机面板

②GX-W-1B1-1A1a-GBB-8. 0 型测温光缆

根据现场安装方案，井中分布式温度传感采用吊装方法，光缆需要较强的抗拉性能，选择江苏新华能电缆股份有限公司设计、生产的 GX-W-1B1-1A1a-GBB-8. 0 型测温光缆，该光缆是新华能电缆股份有限公司按照中国地质调查局水文地质环境地质调查中心要求研发的一种承荷探测耐温光缆，该光缆采用双层钢丝铠装，保证足够的抗拉伸能力，内置多层不锈钢管和内护层有效保护纤芯，外护层光滑耐摩擦，减少上提、下放阻力，该光缆耐温 150 ℃，可保证高分辨率的温度测量。GX-W-1B1-1A1a-GBB-8.0 型测温光缆截面示意图见图 4－12，地热温度监测光缆参数见表 4－5。

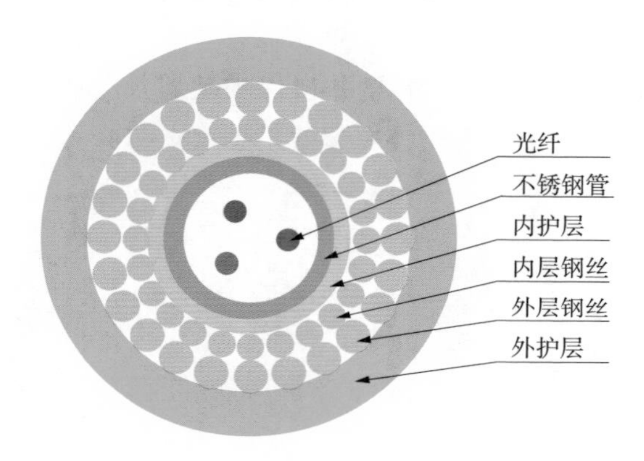

图 4－12　GX-W-1B1-1A1a-GBB-8.0 型测温光缆截面示意图

表 4－5　地热温度监测光缆参数表

项目		主要参数指标
外形及材料	型号	GX-W-1B1-1A1a-GBB-8.0
	光纤保护层（316 L）	2.20 mm
	保护层（PP）	2.60 mm
	外铠（GIPS）	12 根
	内铠（GIPS）	18 根
	保护层（PP）	8.0 mm
机械性能	破断拉力	25 kN
	最大张力	12.5 kN
	耐压	70 MPa
	弯曲直径	600 mm
	伸长率	2.5 m/km/5 kN
	重量	170 kg/km
光纤特性	纤芯数量	1SM＋1MM/2MM
	单模衰减	0.25 dB/km @ 1550 nm
	多模衰减	1.0 dB/km @ 1300 nm

（3）专用监测井井口保护装置

①R-J-B-1338 型井口保护装置

根据地热井现场条件，本次选择的专业监测井井口套管直径为 API 13 - 3/8，安装监测设备的井口保护装置采用天津星通九恒科技有限公司设计定制的 R-J-B-1338 型井口，井口保护装置采用圆柱形结构，顶部预留高分子有机塑料天窗顶，作为数据传输天线的粘贴位置，该井口保护装置采用与套管焊接安装，异形锁保护。R-J-B-1338 型井口保护装置尺寸参数见图4 - 13，R-J-B-1338 型井口保护装置实物及野外安装效果见图 4 - 14。

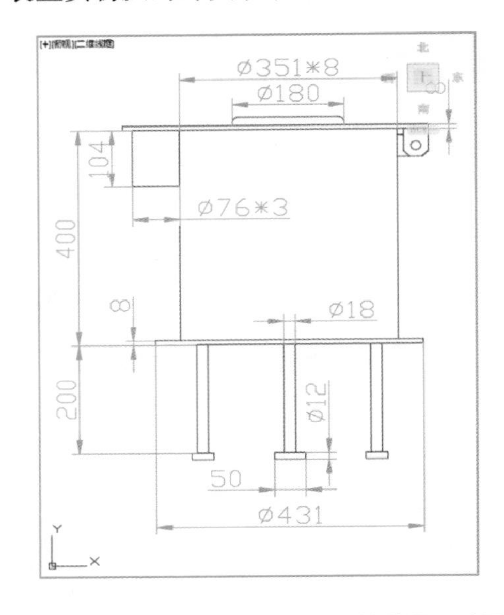

图 4 - 13　R-J-B-1338 型井口保护装置尺寸图

图 4 - 14　R-J-B-1338 型井口保护装置实物及野外安装效果

②防护围栏

本次供货的防护围栏主要用于地热专用监测井的防护，防护围栏采用热镀锌钢管，表面进行白色和蓝色静电喷塑处理。防护围栏主架构为 30 mm × 30 mm 方管，副架构为 20 mm ×20 mm 方管，方钢层厚 2. 0 mm。防护栏整体尺寸为 2000 mm ×2000 mm ×1500 mm。防护围栏开一道小门以便后续维护进出，小门尺寸为 1000 mm ×1500 mm。

②野外监测房

野外监测房主要用于监测井的监测设备防护，设计尺寸为 3000 mm ×3000 mm ×2000 mm，具有防护、耐热、保温作用。野外监测房和监测护栏见图 4 – 15。

图 4 – 15　野外监测房和监测护栏示意图

（4）智能化地热动态监测信息化平台

雄安新区地热资源动态监测信息化平台包括首页、专用监测井、生产井、设备管理、监测报警、综合分析、系统管理等七大功能模块，按照“雄安云”要求部署运行，接入 110 眼生产井的开采量、回灌量、井口温度等实时传输数据，19 眼专用监测井的水位、温度实时传输数据，完成 129 眼地热井的 2 万多项信息录入工作，具备监测数据收集、存储、统计、分析、展示等功能，保证全区地热监测数据安全、稳定。

1）首页

首页包括监测数据接收、监测设备和数据异常报警、各类监测数据的统计信息展示。关键参数通过仪表盘等方式进行实时、动态展示，一方面为监测人员和业务工作人员提供快速便捷的系统和数据监控工具，方便用户快速发现、定位系统运行的各类信息和问题；另一方面可为领导决策分析、现场指挥提供一个直观、便捷的可视化平台。信息化平台首页见图 4－16。

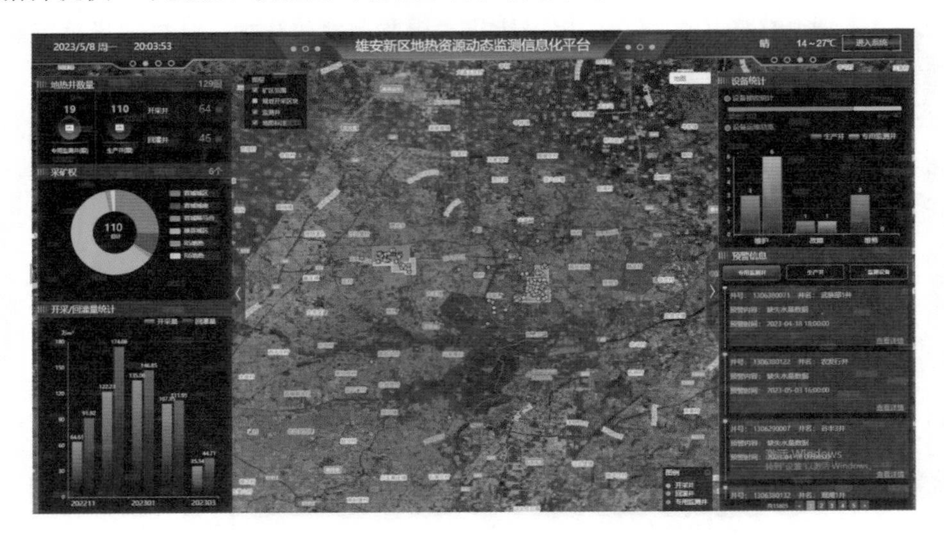

图 4－16 信息化平台首页

2） 专用监测井

专用监测井用于对雄安新区内所有专用监测井进行统一管理，包括专用监测井总览、专用监测井基本信息、专用监测井动态数据、地温监测井动态数据和统计报表。

3） 生产井

生产井用于对雄安新区内所有生产井，包括开采井与回灌井，进行统一管理，如生产井总览、生产井基本信息、生产动态数据、统计报表和水化学监测。

4） 设备管理

设备管理包括监测设备管理、通信设备管理、设备维护管理、设备故障管理和设备维修管理。

5） 监测报警

基于动态监测数据，根据设备上线率、数据接收率、故障排查进度、电池电量等设备运行状况，初步设置多种判断条件，形成不同类型的预警策略，实施动态监测数据预警、预报。监测预警包括报警展示和报警设置。

6） 综合分析

在地热资源动态监测基础支撑平台的支持下，应用专业领域知识体系和专业模型，利用科学计算平台，结合云计算能力，提供各类数据分析工具以及服务，包括水位统测、水位长观、曲线图制作、供暖季统计报表、非供暖季统计报表和对比分析。

7）系统管理

为用户提供基础信息、安全管理、系统功能、行政区域和通用字典的管理功能。基于 PMI/AA 结构发布的 X.509 v3 证书标准，统一授权服务，实现对用户权限的分配、管理、存储、分发以及调用等功能。

4.3.2.5 新技术探索

（1）生产井井口改造技术

雄安新区大多数地热井为生产井，其井口封闭或井内下入潜水泵，对水位统测工作造成巨大困难。为了扩大热储水位统测的范围，确保数据的准确性，进一步提高动态监测成果水平，在开展水位测量工作前，组织相关专业人员对部分生产井井口进行了安装球阀的改造工作，共完成井口改造 64 眼，既不影响井内设备的正常生产运行，又能实现热储水位统测功能，是对地热资源动态监测技术和方法的重要创新。改造技术方法如下。

在生产井井口弯头处加装一个 DN50 球阀，球阀垂直联通井内泵管，人工测量水位时将球阀打开，测线直接下入泵管内，测量完成后将球阀关闭，不影响地热井正常使用（图 4-17）。

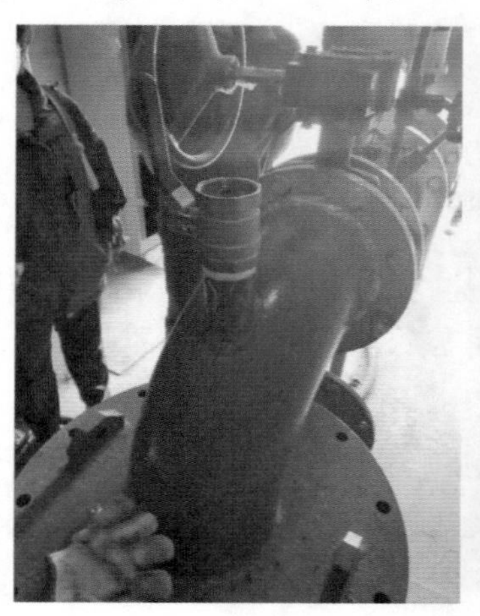

图 4-17 井口改造及人工测量示例

（2）封填井改造技术

为大力节约专用监测网络建设费用，充分挖掘原有封填井使用价值，制订封填井启封改造实施方案，在不损坏井身结构的前提下，对7眼水泥封填的地热井进行启封改造，安装水位水温一体化传感器，将其改造为专用监测井，并总结出一套行之有效的改造技术和方法，为今后专用监测井的建设开创了新的方向。改造技术方法如下。

1）选用DPP-100型汽车钻，安全、高效、机动性好，且能保证施工质量。

2）钻孔直径100 mm，封填段上部采用合金或金刚石取芯钻头，下部采用金刚石钻头切割铁质托盘。钻头外出刃要取小，下部外侧设计外倒角，避免破坏井管，见图4－18。

图4－18　启封地热井成井情况

3）采用中转速（96 r/min）、低钻压（不超过10 kN）、低固相泥浆，保证井身竖直，井壁光滑。钻透封井水泥塞后，为防止钻井泥浆落入井内，使用清水替出泥浆，扫底部铁质托盘时使用清水钻进。

4）为防止铁质托盘扫透后一边挂在底部和铁质托盘钻孔的下部边沿留有毛刺，给测线提出造成麻烦，铁质托盘钻透后应使用钻头同位置反复多次旋转修边。

5）为防止水泥碎屑封堵井孔，钻通铁质托盘后，通井200 m，保证监测管柱的光滑。

（3）光纤实时传输技术应用

本项目于2021年选择专用监测井安装全井段光纤测温设备并实施监测。光纤实时传输技术在国内首次应用于地温长期实时监测，基于该项技术获得的监测数据，开展地温动态监测技术方法相关研究工作。这对推动北京乃至全国地热资源动态监测工作技术方法创新、为开展地温场动态研究及服务于政府部门地热资源开发利用统筹规划和管理具有重要意义。

1）地温监测井的选取

R059（李郎村地热井）位于牛驼镇地热田温泉城集中开采区，原作为专用监测井承担水位、水温自动监测任务，为验证光纤测温系统的准确性，在光纤监测设备安装前进行了一次地球物理测井工作。

R059位于牛驼镇地热田温泉城集中开采区，成井井深1285 m。该井地层从新到老分别是第四系平原组、上第三系明化镇组、下第三系沙河街组、蓟县系雾迷山组。第四系平原组厚度390 m，地层为灰、灰黄、棕黄、棕红色黏土层、亚黏土层、亚砂土与灰、灰黄色粉砂、粉细砂、细砂互层。与下伏明化镇组呈平行不整合接触。上第三系明化镇组厚度约570 m，岩性为棕红、棕黄夹灰绿色泥岩、砂质泥岩与灰黄、灰绿色砂岩、粉砂岩、砂砾岩互层，与下伏明化镇组下段整合接触。下第三系沙河街组，厚度约140 m，岩性为灰、紫红色泥岩，浅灰色细砂岩和砂砾岩成不等厚互层，与下伏蓟县系不整合接触。蓟县系雾迷山组厚度约185 m。岩性为一大套灰岩，部分为灰褐色，该地层为本井主要取水层段。

R059井于2014年9月17日开钻，2014年10月15日完钻。该井井身结构为：一开444.5 mm钻头钻至300.0 m，下入399.7 mm石油套管300.0 m，水泥全封固固井；二开244.5 mm钻头钻至1108.0 m，下入177.8 mm石油套管808.0 m，水泥“穿鞋戴帽”固井；三开152.0 mm钻头钻至1285.0 m裸眼完钻。

2）光纤监测设备安装

为选取本年度地温监测井，先后投入了大量的前期准备工作，包括区域井温测量及R059井下电视、修井等工作。

采用井口悬吊，光纤底部加重直入的方式。为保证光纤安装到位，专门设计了安装所需装置，如井口承载盖、光纤滑轮、光纤悬挂装置、光纤加重杆和扶正器。安装示意图见图4-22。

安装过程如下。

①用混凝土将监测场地地面硬化，硬化地基尺寸为 4 m×4 m；

②监测设备到场，选择板硬地面摆放光纤滚筒；滚筒距离井口不少于 10 m；要求滚筒中心线对准井口，固定光纤滚筒。

③安装检查光纤配重，将光纤穿过加重杆和尼龙紧套、压帽，紧固压帽，将加重杆固定在光纤上 0.5 m 处（加重杆外径 35 mm，长度 500 mm，重量 4 kg）。

④安装光纤扶正器，将扶正器安装在光纤配重外侧。

⑤安装井口承载盖，根据井口套管尺寸将井口承载盖扣到套管上，并紧固螺栓，使井口承载盖中心孔居中。

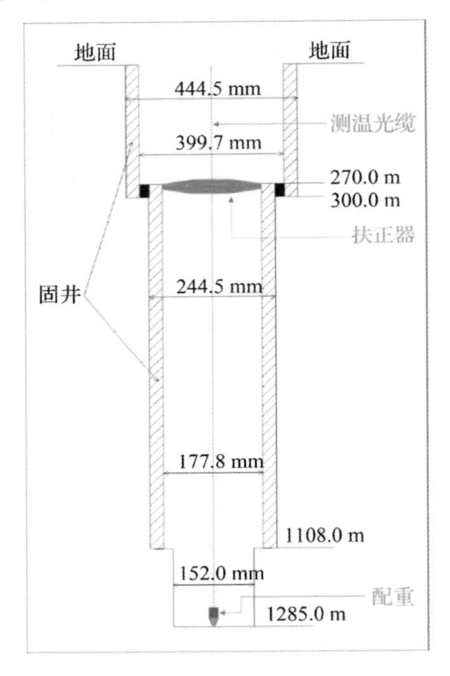

图 4－19　全井温度监测设备安装示意图

⑥安装光纤滑轮，将光纤滑轮放置到井口承载盖板上，对准螺栓孔，并用螺栓固定牢靠。

⑦光纤入井，人工提起加重杆放入井内，将光纤放进滑轮槽内，缓慢松开光纤滚筒刹车，控制下放速度。

⑧光纤距离液面 50 m 时降低下放速度，缓慢进入水面，以防光纤进入水面时扭转。

⑨光纤下入到预定位置后，将光纤悬挂装置合并扣紧在光纤上，螺栓紧

固（注意夹紧铜块牙齿的方向，齿尖朝上），上提光纤，下顿2次，以确保悬挂装置卡紧，取下光纤滑轮。

⑩安装光纤监测房和井域安全防护装置。

⑪光纤监测设备调试，将光纤监测数据远程传输至雄安新区地热资源动态监测信息化平台。

3）初步监测成果

结合已有地质资料、测井资料，从设备安装起对地温数据进行校正及调试，调试期约60天，后进入稳定监测期。

光纤实时测温设备采样时间：2023年5月21日至2023年6月13日（报告编写截止日期），共24天，采样间隔4 h，垂向采样密度1 m/点，监测深度1200 m。

监测期以4天为时间间隔单元，分别选取5月22日、5月26日、5月30日、6月3日、6月7日、6月11日18时30分前后0~1200 m深度温度数据作为分析对象，受静水位埋深、井口气温及变温层影响，200 m以上温度数据波动较大，200 m以下符合地层地温增温率规律，温度整体呈增高趋势，进入目的层后，增温率放缓，与地球物理测井曲线反映的地温变化特征趋势一致，数据真实有效，见图4－20。

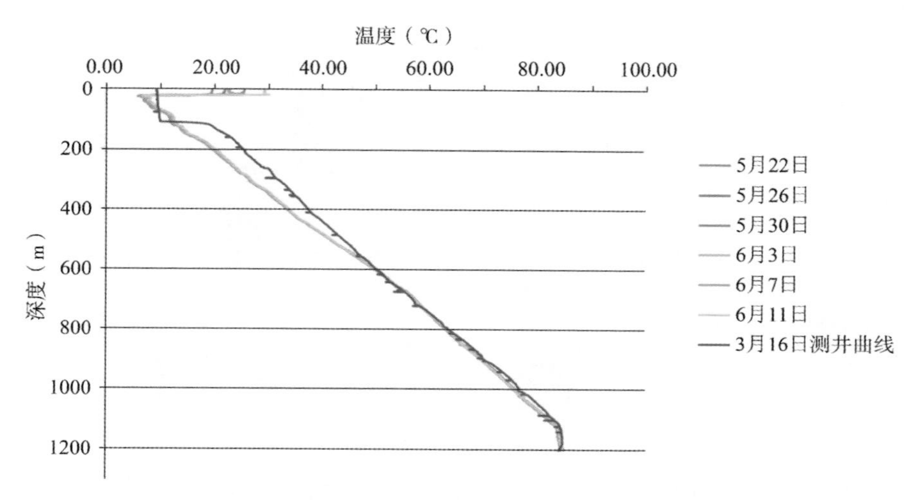

图4－20　R059井2022—2023年度非供暖季不同时间点地温变化趋势图

经移动平均趋势分析，选取430 m、600 m、800 m、1180 m处温度数据，按现有时间序列以4天为一个时间段取均值，其变幅超过数据观测误差范围，说明数据可有效支撑地温变化规律，但由于有效监测期时间有限，尚不足以判断此阶段地温变化趋势，建议持续对 R059 进行地温监测，以获取更多的数据进行分析，图 4-21 分别代表监测期 24 天中的不同时间段。

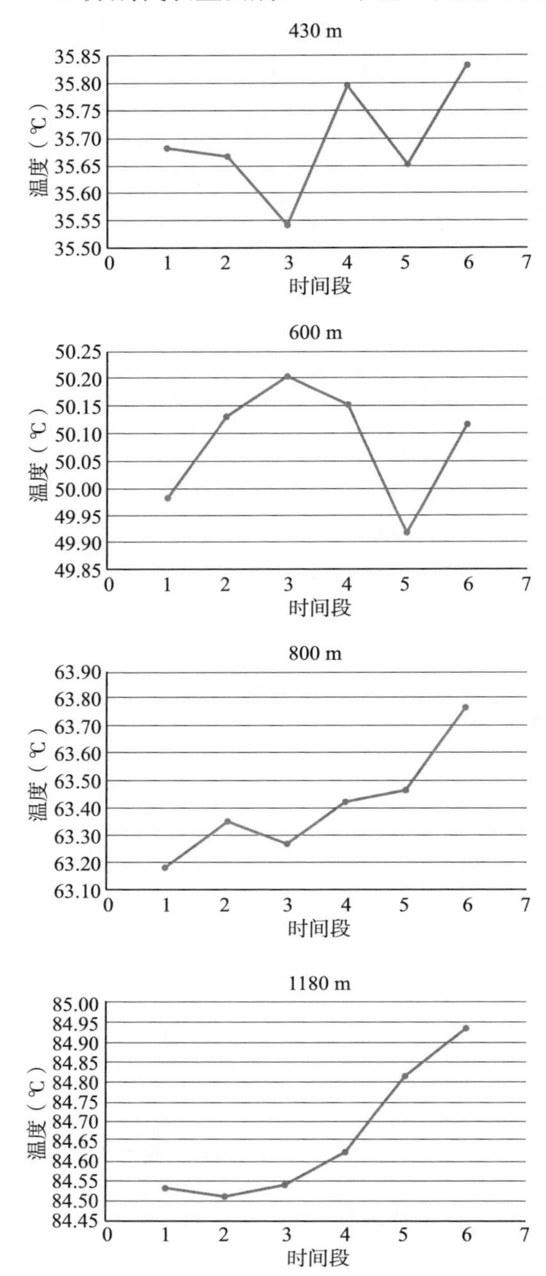

图 4-21　R059 井 2022—2023 年度非供暖季不同深度地温变化趋势图

4.3.2.6 案例结语

雄安新区地热资源动态监测工作自2018年起已连续开展了5年，完成了基础研究、摸底调查、全面调研、方案论证、编制规程、人工监测、设备选型、专项调试等大量探索创新工作，建立了新区地热资源自动监测系统网络，安装了自动化监测设备，搭建了监测信息化平台，实现了地热资源与环境信息共享，建成了国内具有典型示范意义的地热资源动态监测系统，为政府及相关主管部门对地热资源的管控和保护提供了技术支撑。

参考文献

[1] 卫万顺，李翔. 未来10～15年中国浅层地热能发展方向战略分析［J］. 城市地质，2021，16（1）：1－8.

[2] 贯子龙，郑佳，杜境然，等. 典型气候带地埋管地源热泵运行对地温场的影响分析［J］. 城市地质，2019，14（3）：81－86.

[3] 陈安国，马乐乐，周吉光. 河北省浅层地温能开发利用现状、问题与对策研究［J］. 石家庄经济学院学报，2013，36（4）：50－53.

[4] 孟阳. 关中地区地热产业发展现状及前景研究［D］. 西安：长安大学，2017.

[5] 鄂建，陈明珠，杨露梅，等. 南京浅层地温能开发利用现状研究［J］. 地质学刊，2015，39（2）：339－342.

[6] 卫万顺. 关于推进浅层地热能开发利用的建议［N］. 中国国土资源报，2009－07－03（7）.

[7] 杨红亮，郑康彬，郑克棪，等. 中国浅层地热能规模化开发与利用［C］//国土资源部地质环境司. 中国地热能：成就与展望——李四光倡导中国地热能开发利用40周年纪念大会暨中国地热发展研讨会论文集. 2010：19.

[8] 邓凤强，裴鹏. 复杂地质条件下浅层地热能场地开发适宜性评价［J］. 建筑节能（中英文），2022，50（12）：111－118.

[9] 刘静. 北京市浅层地热资源开发的经济环境影响与政策模拟［D］. 北京：中国地质大学，2018.

[10] 于慧明，杨泽，都基众. 基于层次分析法的沈阳市地埋管地源热泵适宜性评价［J］. 地质与资源，2016，25（6）：563－566.

[11] 李娟，郑佳，柯柏林，等. 地下水流速影响地埋管换热能力的现场试验［J］. 工程勘察，2017，45（9）：30－34，78.

[12] 韩再生. 行业标准《浅层地热能勘查评价规范》的编制和应用 [J]. 水文地质工程地质, 2010, 37 (3): 133 - 134.

[13] 阮传侠, 冯树友, 牟双喜, 等. 天津地区地层热物性特征及影响因素分析 [J]. 水文地质工程地质, 2017, 44 (5): 158 - 163.

[14] 韩再生, 冉伟彦, 佟红兵, 等. 浅层地热能勘查评价 [J]. 中国地质, 2007, (6): 1115 - 1121.

第五章

未来大型地源热泵技术的发展方向

摘要：热泵技术是世界十大前沿（突破）技术之一，是浅层地热能开发利用的关键支撑技术，目前已成为全球关注的新能源技术。未来10~15年，我国热泵技术仍将呈“全国高速度、城市规模化、单体大型化”的发展态势，发展模式将由过去的规模速度增长型向质量效益增长型转变，其中大型地源热泵系统高效换热技术创新是影响热泵技术质量效益增长型发展的关键核心因素，应引起高度重视。本章指出，未来大型地源热泵技术发展方向将聚焦在5个方面：浅层地热能勘探评价“精细化”，研究埋管区浅层地热能换热贡献率理论及勘探评价方法，提高地下浅层地热能换热（冷）效率，向新理论要效益；地埋管材料改性提升“新型化”，研制地下换热管新材料，加大开发利用浅层地热能的地埋管深度的力度，向新材料要效益；监测元器件用电实现“自供化”，开展地下换热系统中柔性纳米发电技术的研发及应用，通过自供电可持续能源满足地源热泵系统中监测与控制开关元器件的供电需求，向自供电要效益；热泵系统管控“智慧化”，研发大型地源热泵高效运行智慧化控制系统，提高热泵系统总体能效，向智慧化管控要效益；碳排放评价“定量化”，研究大型地源热泵系统全生命周期碳核算方法和碳足迹评价方法，提高降碳效果，向减排途径要效益。

未来10~15年，我国热泵技术仍将呈“全国高速度、城市规模化、单体大型化”的发展态势，但亟须将发展模式由过去的规模速度增长型向质量效益增长型转变。大型地源热泵系统高效换热技术创新是影响热泵技术质量效益增长型发展的主要因素之一，应引起高度重视。未来大型地源热泵技术发展方向将聚焦于以下五个方面。

第一，浅层地热能勘探评价“精细化”。研究埋管区浅层地热能换热贡献率理论及勘探评价方法，提高地下浅层地热能换热（冷）效率，向新理论要效益。

第二，地埋管材料改性提升“新型化”。研制地下换热管新材料，加大开发利用浅层地热能的地埋管的力度，向新材料要效益。

第三，监测元器件用电实现“自供化”。开展地下换热系统中柔性纳米发电技术的研发及应用，通过自供电可持续能源满足地源热泵系统中监测与控制开关元器件的供电需求，向自供电要效益。

第四，热泵系统管控“智慧化”。研发大型地源热泵高效运行智慧化控制系统，提高热泵系统总体能效，向智慧化管控要效益。

第五，碳排放评价“定量化”。研究大型地源热泵系统全生命周期碳核算方法和碳足迹评价方法，提高降碳效果，向减排途径要效益。

5.1 浅层地热能换热贡献率理论及勘探评价方法研究

5.1.1 问题的提出

当单体地源热泵系统规模较大时，除了需要先进的热泵设备和安装施工技术外，浅层地热能资源条件成为矛盾的“主要方面”。在相同的热泵设备条件和安装施工技术水平场景下，浅层地热能资源条件的好坏直接制约着系统的能效比（COP/EER 的值）。

目前，浅层地热能开采区一般是按等间距网格和等深度铺设地埋管，其理论依据是假设地埋管铺设区所开发的浅层地热能资源条件简单，其分布为板状的“均质体”。但通过对近十几年有关开发利用工程监测发现，开采区岩土体初始温度分布特征、开采过程中岩土体响应温度特征和换热效率等方面具有明显差异，突出表现在以下几点。

（1）地埋管埋设区地下岩土体并非均质体，不同深度岩土体原始温度存在明显差异，变温层、常温层和增温层分层性不明显。地温场是一个受地质条件控制相对开放的系统，其浅层地热能分布规律明显受地质条件制约，呈不规则状。

（2）地源热泵系统运行过程中，地下岩土体不同部位对系统地源侧水温变化的热（冷）响应性状不同，既有正响应也有负响应，且同一响应性状的响应程度也存在明显差异，可以用热（冷）响应温差正负、大小来表征不同部位岩土体热（冷）响应性状。

（3）地源热泵运行过程中，地下岩土体不同部位、不同换热孔换热（冷）贡献率特征明显不同。供热季约有 1/7 的孔换热贡献率为负值，即有 1/的（约 14.3%）的孔在供热季“不供热”。供冷季约有 2/7 的孔换热贡献率为负值，即有 2/7（约 28.6%）的孔在供冷季“不供冷”。

可以看出，单体地源热泵系统规模越大，资源条件的约束性越明显。地埋管埋设区地下岩土体并非“均质体”，现按一定网度等间距和等深度铺设地埋管是不科学的，会造成换热效率低和节能效果差的问题。

采用模型思想可以解决地下岩土体浅层地热能分布规律和换热过程不可视的问题。利用开采过程中热泵系统进出口温差与地下岩土体响应温差的相关性来定量化分析浅层地热能资源分布规律和换热机制，研究提出换热贡献率理论，分析浅层地热能换热贡献率分布特征的控制因素，为开展浅层地热能换热贡献率精细化勘探评价提供理论依据。

开展以评价换热贡献率为主的浅层地热能勘探开发评价。铺设地埋管的网度和深度将来应根据换热贡献率的大小、正负来差异化确定。如果将这些做负功的地埋管适时关闭，势必会节能增效。若在每个竖直埋管上端加装智控装置，则能科学智控地下换热系统的运行。因此，科研人员需要开展浅层地热能换热理论及其勘探开发评价方法研究，提出浅层地热能换热贡献率理论及勘探开发评价方法标准，指出未来我国大型地源热泵高效换热的颠覆性技术发展方向[1]。

5.1.2 数字孪生技术

5.1.2.1 数字孪生技术的概念

数字孪生技术是充分利用各类物理模型、传感器更新数据，运行历史数据，集成多学科、多物理量、多尺度、多概率的物理实体和过程的仿真，在虚拟空间中完成映射，从而反映相对应的实体装备的全生命周期过程。其本质就是利用计算机三维可视化、三维建模、实时物联网、实时数据库等技术，将真实世界中的实体和过程进行计算机仿真，用于指导真实世界中各类物理对象和过程的优化调整。

数字孪生所表达的内在含义主要是对真实物理世界的物理实体类、过程事务类的仿真，它对于具有明确的流程性的物理实体、事务处理行业具有指导意义。因此，数字孪生技术当前主要应用于工程建设、汽车制造、自动化流水线等领域，对于有高精度、高频次接入的实时物联网传感器的行业具有不可比拟的管理和控制优势。

5.1.2.2 数字孪生技术的应用范围

数字孪生技术不但可以应用于实时物联网接入较为成熟的领域，还可以应用于具备成熟建模技术的行业之内，有了各类物理模型的加持，会让数字孪生技术更方便地应用于智慧城市建设。当前，智慧城市的理念席卷全世界，如果应用数字孪生技术，将智慧城市所涉及的地表城市模型、三维地质模型、道路交通模型、市政管理模型、地下管线模型，甚至浅层地热能初始地温场模型、响应地温场模型、换热贡献率模型加入数字孪生平台之内，让其相融合并形成模型合力，便可以用于在智慧城市建设要求下指导浅层地热能开采的策略。

5.1.2.3 数字孪生技术应用于浅层地热能的可行性

数字孪生技术可以通过实时物联网传感器对多物理量、多结构场进行多尺度、多概率的仿真，其仿真的精度与传感器的安置位置、安置数量、物理模型、结构模型的建模精度有直接的关系。浅层地热能针对地表以下数百米的地层进行开发利用，因此有必要通过仿真过程来再现地下不可视的采热、换热及温度场变化过程，为浅层地热能的开采提供定量化、可视化的表达能力。

一般在浅层地热能开采的过程中，会在开采区附近部署数个至数十个用于地温场监测的监测钻孔，其垂向上每隔 2～5 米部署一组监测点，从而实现对整个地温场垂直、立体、分层的监测。另外，在监测地温场的过程中，还会在周边部署相应的地下水位、地下水质、水流量监测钻孔，用于对水热耦合的地温场现象和过程进行描述和表达。这些监测物联网可以通过无线的方式接入到设备测控系统中，从而实现双向控制，而这些监测物联网如果有数字孪生技术的加持，则可以实现更多、更有效的功能和应用。

5.1.2.4 数字孪生技术应用于浅层地热能的效果

由于浅层地热能的开发利用主要是对地层中的热能进行提取，这个过程既不可视也难以描述，其与地表建筑、地下管线、换热机组之间的关系也难以确定。有了数字孪生技术的加持，便可以直观地对地表建筑模型、地下管线模型、换热机组模型、浅层地热能模型进行描述，并可以对其变化状态、演化趋势进行详尽的刻画，从而满足对浅层地热能精准研究、精准控制、精准评价的要求，这样做不但可以促进浅层地热能资源的可持续发展，还可以精准地掌握所在地区能源消耗的情况，从而为节能减排政策的制定奠定基础。

5.1.3 浅层地热能换热贡献率数字孪生模型

5.1.3.1 浅层地热能换热贡献率的概念

卫万顺通过对运行的地源热泵工程长期监测发现，在系统地源侧总管进出水温度相同的条件下，同一换热孔内不同深度和相同深度不同换热孔的岩土体原始温度、响应温度和换热效率明显不同。由此推断：不同地质条件下，浅层地热能资源特征明显不同，其地埋管与岩土体的换热效果对系统地源侧水温的提高或降低的贡献程度不同，首次提出了换热贡献率（Φ_Q）的概念[1]。

即当开采浅层地热能的地源热泵开始运行时，初始温度（T_0）被“热干扰”产生响应温度（T_r），响应温度与初始温度差值为响应温差（ΔT_r），地埋管在不同地层换热量（Q_{sn}）与系统地源侧换热量（Q_g）的比值大小与岩土体响应温差（ΔT_r）有相关性，反映不同地层地埋管换热贡献大小，我们将这种贡献值称之为换热贡献率（Φ_Q）。

换热贡献率（Φ_Q）的理论基础是将地埋管假定为一个线热源，孔内不同深度的温度作为线热源在该点（层）的温度值。因此，地埋管在不同层岩土体中的换热贡献率（Φ_Q）计算公式为：

$$\Phi_{Qn}=\frac{Q_{sn}}{Q_g}=\frac{\int K_s\Delta T_r \mathrm{d}L}{V\rho c\Delta T_g}=\frac{K_{sn}(T_{rn}-T_{on})L_n}{V\rho c(T_{g1}-T_{g2})} \qquad \text{（式 5-1）}$$

其中，Φ_{Qn}为地埋管在地下第 n 层岩土体换热贡献率；Q_{sn}为地埋管在地下第 n 层岩土体换热量，kW·h；Q_g 为系统地源侧换热量，kW·h；K_{sn}为地下第 n 层岩土体传热系数，W/（m·℃）；ΔT_r 为地下第 n 层岩土体响应温差；T_{rn}为地下第 n 层岩土体响应温度，℃；T_{on}为地下第 n 层岩土体初始温度，℃；L_n 为地下第 n 层岩土体厚度，m；V 为系统地源侧循环工质流量，m^3/s；ρ 为系统地源侧循环工质密度，kg/m^3；c 为系统地源侧循环工质比热，kJ/（kg·℃）；ΔT_g 为系统地源侧出进循环工质温差，℃；T_{g1}为循环工质在系统地源侧出口温度，℃；T_{g2}为循环工质在系统地源侧进口温度，℃（图 5-1）。

从（式 5-1）中可以看出，换热贡献率（Φ_Q）的大小与岩土体响应温差（ΔT_r）、传热系数（K_s）及岩土体厚度（L）正相关。K_s、L、ρ、c 是常量；ΔT_r、V、ΔT_g 是变量，可通过监测获得数值，其变化直接影响着换热贡献率

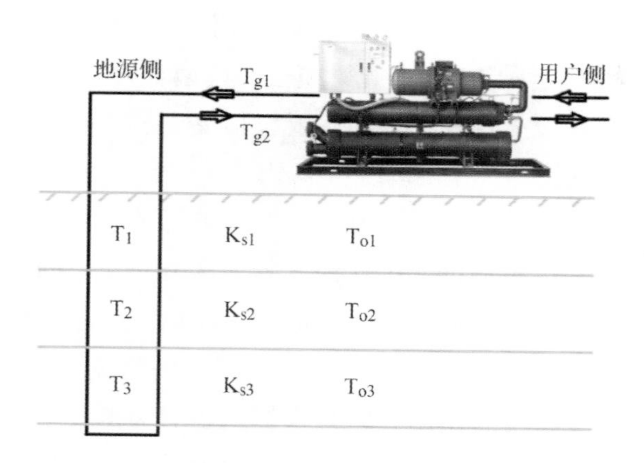

图 5－1　用户侧—地源侧—岩土体温度关系图

（Φ_{Qn}）大小，所以要研究岩土体响应温差（ΔT_r）等的变化特征。以采集的监测数据为基础，按（式 5－1）可以计算得到换热贡献率（Φ_{Qn}）。

5.1.3.2　浅层地热能换热贡献率模型的概念

换热贡献率数字孪生模型是通过将初始地温场、不同时段的响应地温场、地下分层岩土体传热系数，地下分层岩土体厚度，系统地缘侧循环工质流量，系统地缘侧循环工质密度，系统地缘侧循环工质比热，循环工质在系统地缘侧出口温度，循环工质在系统地缘侧进口温度，地下分层响应温度，地下分层岩土体初始温度等参数进行计算，获取区域地温场的换热贡献率在空间上的分布态势。

换热贡献率在空间上的分布态势代表了地温场中不同地层、不同岩性、不同孔隙度、不同传热系数、不同连通性浅层地热资源的供给能力，其数值越大代表浅层地热能资源供给能力就越大，其数值越小代表其浅层地热能资源供给能力就越小，其正值代表本区域对于整套系统具有正向的供给能力，其负值代表本区域对于整套系统具有负向的供给能力。换热贡献率与设备运行情况息息相关，其空间分布态势与相应地温场的分布态势正相关。

5.1.3.3　浅层地热能换热贡献率模型的建设方法

建立基于数字孪生技术的换热贡献率模型首先就要建立其三维地质模型。以北京某地的浅层地温能建设项目为例，其三维地质模型长 230 m、宽 210 m、深度 300 m，面积约为 0.0483 km^2；建模数据主要采用位于项目中心的 C3 孔和垂直交叉于项目区的AA′、BB′地层剖面，软件采用SKUA－GOCAD专业地质建模软件。建模方法采用普通钻孔建模法，模型垂直划分为21层，中间或边缘区域含水层存在尖灭现象，岩性主要包括黏土、粗砂、中细砂、黏土细砂互层、黏土粉砂互层等，互层较多，地层较为复杂。

三维地质结构模型对整个浅层地温能框架进行了精细的刻画和描述，在数字孪生平台中起到了模型框架的作用，其岩性分布、空间展布、构造类型将直接影响地表建筑物的施工安全；而且在三维地质模型中纳入了浅层地热能多层监测孔的实时监测物联网，物联网监测到的数据可以为初始地温场、响应地温场和换热贡献率模型的实时计算提供强有力的支撑作用。因此，三维地质模型将作为地表建筑、地下管线和工程地质的连接纽带，共同为数字孪生模型提供框架级支持。

初始地温场模型是对本地地温场初始状态的刻画和描述，由于有实时监测物联网的存在，地温场初始状态的捕捉和刻画精度有了大幅的提升，可以准确地对不同工作时间、不同工况状态、不同开采策略下地温场的初始状态进行模拟仿真，为数字孪生模型提供了初始地温的基础保障。以北京某地的浅层地温能建设项目为例，其初始地温场模型以三维地质模型为框架，其长110 m、宽100 m、深300 m，面积约1.1万m^2，精确覆盖了地埋管区域，向外未进行扩展，以防止地温场精度降低；初始地温场时间选择2022年6月30日，地温场框架选择A1、A17、A25等分层监测数据，其监测层位分为15层和30层，初始地温场模型的建设方法采用3D经验贝叶斯克里金算法，经交叉检验，模型准确率高于91%。

经研究显示，项目所在区域在初始状态下，其初始地温场成层状分布是比较显著的，从上至下，温度由12.59 ℃增至21.87 ℃，经地层剖开显示，模型内部地温场也基本遵循本规律；从6月30日至11月7日，这段时间内其开采状态未知，其地温场状态也有变化，但是变化不大且以层状为主，未形成明显的冷区域或者热区域，因此可以判断此时的系统可能处于调试阶段。所以在没有大规模开采的情况下，地温场变化以层状为主，没有明显的冷热分化；与之相对照的是，其响应地温场模型显示，地温场呈层状分布不明显，其呈现较大的差异性，部分区域出现了明显的冷场，部分区域出现了明显的热场。初始地温场所代表的物理意义为本项目区域在未进行规模性开采的情况下，地下温度场呈原始的分布态势。同时，通过对初始地温场进行长序列、高精度的监测，还可以反映出项目所在区域内因为地下水流的侧向径流造成的地温场缓变态势，这不但可以了解地温场在初始状态下的变化情况，还可以针对地下水流的侧向补给情况对响应地温场进行调整优化。

响应地温场是对本地地温场在设备运行条件下温度分布状态的刻画和描述，同样由于有实时监测物联网的存在，其响应状态的捕捉和刻画精度也有了大幅的提升，可以将不同时间、不同响应状态、不同开采策略下地温场的响应状态进行模拟仿真，为数字孪生模型提供了响应地温的基础保障。以北京某地的浅层地温能建设项目为例，其响应地温场模型以三维地质模型为框架，框架精确覆盖了地埋管区域，总体框架与初始地温场基本一致，响应地温场时间选择2022年11月5日—2022年12月21日，地温场框架选择A17、A25、B1、C1等分层监测数据，监测层位可分为15层和30层，响应地温场模型的方法采用3D经验贝叶斯克里金算法，经交叉检验，模型准确率高于87%。响应地温场所代表的意义是项目研究区在开采一段时间之内地温场的变化态势，其不但受到地埋管开采的影响，还受到地下水侧向径流的影响，因此其变化的态势具有复合意义。经研究显示，响应地温场在2022年11月—12月，基本保持了上冷下热的变化趋势，上部易形成冷区域，下部易形成热区域；同时，在其地温场演化的过程中，呈现冷区域地温越来越冷、热区域地温越来越热的两极分化现象，整个地温场的均匀性越来越低，下部热积累的趋势越来越明显，上部冷积累的趋势越来越明显，而且有向下运移的现象。

在响应地温场的基础上，使用换热贡献率参数建设其换热贡献率模型。模型显示，换热贡献率空间分布总体上在初期变化较大，到后期呈越来越稳定的趋势；换热贡献率在整个地温场中呈现不均匀的分布特征，部分区域在初始状态呈现正贡献率，随时间可转换为负贡献率；但也有一部分区域从始至终保持贡献率的一致性，且趋势越来越明显；全部时段，总体上呈现出正贡献率的区域远大于负贡献率的区域；负贡献率的区域具有一定的贯通性，经常是一个三维空间中贯通的区域。

因此，换热贡献率所代表的温度场演化趋势，表达了地下温度场所在的小区域内每个点位对于地埋管开采的供给能力，其中部分点位的供给能力为正，代表其在换热过程中的贡献是正的，对于整套系统具有正向的意义；有些点位的供给能力为负，代表其在换热过程中的贡献率是负的，对于整套系统具有负向的意义，在今后的开采中应紧密地监测，必要的时候对响应的换热组孔进行关停处理，从而将负向的换热点位数量降至最低，让整个地温场的环境演化向更好的方向进行，确保浅层地热能可持续地开采利用。

目前，三维地质模型、初始地温场模型、响应地温场模型、换热贡献率模型、地温场监测物联网共同组成了数字孪生平台中的地温场分析评价基础；地表配置了单体化建筑模型、遥感影像、DEM 数据、换热设备模型、换热末端模型、地下管线模型，这样便形成了地上地下一体化的区域三维城市模型，可以实现地温场的测量、监测点控制、地温场模型仿真、换热贡献率模拟仿真等功能。

总体上，上述的模型集成在一起，便可以形成针对项目研究区域的数字孪生集成平台，每个模型均作为其他模型的输入或者输出，相互配合，实现了整个项目区域地温场演化趋势的模拟和仿真，加之高精度的物联网传感器，便形成了具有高精度、高可控性的数字孪生平台。

5.1.4 浅层地热能开发利用数字孪生平台

浅层地热能资源在开发的过程中，目前主要是以项目为单位进行，通常是先施工建设地埋管及换热设备，然后辅以自动化控制系统，实现对整个园区地埋管开采策略的日常调控和管理。这种浅层地热能资源开采方式对于小范围区域的开采具有很好的作用，但是对于大区域、大规模浅层地热能资源的开采几乎没有任何的控制能力，也不具备统筹协调能力，这不但无法精确地掌控各个小区域内浅层地热能资源的供给能力，也无法对大区域内的浅层地热能资源的开发利用起到指导作用。因此，需要一个可以对大区域进行统一管控的数字孪生平台，以实现对整个宏观大区域全部资源的有效管理和监测。

数字孪生平台不仅可以对小范围、精确管控的自动化装置进行全流程管理，还可以依托其强大的建模能力，实现区县级浅层地热能资源的统一管控。如可以搭建区级的数字孪生云平台，将全区的浅层地热能开发项目都纳入平台进行统一的管理，每个项目均建设相应的三维地质模型、初始地温场模型、响应地温场模型和换热贡献率模型，并辅以接入监测物联网。首先，从微观角度，实现了对全区所有的浅层地热能开发项目的管控，实现每个项目区资源的开采策略的调整和开采资源的评估，在小区域内实现资源的优化配置和开采存续的优化设置；其次，从大区域而言，可以从每个小区域的资源开采情况，来估算大区域内资源的供给能力，从宏观角度对大区域内的资源储量和可开采能力进行评价，依托宏观的区域三维地质模型、地热资源评价模型、水热耦合地温场模型等，实现对宏观资源储量的评价，为宏观上可开采能力进行有效的评估，从而再量化至微观层面，实现对每个浅层地热能项目的微观调整。依托宏观层面的物联网接入，便可以在整个大区域内实现对全部浅层地热能项目的统一优化调整、统一自动化管控、统一开采评价、统一精准控制，从而实现大区域内浅层地热能资源的最优配置和最优管控。

进一步而言，将大区域内浅层地热能资源模型与三维地质模型、地下管线模型、地表建筑模型等进行有效集成，便形成了基于智慧城市的数字孪生平台。使用该平台不但可以对地表建筑、地表设施、道路交通、工程建设进行管控和仿真，还可以对这些地表资源环境的开发对地下地温场、换热场的影响进行模拟仿真，从而将智慧城市中绝大多数场景都纳入平台之中，便于对整个城市进行全面的管理。

5.2 地下换热系统材料的改性提升

浅层地热能资源的大规模开采及高质量利用中，地下换热系统中地埋管材料、管材回填材料及其性能，是地源热泵的使用开采深度及浅层地热能能效提升的重要课题。能源结构的转型调整、清洁能源的合理开采利用，是碳中和的重要途径，对材料的要求越来越高。研制地下换热管材新材料，实现地埋管材料改性提升，增加开发利用浅层地热能的地埋管深度，向新材料要效益。

塑料地埋管不断替代金属管及其他传统材料的管道，是浅层地热能开采必需的材料。高质量开采和利用浅层地热能，高性能材料是关键。因此，地埋管材料、回填材料性能的提升是未来研究的重点。新型材料的研制及管材的制备、成本的控制、综合性能的提升及其产业化，将是浅层地热能高质量开采和能效提升的前沿研究方向。

5.2.1 提升材料性能在浅层地热能开采中的必要性

在大规模开发利用地热能资源的过程中，地下换热系统中地埋管材料及其性能制约了大型地源热泵的使用开采深度及地热能的能效提升。目前浅层地下换热系统的孔井深度一般为150 m以内，因城市布孔土地面积减少，已开始探索以增加换热孔深度的方式进行浅层地热能开采。若将开采深度延伸至200～300 m，甚至300 m以下，不仅可以开采更多的地热能资源，而且可以提高土地的利用率及经济性。

但随着开采深度的增加，对地热开采地下换热系统用的塑料管材的耐压、导热、力学等综合性能提出了更高的要求，塑料管材的成本及综合性能严重制约浅层地热能的进一步开采利用，亟须研发抗压性强、管壁薄、柔韧性好的新型地埋管材料，将地埋管深度由现在的小于150 m延至200～300 m，大大节约地埋管的用地面积，解决"向深部要资源"的问题。

目前亟须开发适用于浅层地热能开发用的聚乙烯专用料及地埋管、应用于中深层地下换热系统的内管材料专用料，以及地下换热井内高导热充填材料。研制新型高性能地下换热系统材料，以满足大型地源热泵的使用及换热能效提升应用的需求。在提升地埋管材料性能的基础上，整体提升地热井的换热效率，从而实现高品质的地热新能源的开采及应用[1-3]。

随着大型规模化浅层及中深层地热能资源的开发和利用，有时仅开采浅层地热能仍不能满足供热、制冷的需求，需要浅层地热能与中深层地热能耦合使用。研究"取热不取水"的深井循环换热新材料和新技术，用以开采中深层地热资源，扩大地热能的应用，补充浅层地热能的不足。因此，亟须改性提升地下换热系统材料的综合性能，以满足浅层及中深层地热能耦合的地热能开采和使用需求。

5.2.2 浅层地热能开发用聚乙烯地埋管材料的研发

浅层地热能主要利用地埋管地源热泵系统进行开采，该系统由许多一定间距的钻孔埋管群组成，需要占用较大面积的场地设置地埋管。由于建筑用地紧张而产生的埋设地埋管区域与地下空间管控之间的矛盾，制约了浅层地热能开采深度及地热能开发能效。

5.2.2.1 地埋管系统对材料的需求

在浅层地热能开采中，为了节约布孔土地面积，需将开采深度延伸至200 m以下，开采深度的增加则造成换热井内的管材承压变大。因此，亟须研制抗压性强、管壁薄、柔韧性好的新型地埋管材料，解决地埋管的用地面积及空间管控问题，向深部挖掘更多的清洁能源。随着浅层地热能开采深度的增加，地下换热系统中对塑料管材等材料的导热性、负荷热变形温度、耐拉、耐压及柔韧性等综合性能要求更高。随着大型规模化浅层及中深层地热能资源的开发和利用，有时仅开采浅层地热能仍不能满足供热、制冷的需求，需要浅层地热能与中深层地热能耦合使用，研究“取热不取水”的深井循环换热新材料和新技术，用于开采中深层地热资源，扩大地热能的利用效率，补充浅层地热能的不足。因此，亟须改性提升地下换热系统材料的综合性能，以满足浅层与中深层地热能耦合的地热能开采策略及地热能高质量开采和使用的需求。

地埋管换热器的换热性能受到开采区地质条件、回填材料、埋管形式及管群排列方式等多种因素的影响。研究发现，不同地质条件以及埋管形式，会导致地埋管换热能力产生差异，地层初始温度低的区域夏季排热效果更好，地下水流速增强，热对流换热作用加强，因此，在冲洪积平原地区开发利用浅层地热能时，从扇顶到扇缘水动力条件由强变弱，地下水径流对地埋管换热能力的有利影响会逐渐减小[4]。岩溶一般至中等发育的白云岩具有较强的换热能力，采用地埋管地源热泵系统技术开采浅层地热能进行供热、制冷是适宜的，若将地埋管埋设在地下水较为丰富的地区可使地埋管获得较好的换热效果[5,6]。沿渗流方向将地埋管换热器承担的负荷强度以上小下大的原则进行分区，可缓解管群区域的热量累积现象。[7]数值模拟分析研究表明，在有地下水渗流的情况下，地埋管应该沿地下水渗流方向交错布置，以尽量避免埋管间热干扰。由于岩土分层和地下水渗流，地埋管管群之间的热量会存在干扰。地下水渗流速度和方向会影响地埋管的换热量，使土壤温度场沿着渗流方向偏移[8-10]。

虽然浅层地热能在中国建筑供冷、供热领域得到了广泛应用，但浅层地埋管地源热泵系统在实际应用中仍存在以下问题。

①浅层地埋管地源热泵系统主要利用浅层土壤的蓄热效应。其在长期运行过程中会出现冷热负荷不平衡的问题，系统性能将会明显下降。

②浅层地埋管地源热泵系统占地面积较大，在实际应用中容易受到场地的限制。

浅层地埋管地源热泵系统目前出现的冷、热负荷不平衡现象通常通过增加辅助系统来缓解，这需要额外的投资、运行成本和控制难度。因此，分析地源热泵系统在长期运行过程中的土壤热平衡至关重要。

浅层地埋管换热器系统的模型如图 5-2 所示。目前许多学者利用负荷不平衡率来分析地源热泵系统冷热负荷不平衡的特征。当地源热泵系统排到土壤中的热量远大于从土壤中吸收的热量时，地下热不平衡现象将变得严重。间歇运行模式可以平衡地下冷、热负荷的堆积，进而提高系统性能。同时，建筑的热负荷远远大于冷负荷会导致地源热泵系统的制冷能效逐渐提高，而供暖能效逐渐降低，研究表明，冷负荷和热负荷的不平衡会降低系统的性能[11-13]。目前有关负荷不平衡率的研究大多基于短期模拟，并且地埋管换热器的深度基本在 200 m 以内，然而建筑年荷载不平衡现象在许多地区普遍存在，相较于传统深度不超过 200 m 的浅层地埋管换热器，新型浅层地埋管换热器具有 400~600 m 埋深。当埋深逐渐加大，地埋管的供热能力大于制冷能力时，整个系统可以承载冷热负荷，特别适合用于冷热负荷不平衡的地区。若考虑管间水力交互影响，中浅层地埋管管群模型与 BEIER 的解析解模型进行验证，证明深度更大的浅层地埋管换热器能够在存在显著全年累计负荷不平衡的情况下长期运行[14]。

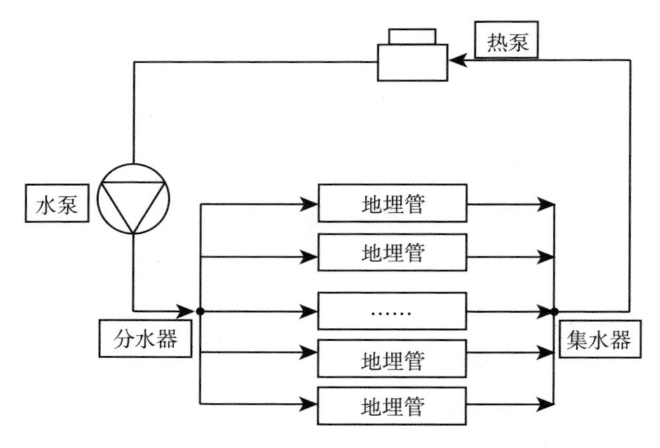

图 5-2　浅层地埋管换热器系统的模型示意图

浅层地热能开采中，塑料地埋管的管群数量以及管群排布方式对深度更大的浅层地埋管管群具有很大的影响，尤其是长期运行负荷不平衡。研究表明，在地源热泵实际运行过程中，可以通过关停部分地埋管群中心位置的地埋管换热器，来避免管群整体运行性能的降低，同时在实际应用中建议地埋管布置以交错排布方式进行布管，从而提高地下换热系统热泵的运行效率。

回填材料与毛细管水的作用、地下水对钻孔内材料的热扩散影响、裂隙水流对岩体的传热等因素影响场地适宜性评价，通过理论计算、物理实验和数值模拟的方式，综合某些复杂地质条件区域下的浅层地热资源开发方案研究，可以更准确地计算不同位置、深度和季节的地埋管的延米换热量[15]，未来能够实现结合地下水和地层的时空变化对地埋管管群的布局进行优化设计。另外，建立一个以实时测试为基准的钻井监测点，对于提高地埋管热泵运行效率、解决运行过程中的能量失衡风险具有重要意义。建设地面地下综合监测系统，通过数据反馈及时判别地下热失衡风险和地埋管换热量衰减风险，在此基础上优化运维策略。

我国在浅层地热能开发领域虽然起步较晚，但发展速度较快，尤其是近年来，我国的华北平原、东北、西北等地区逐步大面积地开发利用浅层地热能。浅层地热能开发涉及水工环、地质、腐蚀科学、钻探、暖通和机电安装等多个专业领域。其中，地下能源采集系统是整个供暖制冷系统的关键。不管是地下水源热泵还是土壤源地埋管热泵系统，在开发浅层地热能时都存在着系统腐蚀结垢问题，特别是地下水源热泵系统是开式系统，整个管网和设备系统的腐蚀结垢问题更加严重，因此，管材的选用是最重要的一个环节。

5.2.2.2 浅层地热能用高密度聚乙烯管材的研发

随着“以塑代钢”的环保潮流，塑料排水管取代铸铁管，与铸铁管相比，塑料排水管具有质轻、耐腐蚀、寿命长、施工方便等特点，在国外，塑料排水管不断替代金属管及其他传统材料的管道，发展十分迅速，特别是高密度聚乙烯管，代替传统材料管道和聚氯乙烯（PVC）管道，发展迅猛。

高密度聚乙烯（HDPE）管材以其优良的耐压耐环境应力开裂性和经济性，日趋成为塑料管燃气压力管领域的新宠，高密度聚乙烯多重复合管材是具有国际先进水平的新型绿色环保建材产品，是住房和城乡建设部“以塑代钢、以塑代水泥”的重点推广产品，对节约能源、减少污染、保护环境具有重要意义。大口径高密度聚乙烯多层复合管材是采用低压高密度聚乙烯为原料，由于采用特殊的生产工艺和结构设计，大大增大了管道的法向强度和环向刚度。这种管道具有连接可靠、耐腐蚀、韧性和弹性好、使用寿命长、施工方便等一系列优点，因为管材具有较大的管径，能够很好地承担覆土压力和交通荷载。

聚乙烯管材的制备主要通过挤出成型，在工业生产条件下，主要是利用挤出机连续挤出成型的方法制备。在当今世界的四大材料（即木材、硅酸盐、金属和聚合物）中，聚合物和金属是应用最广、最重要的两种材料。聚合物材料中 80% 的制品都要经过螺杆挤出机这一重要的工艺来加工，包括膜、板、管、丝和型材等。挤出法生产过程可保证管材生产连续、稳定、高效率和低成本。挤出法制备聚乙烯管材通用性好，既可以保证工艺过程的调节和自动化容易实现，同时，制备的管材综合性能也较好。

聚乙烯管材的挤出成型加工过程大致过程如下：首先是聚合物在挤出机中受热塑化，熔融后稳定地输送到管材机头，由机头成型出管坯，在牵引装置作用下，通过定型和冷却装置，调节管材要求的几何形状和尺寸精度，然后盘卷、切断、堆放和收藏。单螺杆、非排气式挤出机是生产聚乙烯管材通常选用的挤出机类型，主要是基于技术上的先进性和经济上的合理性，同时，也会考虑机器的生产效率、挤出质量的稳定性、能量消耗、机器使用寿命、通用性、专用性及机器操作的维护性。

对于聚乙烯管材挤出线的选择会着重考虑如下几点。

①挤出机的组成。挤出机的螺杆、熔体分配器等结构及功能对管材的质量有重要的影响，在聚乙烯的加工窗口中，挤出机的参数过多，不易调节，因此前期的类型选定很重要。

②整条挤出线各组成部分的功能要平衡。整条挤出线中的挤出机、定径装置、冷却系统、牵引机的功能等要相互匹配，特别是在管材高速挤出时，各主要部分应相互适应，尤其是控制系统应从整条挤出线的技术水平、所要求产品质量的水平以及经济性考虑。

③挤出材料。不同类型的聚乙烯挤出管材，如果要达到最佳的技术经济性要求，不同密度的聚乙烯之间，以及不同等级的聚乙烯管材原料如 PE80、PE100、PERT 等，在成型方面存在明显的差异，需要反复地调试参数。

④国别和时期的差异。由于发展水平和应用标准的差异，不同国家、不同时期制造的挤出线差异较大。目前聚乙烯管材挤出技术已经发展到高性能挤出阶段，采用高性能挤出线是生产高品质的聚乙烯管材较好的选择，这不仅提高了管材的质量，提高了生产效率，而且提供了科学的质量保证。

高密度聚乙烯原料的制备主要过程如下：将乙烯、已烷及催化剂按定量加入第一反应釜，聚合得到高熔体流动指数（MFR）的 HDPE 浆液，闪蒸后送入第二反应釜；利用浆液中存在的活性中心，继续与定量加入的乙烯、1－丁烯聚合生成低 MFR 的 HDPE 浆液，闪蒸后送往分离干燥系统。聚合浆液经离心分离，分成含水量 30% 的滤饼和母液，母液的 70%～80% 循环回反应釜代替己烷使用，剩余部分送到回收系统经过汽提和精馏操作，脱离母液中的低聚物和共聚物单体。聚合物滤饼送往干燥箱干燥，获得粉末。粉末由密闭循环的送风系统送往造粒工序，经计量后与规定量的稳定剂在混炼造粒机中混炼，进行水下切粒，颗粒经干燥、筛分进入料仓[28]。

HDPE 管具有优异的化学稳定性，优良的耐候性，并具有良好的综合机械性能，且总体成本较低，是浅层地热能开采常用的关键材料，其主要特点如下。

①抗压能力强。HDPE 管外壁呈环形波纹状结构，大大增强了管材的环刚度，从而增强了管道对土壤负荷的抵抗力。

②摩阻系数小，通过能力强。HDPE 管的内壁摩阻系数为 0. 009，而钢筋混凝土管的内壁摩阻系数为 0. 013。因此，HDPE 管比起同口径的其他管材，可通过更大的流量。换言之，同流量情况下，可采用口径较小的 HDPE 管。

③施工便捷。由于 HDPE 管重量轻，搬运和连接都很方便，因而施工速度快。在工期紧和施工条件差的情况下，其优势更加明显。

④化学稳定性佳，使用寿命长。HDPE 分子没有极性，所以化学稳定性好，一般使用环境下，土壤、电力、酸碱等因素不会使管道损坏。在埋地情况下，HDPE 管材的使用年限可达 50 年。

⑤适当的挠曲度。HDPE 管属柔性管材，可抵御一定程度的地基不均匀沉降，管道接口严密，无渗漏。

因此，提升 HDPE 管材的性能、控制成本，可促进浅层地热能开采大规模的加大和深度的延伸，是浅层地热能开采应用的关键。

5. 2. 2. 3 浅层地热能用高密度聚乙烯管材的性能改性提升

聚乙烯树脂产量大、价格低、容易加工成型，具有耐酸碱、耐腐蚀性，化学稳定性高，但是由于对管材的性能有一定要求，单纯的聚乙烯无法满足需要。为了提高聚乙烯的导热性、耐压性、抗冲击性、抗应力开裂性能以及其他性能，可以采用改性方法来实现。根据聚乙烯分子链是否发生反应可以分为化学改性和物理改性两种。

聚乙烯的化学改性，是指通过化学的方法，使聚乙烯的分子链发生改变，从而达到提高某些（如导热）性能的方法。这种方法一般是改性剂与聚乙烯分子链发生化学反应，使链结构发生改变，如添加极性基团、有序结构或发生交联。化学改性方法主要包括共聚改性、接枝改性、交联改性等。聚乙烯的物理改性是指在不改变聚乙烯分子的化学结构，聚乙烯分子本身不发生化学反应的情况下，通过物理的方法对聚乙烯进行改性。物理方法主要由填充改性、增强改性和共混改性等。

本文在这里着重介绍一下聚乙烯的交联改性。交联改性，是将聚合物的线型分子经过化学作用而形成网状或者体型结构分子。交联可以使聚乙烯的力学性能大幅提高，其耐环境应力开裂、耐磨性、耐热性、耐溶剂性、抗蠕变性及耐候性显著改善。但是聚乙烯交联后会失去热塑性、溶解性等。交联的方法有化学交联和辐照交联。

化学交联法是指使用有机过氧化物或者硅烷类交联剂，在加热的情况下分解产生自由基，与聚乙烯分子链发生反应，产生交联。

①过氧化物交联法。在热的作用下，过氧化物交联剂分解成活性的自由基，这些自由基使聚合物碳链上产生活性点，并产生碳—碳交联，形成网状结构。这种方法需要高压挤出设备，使交联反应在机筒内进行，然后使用快速加热方式对制品加热，从而产生交联制品。这种交联方法可用来生产交联聚乙烯管材，但是过程不容易控制，产品质量不稳定。

②偶氮交联剂交联法。偶氮交联剂交联法是指将偶氮化合物交联剂与聚乙烯按一定比例共混，在低于偶氮化合物分解的温度下挤出，挤出物经过高温加热，偶氮交联剂分解成自由基，引发聚乙烯交联。

③硅烷交联法。硅烷交联法源于20世纪60年代的硅烷交联技术。该技术是利用含有双链的乙烯基硅烷在引发剂的作用下与熔融的聚合物反应，形成硅烷接枝聚合物，该聚合物在硅烷醇缩合催化剂的存在下，遇水发生水解，从而形成网状的氧烷链结构。硅烷交联技术由于所用设备简单，工艺容易控制，投资较少，成品交联度高、品质好，从而大大推动了交联聚乙烯的生产和应用。除了聚乙烯和硅烷外，交联中还需要用到催化剂、引发剂、抗氧剂等。

④辐照交联法。辐照交联法主要是采用高能射线照射聚乙烯，引发聚乙烯大分子产出自由基，形成碳—碳交联链，广泛地应用于薄型交联产品。辐射采用的辐照源有电子束、α射线、γ射线等高能射线。该交联方法一般是将聚乙烯制品用辐照方法交联出来薄壁聚乙烯管材，此外，包覆在导线上的聚

乙烯护套、薄膜等产品均可适用。但是，材料制品的交联度受到辐照剂量、环境温度、改性剂等因素的影响，体系中的交联点在一定范围内随着辐照剂量增加而增加。因此，通过控制辐照条件，可以获得一定交联度的交联聚乙烯管材。

通过辐照交联法制备高导热交联聚乙烯（PE－Xc）管材，即将由纯粹聚乙烯成型的管材产品经 β 或 γ 射线辐照，使聚乙烯大分子主链形成新的自由基，自由基间再结合形成交联，分子结构从线性排列改变为三维立体网状结构，将热塑性塑料改变为热固性塑料。[29]新型高导热 PE 管主要通过添加导热助剂，并使其均匀地分散在聚合物中形成导电网络的方式来提高导热系数[30,31]，改性方式主要通过配方和工艺的优化。实验结果表明，新型高导热 PE 管的导热系数比普通的 PE 管提高了近 75%；管材其他力学性能指标符合同规格 PE 给水管材的标准要求；同时，管材满足地源热泵系统工程技术规范（GB 50366—2009）的施工要求，和其他系统配件连接可靠。

5.2.2.4 未来技术的发展

聚丁烯（PB）管道具有材质轻、柔韧性强的优点，聚丁烯管的导热系数为0.22。根据技术规范和施工经验，PB 管路所需的保温材料量仅为铜管所需保温材料的 30% 左右，节省了保温材料的用量。它是以丁烯为原料的高密度聚合物，分子结构稳定，使用寿命可达 50 年。聚丁烯管是我国近期发展起来的新型给水管材的一种，它具有很高的耐温性、持久性、化学稳定性和可塑性，无味、无臭、无毒，是目前世界上最尖端的化学材料之一，有“塑料黄金”的美誉。

埋地排水管是指城市和农村排水管网用的管道，包括排污水管和排雨水管两大类，通常直径较大。由于其具有独特优越性，以及国家政策的支持，近年来在国内市场得到迅速发展。目前，随着全国各地城市基础建设投资力度的不断加大，新型管道生产企业的不断涌现以及生产能力的不断扩大，必然会在全国掀起“管道革命”的热潮。全国范围内也将逐渐禁止使用水泥管作为排水、排污管道。

同时，在目前管材的制备中，管材挤出过程的自动化对于浅层地热能用地埋管挤出生产线而言已不可或缺，区别在于自动化的程度。目前世界上先进的聚乙烯管材生产线的自动化过程主要呈现以下特点。

①模块化设计。管材基础线的控制过程参数多、分布点广。从原料输送

到成品管材下生产线，有多个独立的设备，每个设备都有自己的控制系统和控制目标，聚乙烯管材生产线的完整自动化控制系统是由这些多参数、多设备、多控制系统组合完成的。通过管材挤出线模块化设计，设备制造商可以制造用于不同自动化控制水平的生产线。

②集中操作和分散干预。所有的挤出线上的设备都配有小型可编程逻辑程序器（PLC），并连接到挤出机的中心电脑上。这样设置的优点是下游设备可实现局部智能化控制，每个下游设备都可以单独操作。当整合到自动化管材生产线上时，挤出机的中心电脑将承担过程控制和监视的任务。同时，管材的牵引和切割既可以在机器旁操作，也可由挤出机集中控制，极大地方便了设备的操作。

③管材生产自动化的扩展。管材挤出线的自动化扩展可以整合到工厂自动化系统中，有的自动化系统甚至可以通过互联网实现生产线的远程检测、诊断和控制。

④控制的可视化。控制系统和控制参数在中心电脑的监视器上以图和数据表形式显示，界面非常直观明晰。

采用自动化系统，可以为管材制造商带来明显的利益，节约原材料，稳定生产，改善质量，减少停工时间，设备操作更方便[32]。

因此，未来浅层地热能用地埋管的未来技术发展方面主要为两个。一方面是新材料的研制。地埋管材料未来将向高性能材料方面发展，开发聚合物链结构可调的长链支化型聚乙烯、聚丁烯管道等高性能管材材料。另一方面是管材挤出过程的技术先进性，高度自动化及生产线与材料的自适应性。

5.2.3 地埋管换热孔回填材料的研究

5.2.3.1 地埋管回填材料的研究现状

回填是地源热泵竖直地埋管换热器施工过程中的重要环节，即在钻孔完毕、安置完 U 型管后，向钻孔中注入回填材料。回填材料介于地埋管换热器与钻孔壁之间，是连接地埋管换热器与土层的传热介质，也是保证地埋管换热器换热性能和施工质量的重要材料，起到传热护壁、减少热阻、降低工程造价的作用。回填材料的热物性参数对改善热泵参数、提高系统节能效率存在重要影响。良好的回填材料不仅可以强化传热，还能够避免地表水渗入地下污染地下水，并保护地下各个含水层不受交叉污染[16]。

在浅层地热管最初铺设的时候，需要考虑到地埋管回填的问题。地埋管换热孔回填材料的导热性能是决定地源热泵系统经济性和可靠性的主要因素之一。随着科技的发展，浅热层回填材料与地下水环境之间的相互作用也逐渐得到重视。由于浅热层回填材料通常是与地下水紧密接触的，在使用过程中可能会对地下水环境产生一定的影响。回填材料的热物性，尤其是其导热系数，会对地源热泵地热能供暖系统产生较大的影响。回填材料的导热系数较小时，会影响外部岩土向换热器的热量传递，造成热量积累，严重影响地埋管的换热。[17]当回填材料导热系数增大时，岩土与地埋管道内部之间的热量传递效果更佳。但随着回填材料导热系数进一步增加，其对地埋管换热器性能的提升效果开始降低。[18]因此，选择导热物性的回填材料，对于提高地埋管换热器的换热效率至关重要。回填材料导热系数的影响因素包括孔隙率、固体颗粒的形状及构成材料配比、温湿度等[19]。

在浅层地热能地埋管回填材料研究方面，近年来，地埋管回填材料的配比物质及测试方法呈现多样化，新材料、新手段不断涌现。膨润土[20]、水泥、粉煤灰[21]、石英砂[22]、石墨[23]、土砂混合物[24]等材料均成为回填材料配比研究的对象。大部分地区及工程的项目采用原浆沙子、泥浆回填，有岩石的地方采用填加膨润土的方法。沙子、泥浆回填容易影响地埋管及其换热系统的换热效率，膨润土本身的导热性能也有待研究。

一种工业用品重晶石，化学成分为硫酸钡（$BaSO_4$），具有较大的相对密度（4.2~4.7 g/cm^3）、硬度低（莫氏硬度为3°~3.5°）、化学性质稳定等特点，且不溶于水、酸、碱与有机溶剂，无磁性和毒性。重晶石粉呈惰性，易分散、凝聚性低，导热性、热稳定性及流变性好，分子量大、填充性高，在石油钻井液中已有广泛应用。[25,26]在地热材料的研究中，粉状重晶石也被用来提高换热井内回填层的导热及保温性。在重晶石粉用于提高地埋管回填材料导热性能的实验研究中表明，重晶石粉饱水后热导率明显提高，饱水状态下样品热导率随重晶石粉比例增加而升高[27]，在中砂样品中加入质量比为5%~10%的重晶石粉后，热导率提升约12%，达到2.0 W/（m·K）；原状回填材料和不同重晶石粉配比回填材料在5~35 ℃范围内的热导率测试值相差不大，一般在0.01~0.04 W/（m·K），说明在地埋管换热过程中，温度变化不会对两者的导热性能造成明显的影响。重晶石在土壤中容易被还原，大量添加重晶石容易导致高含量的重金属钡在土壤中的残留，最终造成环境污染和生态破坏。

不同条件下的重晶石的导热性能的影响规律也有待后续研究。

对于回填砂的导热性能提升的研究，下一步需要考虑引入本征性的导热材料，调控配比，在不显著提高成本的前提下，进一步提升回填砂的导热性及探索新的导热性能提升途径。

5.2.3.2 地埋管回填材料未来的技术发展

浅层地热能回填材料的研究中，目前的回填工艺要求将回填材料尽量压实，从而避免空气充满孔隙造成的热阻增加。但是回填材料孔隙中含有的水分，理论上可以提高材料的比热容，从而增加整个换热孔的蓄热能力。目前大多数学者仅注重提高回填材料的导热率，鲜有提高回填材料持水力的研究。在未来的工程领域中，利用相变材料可能会成为解决回填材料在导热性能优良时，力学性能降低的重要方法。另外，虽然目前的相变材料相比于其他类型的回填材料，在导热系数、提供潜热方面已经有明显优势，但由于目前国内外对于此材料研究还很少，且其仍存在导热系数低、稳定性差以及成本较高等普遍问题，因此，未来需要根据不同的目的制备出具有适宜的相变温度、相变潜热、低成本且化学性质较稳定的相变材料，以实现相变材料在各个领域的广泛应用。

总体来说，浅热层回填材料的研究进展主要集中在选择与性能评价、与地下水环境相互作用等方面。随着地热能开发的不断推进，相信浅热层回填材料的相关研究还将取得更多突破。在未来的技术发展中，浅热层回填材料有望实现更高效、更环保和更多功能化的发展。这将有助于提升建筑物的能源效率、保温性能和环境友好性。

5.2.4 中深层地热用材料的研究

有时仅开采浅层地热能仍不能满足供热、制冷的需求，需要浅层地热能与中深层地热能耦合使用。随着大型规模化浅层及中深层地热能资源的开发和利用，研究“取热不取水”的深井循环换热新材料和新技术，用以开采中深层地热资源，扩大地热能的高效利用，补充浅层地热能的不足。因此，亟须改性提升地下换热系统材料的综合性能，以满足浅层、中深层地热能耦合的地热能开采策略和地热能高效使用的需求。

目前，中深层地热能开发用耐热聚乙烯管材的专用料主要依赖进口。在国内，中石化、中石油等一些企业正大力开发中深层地热管用高密度聚乙烯专用料。虽然一些国产专业料在部分性能上可以替代进口料，但在综合性能上与进口料相比，仍有较大差距。目前中深层地热热泵供热系统使用的内管材料处于开发阶段。目前国内的耐热聚乙烯（Polyethylene of Raised Temperature Resistance，简称 PERT）管材的专用原料主要依赖进口，如法国道达尔（TOTAL）、韩国 LG、韩国大林（Daelim）等公司的产品。国内生产 PERT 专用料的企业主要有独山子石化、大庆石化、兰州石化、抚顺石化等公司，但高端 PERT 管材专用料仍主要以进口为主。同时，聚乙烯专用料的生产质量存在不连续、不稳定等问题，致使国内生产的聚乙烯管材质量仍然较差。目前，如何兼顾力学、耐应力开裂等综合性能，是聚乙烯复合材料研究的关键问题和亟须攻克的研究方向。因此，国内亟待提升地下换热系统中内管材料的性能，加强耐热聚乙烯专用料的开发及应用，以期实现进口料的国产替代，达到国际水平。

5.3 地下换热系统中柔性纳米发电技术的研发及应用

信息技术的快速发展促进了“万物互联”的实现。“万物互联”是基于大量的传感器进行多维度环境信息的实时采集，依托传感信号数据，实现现实世界数字化。在地源热泵系统中，处处存在“万物互联”的需求，如对水的流量、进水和出水口温度、管道内压力、水质等参数指标进行实时监控反馈，在各个区域内布局监测系统。目前，直流供电、电池供电等传统的供电方式仍是监测系统中传感器的主要供电方式，该类供电电源存在寿命短、柔性差、环境污染、体积大、维护频繁和需循环充电等局限性，尤其是地下深层用传感器，大量的电缆铺设或者电池的使用带来的维护、环保等问题依然难以解决。随着纳米发电技术的发展，自供电可持续能源的研发应用有望满足地源热泵系统中传感器的供电需求。

5.3.1 纳米发电机技术

随着科技的不断发展，与日俱增的能源需求与环境保护之间的问题日益凸显。由于传统的化石燃料资源逐渐匮乏，且对环境会造成严重污染，因此，高效且清洁的新能源备受关注。传统风力和水力发电机体积庞大难以小型化，而太阳能采集设备工作时间受限、能量来源单一，在某些场景中的应用仍然受到许多限制。纳米发电技术作为一种新兴的能源技术，获得了广泛关注。纳米发电器件尺寸为 $mm^2 \sim m^2$ 量级，且可以获取包括风能、水能在内的多种形式的能量。

传统能源，如电力，在发电站集中生产后分发到用户手中，而小型化纳米发电机通过采集日常生活环境中可获取的多种能量，分布式地向传感器等器件供电。纳米发电机以“就地取能”的方式减小对电池的依赖。在复杂的地热系统中，各个传感器部件依然采用传统的供电方式进行工作，地源热泵系统中有望应用纳米发电技术。

2012 年，王中林院士及其团队首次发明了基于摩擦起电和静电感应耦合的摩擦纳米发电（triboelectric nanogenerator，TENG）技术，它能够收集各种形式的机械能来转化为电能，如风能、海洋能、振动能、人体运动能等。与传统的电磁感应发电技术相比，纳米发电机具有发电电压高、质量轻、体积小、柔性及形状灵活多变且兼容性高等优点，受到了研究者们的广泛关注，使自驱动供电微型电子器件的应用成为可能。纳米发电机主要包括压电纳米发电机、摩擦纳米发电机、热释电纳米发电机三类，前两者将机械能转化为电能，后者将热能转化为电能。

5.3.2 摩擦纳米发电机的原理

摩擦纳米发电机，是利用两种对电子束缚能力不同的材料相互接触时得失电子，并在外电路产生电流的原理制造而成，可在运动、压力、惯性、振动等领域实现机械能转换为电能，还可以应用在风能、水能等领域。摩擦纳米发电机是目前纳米发电机三大类中研究最为热门的品类。

根据对摩擦与压电纳米发电机分析可以看出，纳米发电机可广泛应用在移动电子终端、可穿戴智能设备、植入性医疗器械（心脏起搏器等）、新能源（包括风能、水能、潮汐能等）、高精度传感器等领域。在电子领域，纳米发电机可随时随地利用人类行走或智能设备运动所产生的动能，将其转化为电能，为电子设备进行充电；在植入性医疗器械领域，纳米发电机可利用心跳进行发电，实现心脏起搏器无须更换电池或者充电即可长时间待机。

摩擦起电效应是由两种极性相反或者电负性相差较大的材料相接触所引起的电子转移现象。在机械力或压力的作用下，由于电子云重叠引起的电子转移是固体、液体和气体间产生接触带电的主要机制。摩擦纳米发电机主要有四种基本工作模式，如图5-3所示[33]：（a）垂直接触-分离模式；（b）水平滑动模式；（c）单电极模式；（d）独立层模式。其产生电流的过程主要有两步：①选择两种不同的接触材料，获得表面净电荷；②净电荷诱导产生变化的电场，从而驱动电子的流动。摩擦纳米发电机的表面电荷密度和结构周期密度则是影响其电输出性能的关键参数，摩擦发电机的材料选择及微纳结构的制造对摩擦纳米发电机的输出性能有着至关重要的影响。

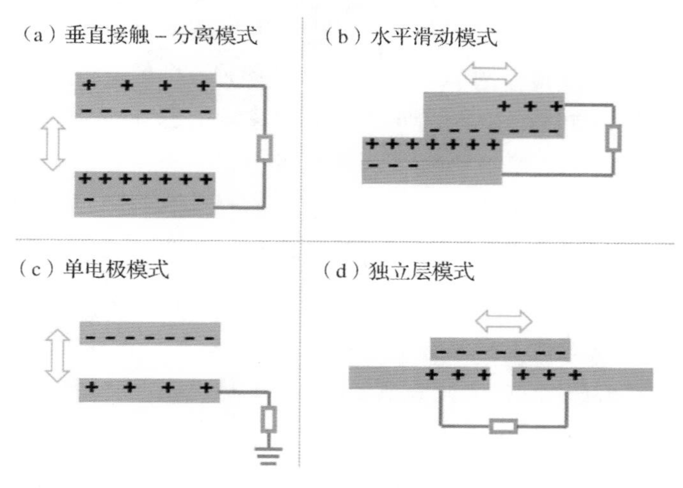

图5-3 摩擦纳米发电机的四种基本工作模式[33]

5.3.3 高性能纳米发电材料及表面结构处理技术

纳米发电材料是指具有纳米级尺寸的材料，通过利用纳米级结构的特殊性质来实现能量的转换和存储。纳米发电材料具备了较大的比表面积和优异的电子传导性能，能够将光、热、机械等能量转化为电能。新型柔性材料有碳基材料、金属纳米线和导电高分子材料等电极材料，聚合物基底材料包括压电、铁电、热电和摩擦电等功能材料。这些材料的发展为纳米发电等新型能源技术提供了新的思路和途径。

纳米发电材料在各个领域具有广泛的应用前景。纳米材料的热电效应可以在热电材料领域应用，通过将热能转化为电能，不仅可以实现废热的回收和利用，同时提高能源利用效率。在太阳能电池领域，纳米颗粒作为太阳能电池的光吸收层，能够吸收更多的太阳光，并将其转化为电能。纳米发电材料的高效率和稳定性使得太阳能电池的转换效率得到了显著提高。此外，纳米发电材料还可以应用于传感器、储能器、柔性电子等领域，为这些领域的发展提供新的可能性。

纳米发电材料作为一种新兴的能源技术，具有广阔的应用前景和发展潜力。通过进一步研究和开发，纳米发电材料有望成为未来能源领域的重要组成部分，为解决能源问题和推动可持续发展作出重要贡献。目前常见的接触电正性的材料有玻璃、金属、尼龙等，接触电负性的材料为更容易失去电子而带上正电荷的聚合物，例如聚四氟乙烯（PTFE）、聚酰亚胺（PI）等。为了提高 TENG 在接触过程中界面处的电荷转移量，提升外部电路的电流和电压输出，开发具有更高摩擦电极性的纳米发电材料至关重要。然而，纳米发电材料的应用还面临一些挑战和问题，需要通过不断创新和改进来解决。

表面改性技术是提高纳米发电材料性能的方法之一，通过增加摩擦材料表面的粗糙度，增大有效接触面积，可实现电性能的提升。目前，可通过表面图形化，基于刻蚀技术在材料表面构造微/纳米尺度的微结构[34-37]；或者以模具塑形方式在材料表面形成规则的柱状、锥形和方形的微结构阵列等[38-40]。

化学修饰技术也是提高性能材料电性能的另一种方式，通过化学接枝，引入含氟或其他单元到材料表面，以提高材料的电子亲和力。Junghyo Nah 等人[41]使用三氯硅烷蒸汽的方法在聚对苯二甲酸乙二醇酯（PET）表面引入了带负电荷的 $-CF_3$ 基团，提升 PET 摩擦电极性。

此外，通过直接向材料表面注入电荷的方法增大其表面电荷密度也同样具有实用性。由于空气击穿等因素的限制，聚合物材料表面的电荷密度无法达到其理论最大值。Xudong Wang 等人[42]使用空气电离枪将 CO^{3-}、NO^{3-}、NO^{2-}、O^{3-} 和 O^{2-} 等负离子注入氟化乙烯丙烯共聚物（FEP）材料表面，极大地增加了其表面电荷密度并提升了 TENG 的输出。

摩擦材料中存储的摩擦电荷密度与材料本征载流子浓度和载流子迁移率之间存在相关性。在此基础上，出现了一种在摩擦材料与背电极之间添加一层本征载流子浓度和载流子迁移率更低的材料作为电荷储存层来增加总电荷密度的方法。此外，还可以在这两层中间添加另外一层高导电率材料作为电荷传输层来进一步提高总的摩擦电荷存储密度，在相同实验条件下可以取得比双层结构更高的输出电流。

复合材料改性是通过引入特定纳米颗粒、基团等改变聚合物材料的分子结构，实现纳米材料性能的提升。Yanhao Yu 等人[43]基于原子层沉积技术的顺序渗透合成技术将无机化合物渗透到聚合物摩擦材料的内部，成功将 AlOx 无机化合物渗透至聚合物材料内部以增大其介电常数，从而提升对摩擦电荷的控制能力。

改变电荷传输层设计也是提升摩擦材料性能的方式。Nuanyang Cui 等人[44]提出，在摩擦材料与背电极之间添加电荷储存层以增加总电荷密度，或者在这两层中间添加另外一层高导电率材料作为电荷传输层来进一步提高总的摩擦电荷存储密度，可实现更高的电流输出。

5.3.4 载能离子束技术

载能离子束技术是一种多学科交叉的新型技术，在材料表征、微纳加工、材料改性与薄膜生长等方面有重要的应用。其中，离子注入技术和载能离子束薄膜沉积技术在材料表面掺杂、无胶电极制备等方面有着明显的技术优势。

离子注入是将某种元素的原子电离，并使其在电场中加速后射入固体材料表面，以改变材料的物理化学性能的一种技术。1985 年，美国加州大学 LBL 国家实验室的 I. G. Brown 等人[45]开发出了金属蒸发阴极弧（MEVVA）离子源。1988 年，北京师范大学核科学与技术学院（北京市辐射中心）开始进行金属蒸汽真空弧（MEVVA）离子源高能离子束技术及应用的研发工作，成功研制出 100 型 MEVVA 源（世界上最强单源束流 MEVVA 源）等多种型号的 MEVVA 离子源。经过多年的技术积累，率先将该技术应用在材料表面改性领域。

离子注入可以将几万至十几万电子伏特的高能离子注入材料表面，使材料表面层的物理、化学和机械性能发生变化，其原理图如图 5-4 所示。在不改变材料基体性能的情况下，有选择地改善材料表面的耐磨性、耐蚀性、抗氧化性及抗疲劳性等。离子注入表面改性后，可获得其他方法不能得到的新相结构，与基体结合牢固，无明显界面和脱落现象，从而解决了许多涂层技术中存在的黏附问题和热膨胀系数不匹配问题。处理温度一般在室温附近，不会引起精密材料的变形。

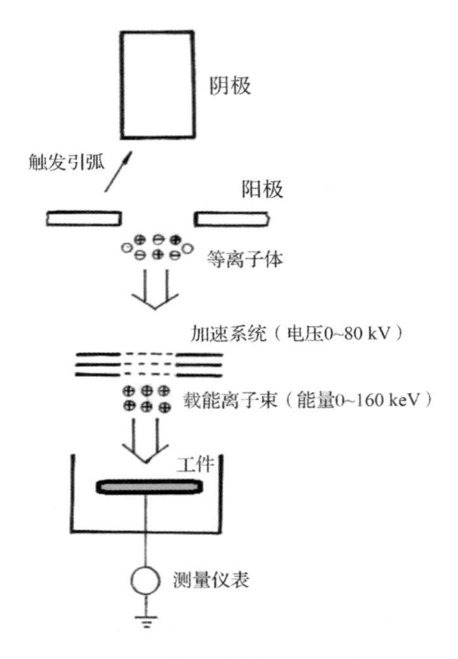

图 5-4　MEVVA 源离子注入原理图

MEVVA 离子注入技术优势如下：

①能够将多种元素注入金属材料中，这就为以离子注入技术研究金属冶金提供了极有利的条件；

②离子掺杂深度和掺杂数量可以精确控制；

③离子注入的冶金过程属于原子冶金过程，可在室温下注入，不会引起材料的变形，不会在金属材料中出现掺杂原子的凝聚现象；

④高剂量离子注入可以产生增强扩散，同时也能形成无序层，这种无序层如同淬火工艺，能够形成强度很高的表面层。

⑤离子注入层与金属基体有机融为一体，注入层与未注入层没有严格的界限，因此不会产生起皮、气泡等现象，从而明显改善界面处的结合强度。

近年来，国内外研究人员在离子注入改性聚合物方向做了大量研究。T. Kobayashi 等人[46]通过离子注入技术用 W 离子对聚酰亚胺薄膜进行离子注入，注入后在聚合物表面形成了 W－C 和 W－O 键，薄膜的表面硬度与耐磨性能显著提升。V. Hnatowicz 等人[47]使用 100 keV 的稀有气体离子对聚酰亚胺薄膜进行注入，其表面电阻明显降低，是由于高剂量注入使大量共轭双键的形成并逐渐碳化，形成渗流通道或三维导电层，从而引起聚酰亚胺薄膜表面的电学性能变化。

离子注入技术除了可以实现表面掺杂以外，还可以同时完成表面微结构的构造。通过不同剂量及能量的氧离子的注入，在聚酰亚胺薄膜表面实现了不同的微纳结构的构造。图 5-5 展示了改性后聚酰亚胺薄膜在 SEM 下的表面形貌，表面出现了纳米结构，表面粗糙度明显增加。

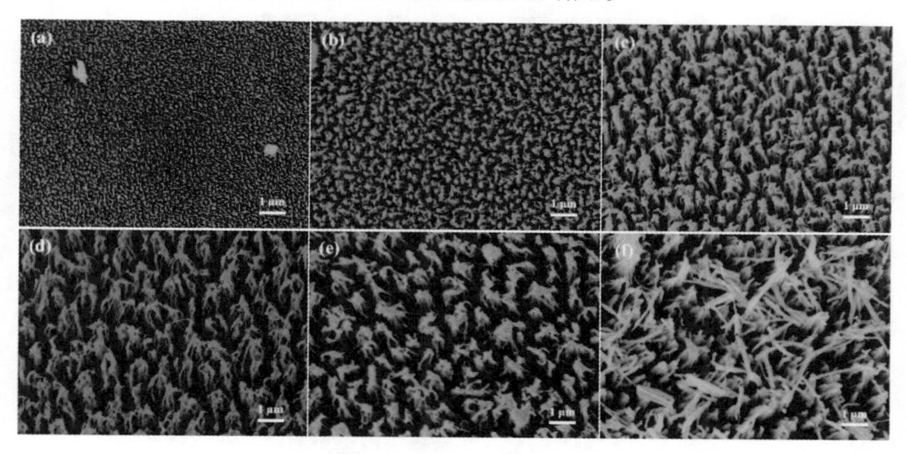

图 5-5　改性后聚酰亚胺薄膜的表面形貌

通过离子注入可调节聚合物材料的润湿性能，研究发现未经 Ni^{+} 离子注入的材料静态水接触角约为 69°，注入后接触角增加至 85°。该性能变化是由于材料表面极性基团和显微结构的改变；Ni^{+} 离子注入后提高了材料表面粗糙度；此外，注入引起的表面极性基团化学键（如 C-O、C=O 等）的断裂，也造成了材料的疏水性提高（图 5-6）。

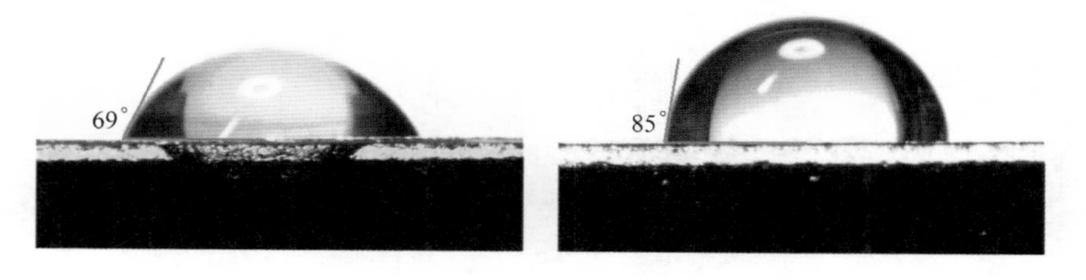

图 5-6　原始聚酰亚胺薄膜和 Ni^{+} 离子注入聚酰亚胺薄膜的静态水接触角

载能离子束原理是利用阴极真空弧放电产生等离子体，并采用弯曲的磁场引导等离子体运动，使得阴极真空弧放电产生的等离子体在到达视线外的靶室中的同时，过滤掉弧放电产生的液滴或大颗粒，所获得的膜层致密度高、表面平整且在制备过程中不会引入其他杂质，从而实现高质量膜层的沉积，通过调控阴极靶的成分、气体流量速率、真空腔压强、基底温度和基底偏压等可变参数有效控制膜层的生长过程（图5-7）。

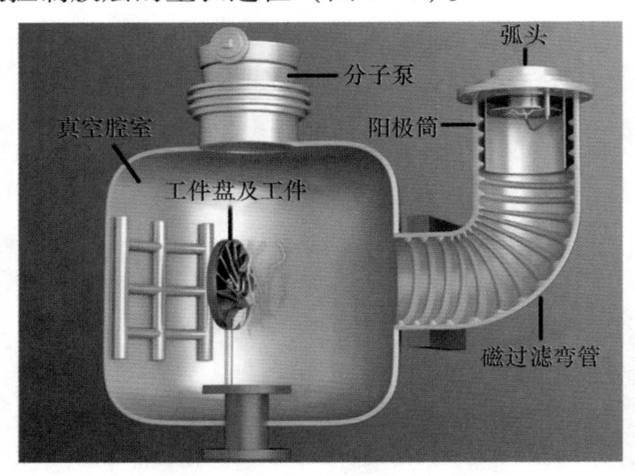

图5-7　载能离子束技术原理示意图

金属蒸汽真空弧离子源注入技术能够对材料表面进行改性，将其与载能离子束技术相结合，可大大增加涂层与基体以及涂层内部层与层之间的结合力。北京师范大学将MEVVA离子源与载能离子束源体设计安装在同一个真空靶室上，成功研制出MEVVA注入与沉积镀膜复合机，可以实现沉积与注入两种工艺的交替与重复，在制备多层抗冲蚀涂层方面具有很大优势。尤其在PI无胶电极的应用方面，以离子注入复合载能离子束沉积的方法，成功在聚酰亚胺表面制备出各项性能优异的无胶电极（图5-8）可大大提高纳米发电材料的电性能。

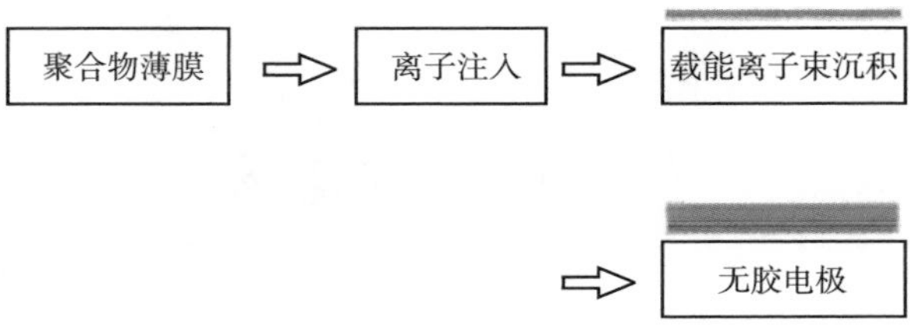

图5-8　聚酰亚胺表面改性过程示意图

对不同处理离子及不同能量进行了不同条件下的剥离强度测试，常温下剥离强度的测试（图 5 – 9）结果均大于 1 N/mm，在 288 ℃漂锡 10 s/次进行 3 次，热应力试验后剥离强度测试（图 5 – 10）结果仍然大于 1 N/mm，保持了良好的剥离强度。

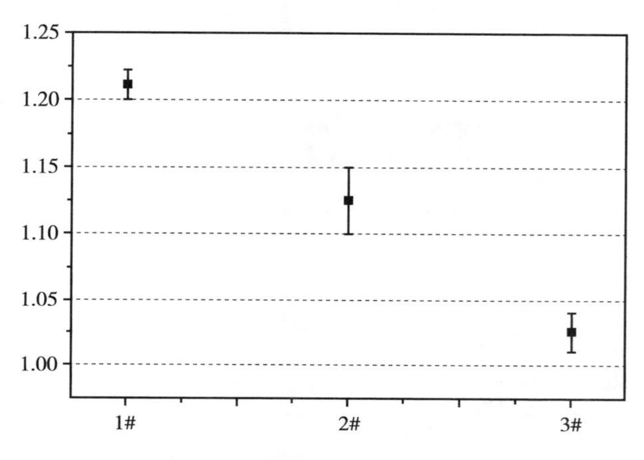

图 5 – 9　常温下剥离强度的测试

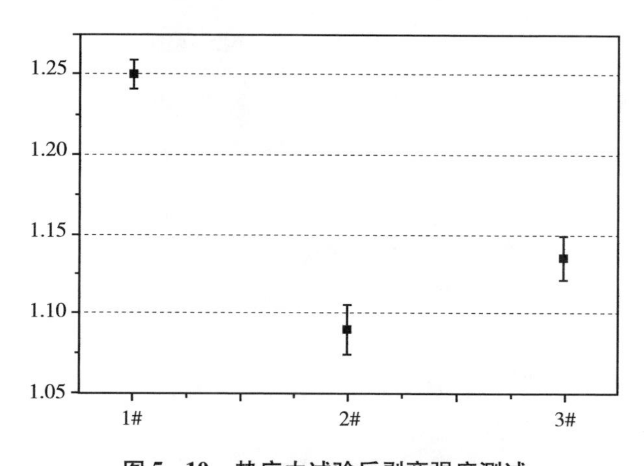

图 5 – 10　热应力试验后剥离强度测试

5.3.5　纳米发电机技术在地源热泵中的应用与展望

国际上，地下水监测系统已经发展成为全自动化的测量、传输和存储无线控制网络系统。一般在一个水源地或一个流域设置一个监测网络系统。小型水源地的监测系统，可以用有线或无线设备，建立观测点与存储站直接联系的传输系统。

地热资源监测系统可实时监测地热井的运行状态，为掌握地下热水动态变化规律提供了可靠的数据依据。该系统具备单位信息管理、测点信息管理、流量统计、浅地层温度统计、进水和出水口温度统计、管道内压力监测、数据实时监测、统计分析、相关水质监测等多项功能（图 5－11）。

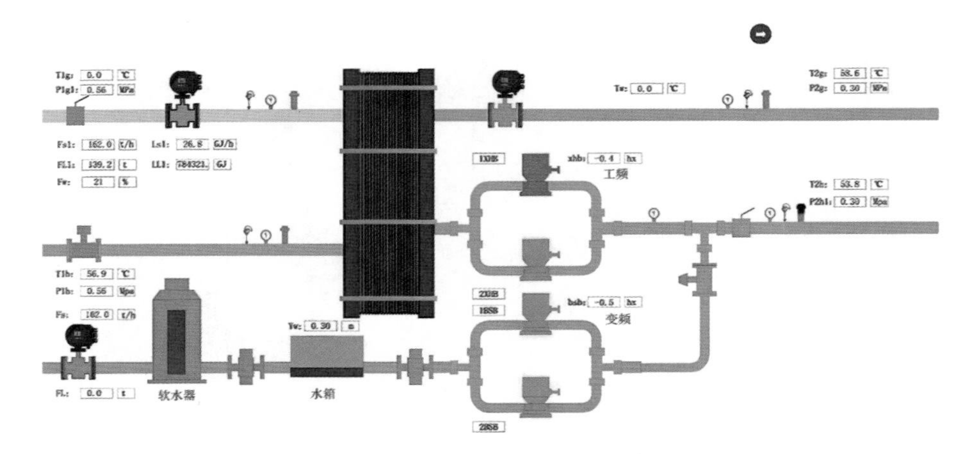

图 5－11　换热站系统结构示例图

有关部门对辖区内的各地热开采井实施全域管控，对热井采水和回灌进行流量、温度、水位、井内温度、站内环境温湿度的实时监控，具体测量要求如下：

①开采水量及回水水量的流量监测；

②开采水温及回水水温的温度监测；

③开采井井内水位监测；

④开采井井内温度场监测；

⑤换热站内环境温湿度监测；

⑥换热站内地源热泵的有效工作时长监测；

⑦换热站内泵的工作功率、能耗监测；

⑧实时监测数据无线远传，发送到监管部门控制中心。

在热泵系统中，为监测水温等情况，需要在各个区域布置监测系统，自供电可持续能源的应用是良好的解决方案之一。基于地下换热系统环境结构，在循环水系统中建立管道流体自发电装置，将水能转换成旋转形式的机械能，驱动摩擦纳米发电机摩擦层间的接触分离，从而产生电输出。管道流体自发电装置是利用纳米发电原理，高效收集管道内的流体流动能量并转化为电能，产生的电能不断供应各个传感器，减少对外部电源的依赖，实现持续、稳定的电力供应，提高设备的稳定性和可靠性。管道流体纳米发电机结构图如图5-12所示。

图5-12 管道流体纳米发电机结构图

本节介绍了地源热泵系统中自供电的新型温度探测系统，可极大程度地解决深层地热温度探测系统的布线以及供电系统维护困难等问题，提高能源利用率，实现节能减排。

5.4 大型地源热泵系统高效运行动态监测与智能调控技术

地源热泵系统是一种典型的复杂系统，可根据供热、供冷需求，实现冷热源一体化运行。系统运行监测与控制是地源热泵系统的“大脑”，是实现系统安全、自主运行不可或缺的重要基础，地源热泵系统智慧化管控技术十分必要。

5.4.1 研究现状

国内外学者在地源热泵系统高效运行控制优化方面已开展了大量有价值的研究工作，但受地质条件、运行工况以及考察时间、尺度差异等影响，特别是大型地源热泵系统利用，系统长期运行能耗提升仍有很大空间，“地下—地上”一体化系统优化控制方法与策略有待进一步改进，现有研究仍存在以下不足。

（1）面向全要素不同维度与不同约束下的系统模型构建与匹配优化策略有待完善。地源热泵系统是典型的复杂系统，系统运行性能及能效特性受不同维度、多种因素的影响，既需要考虑本身结构，又要结合外部条件，需要分类分层构建同一维度下的不同场景条件，充分考虑“地下—地上”“供—输—配—用”全系统，不同的反馈及控制优化技术方法，更具合理性的系统能效最优化模型有待构建完善，系统最优化控制方法还有待进一步改进。

（2）综合考虑冷热不均衡问题与降低系统能耗的地埋管管群系统控制优化技术尚待突破。大型地源热泵系统地埋管换热系统合理化、精细化控制仍是当前亟待突破的技术难题，特别是当前基于系统整体的地源热泵系统长期运行下，对地埋管换热性能监测与分析研究还不足，综合考虑地域性、经济性及节能最优化的地埋管换热系统调控方法尚待建立，综合考虑冷热不均衡问题与降低系统能耗的地埋管管群系统控制优化技术尚待突破。

（3）适应于不同场景且具有超前预测与自适应性的大型地源热泵系统智能化控制系统平台仍待开发。当前控制系统的功能主要是设备运行状态监测、数据记录、设备开启关闭等，侧重于对当前状态的监测与处置，对系统未来运行情况预测及已记录数据的综合处理重视不够，可实现大数据分析、智能预测与综合评判决策的智慧化调控平台系统还有待开发。

5.4.1.1 地源热泵空调系统的控制方法

暖通空调系统的控制方法，按照其出现的时间顺序主要有传统控制方法、先进控制方法和智能控制方法，其中智能控制方法的出现代表了暖通空调系统节能优化控制的最新发展。智能控制技术依托于多种理论基础，包括控制论、人工智能、系统论等，主要应用于复杂系统，这些系统往往是非线性、大滞后、强耦合的系统，传统的控制方法无法完成对这种系统的有效控制。暖通空调系统就是一种典型的复杂系统，目前对这种系统实现较好控制效果的只有智能控制。智能控制系统技术主要包括模糊控制系统、神经网络控制系统等，通过合理的部署可实现对复杂空调系统的有效控制，在保证用户舒适度的情况下获取较高的能源利用率[48]。

国外学者从不同方面对地源热泵系统开展了节能优化研究。K. F. Fong[49]依托于建筑实际负荷需求和室外温度环境变化，建立了地源热泵空调系统能耗优化模型，通过模拟结论，节能可达到10%；Benjamin Hénault[50]等人引入建筑物逐时负荷控制策略和地源热泵设计温度因素，确定 Spectral - based 混合式地源热泵系统钻孔最优数量和位置，通过对地源井的优化，达到系统运行能耗最低水平；Kourty[51]等人建立了地源热泵机组中核心设备的数学模型，通过对压缩机、节流阀等设备的数学模型分析，得出设备的最优运行状态模型，并得出机组运行效率提升条件与核心部件运行状态呈正相关关系。

近年来，我国对地源热泵空调系统节能优化控制的研究增多，与之前的研究侧重于热泵系统运行机制和热传递过程不同的是，节能优化控制的研究很少关心热泵机组内部的热交换，而是将重点放在整个空调系统的节能运行优化上。其中，湖南大学的罗坚[52]在可编程逻辑控制器（Programmable Logic Controller，PLC）上实现了地源热泵空调系统的模糊预测变流量控制，通过改变负载侧循环水流量恒定供回水温差，达到空调系统的变负荷运行。

地埋管水系统变流量控制方面。在中央空调系统能耗组成中，水泵能耗占到了总能耗的20%~30%，且水泵能耗中包含着大量的无效能耗（部分负荷率下的能耗浪费）。陈帆[53]对地源热泵地埋管侧水系统变流量调节方法进行研究，分析如何通过调节地埋管侧水系统流量来降低系统能耗，并提高系统的综合性能系数（Coefficient of Performance，COP），以进一步发掘地源热泵空调系统的节能潜力。

地埋管运行启停控制方面。地埋管换热（地下换热）系统是地源热泵系统重要的组成部分，其运行效率是地源热泵系统能效的关键影响因素。现有研究已经从不同角度对地埋管换热系统运行控制的方法及效果开展了大量的工作，主要包括空间域控制法、时间域控制法和负荷域控制法。在空间域控制法方面，冯杨杰[54]等人采用分区控制策略研究表明，单独运行满足负荷需求的某一区域埋管和运行整体区域埋管相比，单位管长换热量、土壤恢复率及系统 COP 均得到提高；在时间域控制法方面，杨卫波[55]等人采用开停比为2∶1 及1∶1 的间歇运行策略的研究表明，与连续运行相比，单位管长换热量分别增加了 7% 和 18.8%，罗仲[56]等人研究间歇运行模式下土壤温度的变化规律发现，运行时间比为1∶3 时能够合理控制土壤温度，提高地源热泵系统的性能；在负荷域控制法方面，王松庆[57]等人对时间域控制法和负荷域控制法两种运行策略的研究表明，合理确定不同运行策略，选取最优的控制方式，可有效提高系统的可靠性。

地埋管管群互联互通控制方面。针对多片区供能场景中各片区负荷不平衡的问题，重庆大学袁毅[58]在构建了大型地埋管管群互联互通系统基本形式的基础上，对大型地埋管管群互联互通系统的能效性和经济性进行了研究，并以重庆某综合建筑地块源热泵供能系统为例进行了分析。

5.4.1.2 复合式地源热泵系统的控制优化

国内外在复合式地源热泵系统的冷热不均衡及系统能效影响方面开展了大量研究。Andrews[59]等人最早提出了将地源热泵系统联合太阳能进行供能的设想，并且还对该复合系统进行了理论分析；Phetteplace 与 Sullivan[60]对一个采用了复合式地埋管地源热泵系统的实际工程进行了分析和研究，他们发现相对于单纯的地埋管地源热泵的空调系统来说，复合式地埋管地源热泵系统具有独特的优势，并且提出了改进建议；Onder[61]等人针对用于温室供热的太阳能—地源热泵复合系统进行了实验研究，结果表明该复合系统的应用效果良好；Gilbreath[62]通过对不同形式冷热源耦合地源热泵系统的控制方式对比，采集各类耦合形式机组的运行数据，发现调节对机组热回收和流量控制，可提升整体耦合系统的运行效率；Winteler 与 Dott[63]通过对比地源热泵耦合冰蓄冷、地源热泵耦合太阳能等多种不同的能源形式，得出地源热泵耦合系统的能效高于单一系统运行能效的结论；Spitler[64]等人利用 TRANSYS（瞬时系统模拟）软件建立了小型办公建筑的模拟模型，通过对模型中不同变量的控制分析，得到不同控制策略的优势及劣势。

国内研究方面，雷宇[65]等人对夏热冬冷地区办公建筑采用的地源热泵 - 相变蓄冷系统的数值进行模拟研究，提出了复合系统的最佳控制策略、能效及经济效益；张志英[66]用 TRNSYS 对地源热泵与水蓄能耦合系统逐时动态模拟，得到最优配置方式及可行经济性配置范围，当机组容量一定且蓄能优先时，蓄能量的增加可减少运行费用；程晓曼[67]等人将外界环境因素、耦合系统控制因素等作为基本参考，以 TRNSYS 模拟为工具，分析了长江中下游地区的办公建筑地源热泵耦合冷却塔系统运行的特点；卢海勇[68]等人提出地源热泵多能利用方式可提高机组运行效益，并建立耦合系统最优运行的模型与算法；武佳琛[69]等人对夏热冬冷地区某大型公共交通设施复合式地源热泵系统连续测试运行数据，在三种运行优化策略数据对比中得出最优选项；张翔[70]等人对夏热冬冷地区复合式地源热泵系统土壤传热特性和运行性能进行系统建模，得到混合式地源热泵运行最优控制方案；任万辉[71]等人以青岛科技馆项目为例，根据系统特点提出地源热泵复合系统机组启停控制策略，并利用 TRNSYS 平台搭建地源热泵复合系统仿真模型，对复合系统运行的参数进行模拟，认为采用地源热泵 + 冷水机组 + 燃气锅炉的复合系统方案在技术上可行。

5.4.1.3 地源热泵控制系统的设计开发

早期的热泵机组系统，通过仪表箱内的监控仪表和电气控制柜配合，手动控制机组压缩机的启动和停止操作[72]，这种需人工配合的控制系统早已不能满足工业发展的需求。随着电子产品的发展，原先的人工手动控制逐渐被继电接触式控制方式取代，虽然该控制系统具有结构简单、价格低、抗干扰能力强等特点，但是继电器这种机械式的开关控制方式控制频率低、触点易氧化、可靠性低[73]。PLC技术已广泛应用于地源热泵控制系统，并能保证系统的高度可靠性，由于地源热泵系统信息量大、控制点数多，将图形化人机操作界面引入控制系统中，能增强人机交互的界面友好性[74]；在小型地源热泵控制系统中，多采用单片机作为控制核心，相对成本低很多，但只具有开/关机、故障报警、简单的设置等基本功能，不支持海量数据存储、图形化人机界面、触摸和远程监控等功能[75]；房军磊[76]根据某小区地源热泵空调系统项目，从实际需求出发，针对目前地源热泵空调系统存在的自动化程度低、多机房管理不方便、能耗浪费严重等问题，对地源热泵空调控制系统及节能优化技术进行研究，选用PLC作为控制器，以触摸屏作为人机交互界面，设计带有远程监控功能的地源热泵空调控制系统。方辉旺等人开发了一套可视化程度高、使用方便的地源热泵自动控制软件，该软件能对土壤温度场和系统运行状态进行实时监测；能对系统的运行参数进行设定和实时调控；能对空调系统温度超限、系统故障进行报警提示，并能将系统数据实时显示、储存及打印。

5.4.2 智慧化技术构成

5.4.2.1 智慧调控优化框架

基于信息物理系统的综合能源系统智慧调控优化总体技术路线的核心思想是“基于系统模型的预测分析，以及基于预测分析的运行优化调控决策”[77]。基于现有的SCADA、DCS自动化系统，再结合物联网技术构建的自动化层，串联起综合能源物理系统与信息系统，实现信息流由物理系统到信息空间的状态感知和由信息空间到物理空间的精准调控。

综合能源系统智慧调控优化的关键技术架构以智慧物联感知技术为基础，以建模仿真与优化技术为内核，支撑基于数据模型的需求侧负荷预测技术、多源负荷分配优化调度决策技术、能源单元设备建模与运行参数优化技术、管网灵活输运调控技术的实现。各技术间互为输入输出、相互支持，共同构成覆盖“源—荷—储—网”全过程的综合能源系统调控优化技术体系，如图5-13所示。

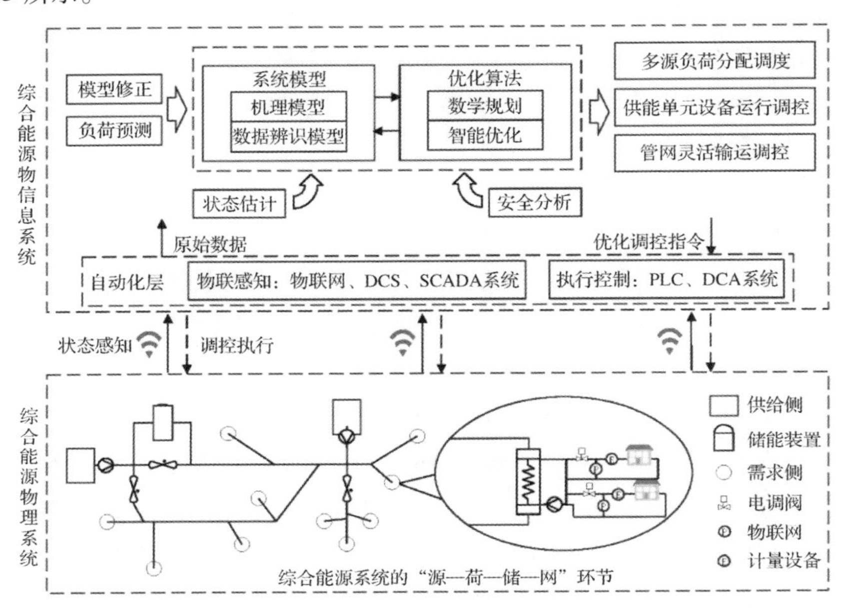

图5-13　源—荷—储—网综合能源系统调控优化技术体系

总之，由“物联感知—模型预测—优化决策—精准调控”的综合能源系统信息物理融合闭环调控体系，取代传统能源系统调控“原始数据—人工经验—调控执行”的粗放式手段，其智慧化能力主要表现在运用模型预测与优化决策融合的技术驱动，面向“源—网—荷—储”全过程中各要素的连接，并开展协调优化控制，满足多源互联的综合能源系统安全、稳定、经济运行和优化资源配置的要求。综合能源系统智慧调控优化与传统能源系统运行控制的详细对比见表5-1。

表5-1　智慧调控优化与传统运行控制优缺点对比

对比项目	技术特点		智慧调控优化先进性
	智慧调控优化	传统运行控制	
调控主体	实现系统“源—网—荷—储”一体化运行调控	以局部单元的分析控制为主，缺少统一协调，信息共享程度低	

续表

对比项目	技术特点		智慧调控优化先进性
	智慧调控优化	传统运行控制	
调控精度	以日为最小单位的长周期计划调控	以分钟为最小单位的短周期预测性调控	
调控方式	运行调度人员依照原始数据及工程经验人工调控	系统基于并行计算集群技术提供优化调控策略，供运行调度人员决策选用	
优化效果	基于经验的计划编制手段，对经济、环保、安全的提升能力不够	基于机理与数据驱动的最优决策生成，可实现面向经济、环保、安全等多目标的综合优化	
结果展示	运行数据多以静态方式、平面化方式进行孤立数据的展示	运行调控优化的全面可视化，可提供动态、立体、与地理信息相结合的展示方式	可视化程度高
综合管理	管理零散	管理系统，专项数据库	

5.4.2.2 信息感知监测

物联感知是综合能源系统调控优化的基础条件。综合能源系统基础设施的互联互通，信息层与物理设备的高效连接有赖于感知网络的数据传输与控制指令的精准执行。

物联感知通常集智能表、计算机、网络通信技术于一体，具有实时（定时）、定点完成计量表具信息的抄收、存储、查询、统计以及表具控制等功能，即自动集抄管理。可通过具有高稳定性的监控主机对现场输入输出设备及通信接口设备实现集中管理，并将数据通过 TCP/IP 网络传输到集中监控管理平台服务器或本地监控管理中心，电脑终端采用 B/S 模式进行集中监控。

5.4.2.3 数学建模仿真

建模仿真与优化技术是实现快速、优化、精准、可靠的运行调控的核心环节。为了支撑综合能源系统“源—网—荷—储”全过程中各要素的优化配置与高效协同，需建立基于并行计算交互的建模仿真与运行优化融合的关键计算体系，通过在并行计算集群环境下的计算任务分解、计算任务分配、计算结果汇总与管理，实现建模仿真模块与实时优化模块的横向交互，快速完成系统运行调度优化方案的生成计算和择优分析，并通过标准接口实现应用软件与集群计算资源的纵向交互。

建模仿真技术用以构建实时映射物理实体、反映综合能源系统内在关联与状态演进的信息空间内核。根据建立方法的不同，模型可以分为两种，一种是基于严格机理的模型，即从过程机理出发，严格遵循系统中的物理、化学规律，建立反映实际过程本质与系统内在结构关联的模型；另一种是基于数据驱动的模型，在不分析系统内部机理的情况下，只根据对象的输入、输出数据的相互关系建立模型，适用于确定性和可解性较低的系统。

（1）机理建模技术

综合能源系统的机理模型的建立，对应流体力学、传热学、热力学的基本理论及热能动力、建筑暖通等专业技术知识，具有较强的外推能力，不依赖历史数据，适用于解决数学模型已知的高维度、动态变化的系统问题。

机理建模与实际过程中的误差一般产生于建模过程的简化与求解过程的迭代，为了实现满足在线分析与实时运行调控的功能需求，机理仿真往往需要通过模型简化提高仿真速度。机理模型除了来自模型简化与迭代求解过程中的计算偏差外，最主要的偏差来自模型参数的不确定性。在将机理模型应用于实际系统运行中时，需要对模型参数进行校准，以使得仿真结果与实测数据的偏差在合理范围内。基于数据驱动的模型辨识修正实际是利用在线的实测数据去选择或搜索热工水力机理模型中的相关参数，实质上是机理模型求解的反问题。对于综合能源系统等包含大量模型参数的大规模系统，可采用隐式辨识法，即优化辨识的方法[78]。隐式辨识法需要建立最小化仿真结果与测量结果差值的目标函数，将辨识问题转化为含约束条件的非线性规划问题，并利用合适的优化算法加以求解。

（2）数据建模技术

数据模型是基于特定的先验知识利用测量数据得到的。先验知识可通过理论分析或根据初始实验得到，完成数据测量之后，对输入和输出数据使用一定的辨识方法，以找到一个数学模型来描述供热系统中某一过程输入和输出之间的关系。典型的辨识方法包括用于无先验知识过程建模的神经网络、用于动态系统状态估计的卡尔曼滤波器等[79]。

数据建模可用更短的时间和更少的工作量获得过程模型，适用于任意重复性高的复杂系统，可解决单元设备调控特性分析、负荷预测、基于相似度的设备故障诊断等问题。此外，基于数据驱动的模型辨识校准方法还可实现对机理模型的校准修正，使得机理模型与真实过程或系统间的误差尽可能小。

综合机理建模与数据建模的特点与优势，考虑到综合能源系统既具有热工水力耦合性、温度传输延迟性、热响应惰性等特征，又存在重复性高的负荷预测、设备调控特性分析的问题，采用以机理建模为核心的机理建模结合数据辨识建模，是综合能源系统调控优化中建模仿真技术应用的最优方式。通过机理建模构建系统的稳态与动态模型，依靠数据驱动的辨识建模修正校准模型参数，以实现建模仿真的高精准性，同时利用数据建模获得负荷波动趋势，共同支持系统运行调控优化。

5.4.2.4 运行优化控制

实时调控优化技术是以在线仿真与状态估计为基础，是基于模型的预测控制的输出环节。实时优化通过运算体系的周期性迭代运行，对系统各环节进行动态调整，使其始终保持对环境、燃料、负荷需求、设备等各方面因素的适应性，并持续保持安全、高效、低耗、环保的最优工作状态。实时调控优化技术将有效改变传统运行人工经验调度结合分散控制的生产方式，从系统全局角度出发，面向安全、可靠、均衡、环保、节能等多重优化目标，实现综合能源系统“源—网—荷—储”全过程协同运行调度。

综合能源系统的实时调控优化属于大规模、多维度、强耦合、高约束、多目标的复杂非线性规划问题，从现有研究工作的进展，以及相关学科同类问题的研究方法来看，启发式智能优化算法模型是解决该类问题的重要选择[80]。采用启发式智能优化算法的实时优化算法模型，将通过与系统建模仿真模块构建并行计算集群，协同完成最优方案的搜索。通过优化解集中各元素在仿真模型中的解算，获得解集中各方案的适应度，通过解集的不断更新与择优搜索，最终获得面向优化目标的最优方案。优化方案可通过优化控制模块转化为可执行于供热系统的操作指令，同时，物联感知设备将优化后的系统状态传回优化模块，实现运行调控的闭环优化。具体流程如图 5 – 14 所示。

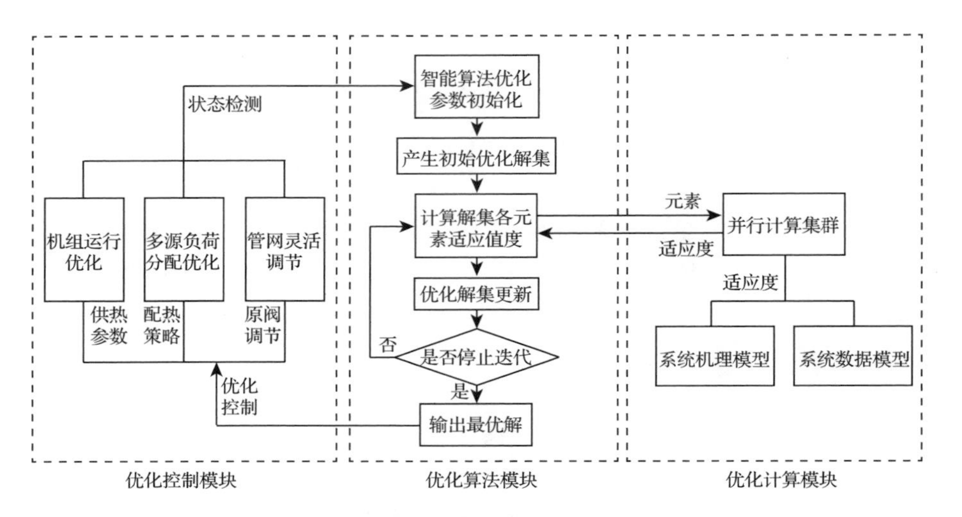

图 5-14　综合能源系统智慧调控优化模型流程图

5.4.3　地源热泵系统运行仿真优化平台

5.4.3.1　平台概述

为解决地源热泵系统“地上—地下”一体化运行策略设计与优化控制实施难题，地源热泵系统仿真优化平台被开发出来。该软件平台具有地源热泵系统物理建模、地源侧仿真分析、长短周期优化控制策略制定等功能。基于快速仿真模型和长、短周期优化算法模型，开发地源侧快速仿真、地温场三维云图渲染、地温场横纵剖面图渲染、长周期运行调度优化及短周期控制策略优化等算法包。实现机理模型建模、地源侧快速仿真、长周期运行调度优化、短周期控制策略优化等算法包的研发，进而实现地源热泵系统与调峰系统的高效运行调度与优化控制，提供可视化界面和数据分析功能，以及具有可扩展性和可维护性。

软件平台整体架构如图 5-15 所示，Web 服务器接收来自前端的 HTTP 请求，Web 服务器解析 HTTP 请求，并调用应用服务器的 RESTFUL API 请求，在应用服务器中，调用相应的地源热泵建模仿真计算库和优化控制计算库，应用服务器将计算结果以 JSON 序列的方式返回给 Web 服务器，并利用模板引擎实现前端页面的渲染，将响应页面返回给浏览器。

软件结构为 B/S 架构，即浏览器/服务器结构；前端架构为单页应用程序

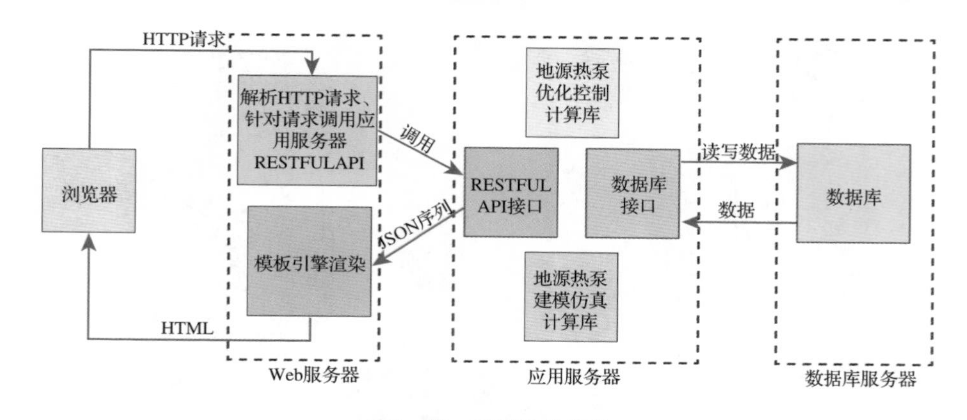

图 5-15　系统整体架构

(SPA)，即 Web 应用程序；后端架构为微服务架构，具有高内聚、低耦合的特性；后端利用 Java 编程语言，具有跨平台、多线程支持，以及高安全性的特点，采用 JVM 运行性能优越；分层 API 设计，具备前端、后端 API，结构清晰，耦合性降低，易于扩展；采用 MySQL 数据库，开源关系型数据库，通过分库、分表实现扩展，可移植到云服务器实现数据库服务。

5.4.3.2　功能说明

拟采用 HTML5 + JavaScript + CSS3 实现一套地源热泵优化调度平台。具体功能包括地源热泵系统物理建模、地源侧仿真、优化控制策略等。

(1) 地源热泵系统物理建模

地源热泵的物理建模功能主要包括地源侧建模、热泵侧建模、调峰侧建模、用户侧建模等。

①地源侧建模

地源侧建模重点在于对地埋管群分布和土壤地质结构的参数录入，软件界面如图 5-16 所示，需要指定分区数量、钻孔数量、钻孔排布、钻孔深度、钻孔孔径、回填材料导热系数、岩土层深度、岩土热扩散系数、岩土导热系数等信息，才能有效完成地源侧模型岩土物性、渗流特征与地温场的辨识。

②热泵侧建模

地源热泵系统数学模型的构建，需要详细的热泵机组参数，包括台数、类型、额定功率、冷热负荷、额定供回水温度、泵组额定工况等，并通过感知到的流量、压力、温度、设备功率等多元信息数据序列，对地源热泵、水泵等关键设备数学模型自动完成修正调整，软件界面如图 5-17 所示。

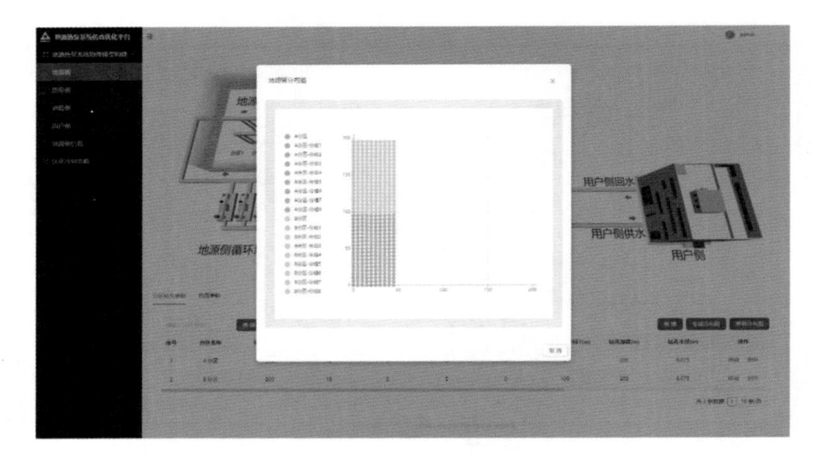

图 5－16　地源侧建模示意图

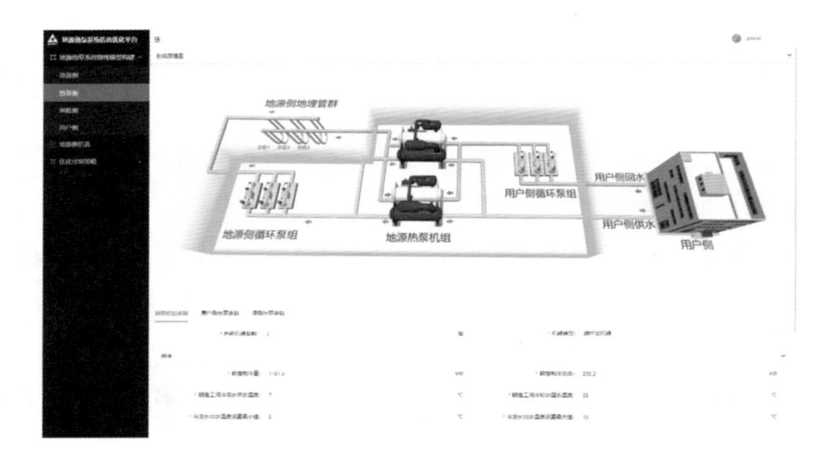

图 5－17　热泵侧建模示意图

③调峰侧建模

考虑地源热泵系统受地温场条件限制，往往需要搭配调峰冷热源一起使用。平台允许录入夏季冷水机组调峰运行工况参数或冬季锅炉调峰运行工况参数，参与地源热泵系统优化控制策略计算，生成最优的调峰分配方案，软件界面如图 5－18 所示。

④用户侧建模

针对供冷季和供暖季分别完成用户侧设计负荷、室内温度、室外温度、供水温度、回水温度等参数的录入，并在后台自动生成负荷预测模型，软件界面如图 5－19 所示。

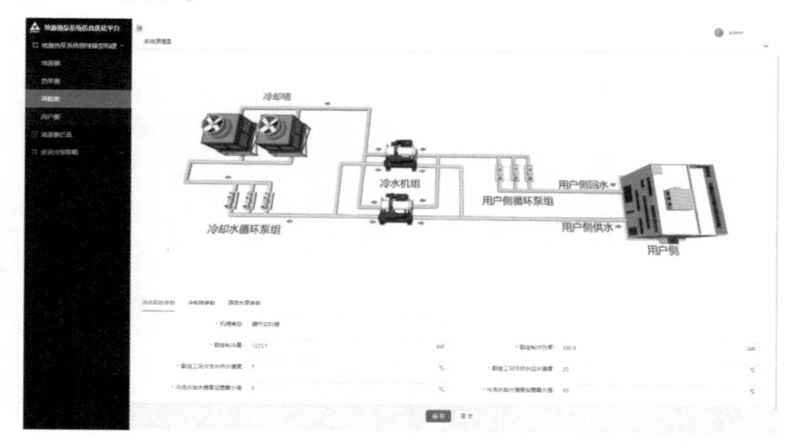

图 5－18 调峰侧建模示意图

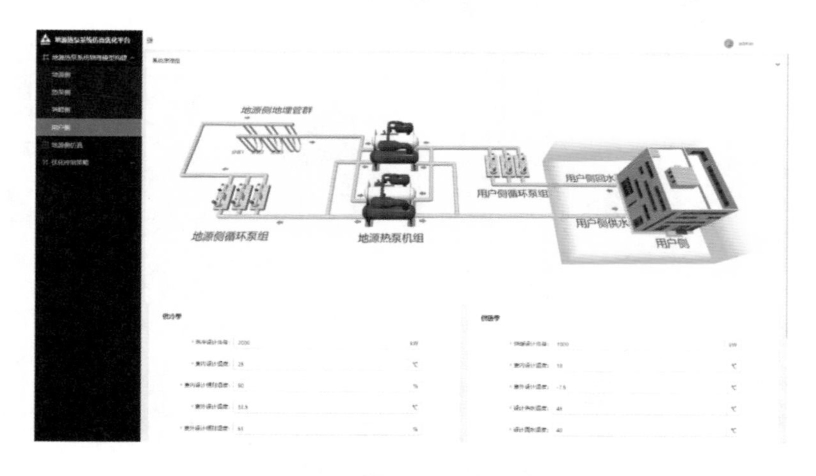

图 5－19 用户侧建模示意图

（2）地源侧仿真

地源侧仿真是基于岩土体热物性参数和给定的热泵侧运行边界条件，仿真地埋管进出口温度及地温场温度变化，探讨地埋管群分布或热泵运行工况是否合理，冬夏季取热是否均匀等问题，并生成三维地温场分布云图和二维地温场切面云图等。

①仿真信息录入

以 EXCEL 导入的方式录入地源侧仿真边界条件，包括仿真周期内逐时的分区启停情况、分区流量、入口温度等。

②云图分析

平台基于仿真结果绘制地温场分布云图，如图 5－20 所示。三维分布图可基于不同分区、分组的情况进行绘制，支持选择、拖拽、缩放，并查看不同位置的详细数值。横纵切面图支持录入不同的切面位置，并自动更新渲染结果，如图 5－21 所示。

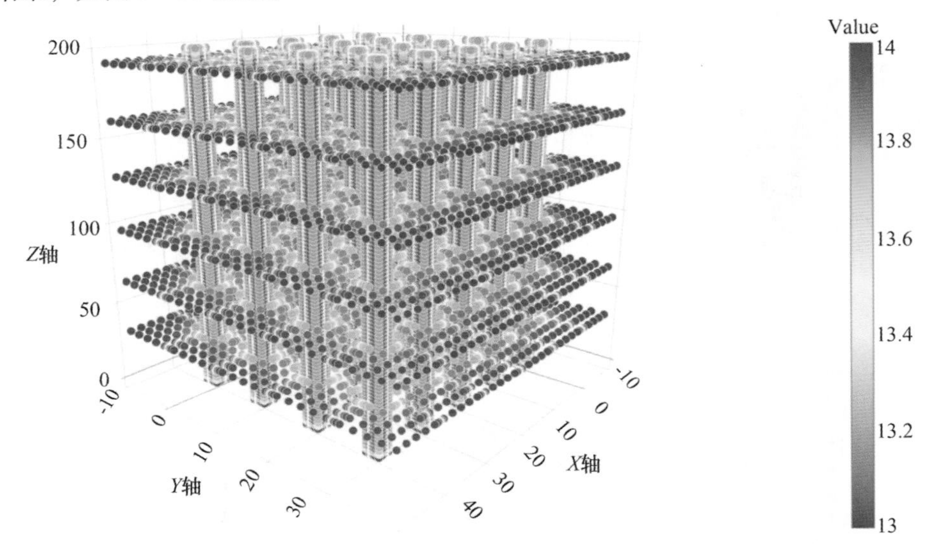

图 5－20　地温场三维分布图

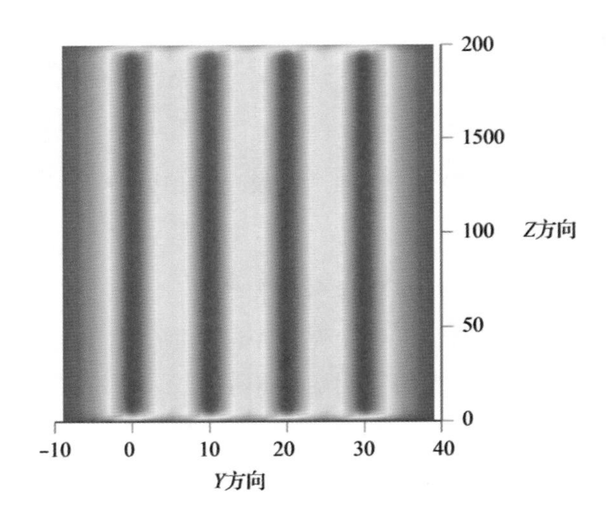

图 5－21　地温场横纵切面图

（3）优化控制策略

优化控制策略分为长周期和短周期两种模式，长周期优化以周为时间间隔输出一年的优化控制策略，短周期优化需在长周期优化基础上完成，任选其中一天完成逐小时优化，输出分区启停、机组群控、调峰启停、目标流量、系统能耗、系统效率等结果。

①长周期优化

长周期优化首先基于历史供冷季冷负荷和供暖季热负荷，研究长周期负荷的不确定性，通过概率分布、区间估计或扰动模型等方式来表示不确定性，建立长周期负荷不确定性模型。以最小化、最不利情况下的系统能耗作为鲁棒性指标，衡量长周期运行调度方案对负荷不确定性的敏感程度。基于负荷预测模型，利用预测气象参数值确定长周期供冷季冷负荷和供暖季热负荷，考虑负荷在不确定性因素的影响下，基于鲁棒优化算法，通过迭代或逐步逼近的方式，寻找最优的运行调度方案，软件界面如图5－22。

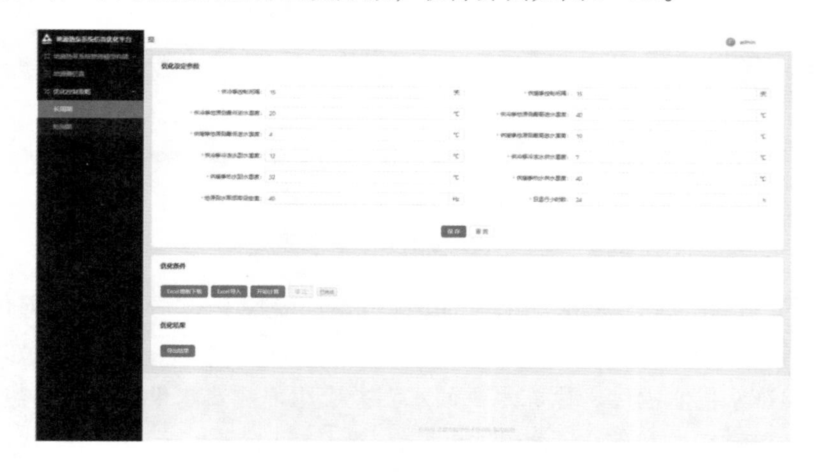

图5－22　长周期优化控制策略示意图

②短周期优化

短周期优化运行控制策略优化控制间隔为1小时，以各控制间隔内地源热泵机组、调峰机组符合率为决策变量，以满足地源侧日取热量为约束，以复合式系统能耗为目标函数，利用粒子群算法实现短周期运行控制策略优化。解释以长周期优化得到的日取热量，去进一步优化调峰系统和地源热泵系统的出力，同时确定地源热泵机组负荷率、冷水机组负荷率、冬季调峰负荷率、冷却塔风机频率、循环水泵频率、用户侧冷冻水供水温度、冷冻水供回水温差、用户侧热水供水温度、热水供回水温差等运行控制策略。

5.4.4 案例仿真分析

利用地源热泵系统运行仿真优化平台对北京某地源热泵项目开展仿真分析。长周期调度优化目标为在保证地源热泵系统地源侧取冷取热平衡的条件下，尽可能降低地源热泵系统运行能耗。长周期优化以周为时间间隔输出一年的优化控制策略，输出分区启停、机组群控、调峰启停、目标流量、系统能耗、系统效率等结果，输出报表结果统计如图5－23所示。

图5－23　长周期运行调度优化算法报表

短周期优化需在长周期优化基础上完成，任选其中一天完成逐小时优化，确定地源热泵机组负荷率、调峰负荷率、冷却塔风机频率、循环水泵频率、用户侧冷冻水供水温度、冷冻水供回水温差、用户侧热水供水温度、热水供回水温差等运行控制目标。输出结果报表统计如图5－24所示。

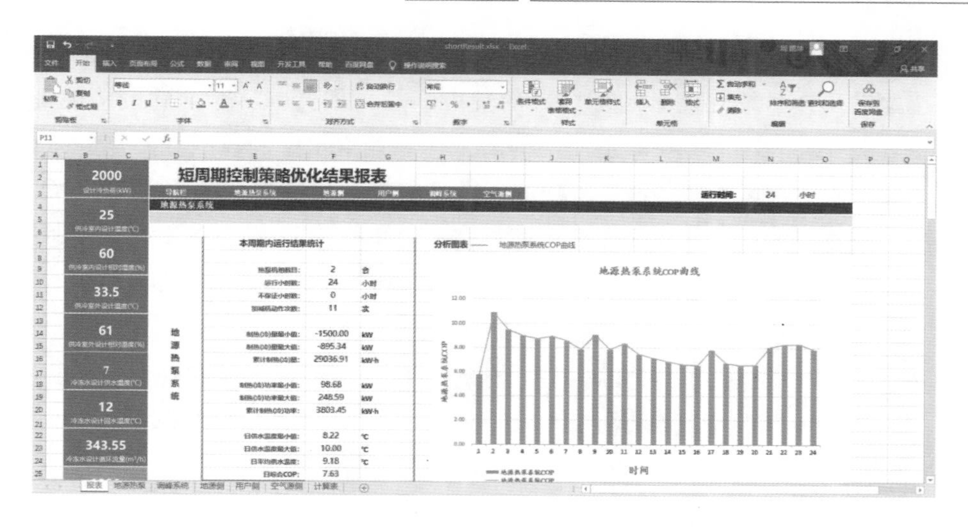

图 5-24 短周期运行调度优化算法报表

5.5 碳足迹的研究及碳减排途径

5.5.1 研究地源热泵换热系统碳足迹的意义

虽然使用地源热泵系统带来的环境效益非常显著，但由于前期投入较高，推广使用受到限制，涉及生命周期碳足迹的研究较少。“十四五”时期，在新的绿色低碳发展时期，热泵系统亟需合适的碳足迹研究方法来解决相关的碳排放量化问题，为地源热泵系统各阶段开展碳排量分析与研究、探寻减排途径等提供依据，为我国“3060”目标的实现提供重要支撑。

随着工业的发展、社会的进步和人们生活水平的提高，世界各国均出现能源供应紧张或能源价格大幅上涨的情况。我国是能源消耗大国，据统计，2021 年中国能源消费总量达到 5.24×10^9 吨标准煤，同比上一年增长 5.2%[81]。在能源消耗结构中，建筑、工业和运输被公认为世界上最大的三个“耗能大户”，我国近一半的碳排放量来自建筑业，《中国建筑能源消耗研究报告（2021）》数据显示，我国建筑碳排放在全国碳排放中所占的比例为 50.6%，建筑行业的能源消耗和碳排放都远远高于其他行业，而建筑能耗主要集中在改善室内环境的暖通空调系统能耗上。在此背景下，开发利用可再生能源资源是我国应对日益严峻的能源消耗和环境污染问题的关键。

在可再生能源中，地热能是最具竞争力的能源资源之一，正成为越来越多国家的选择。地热能是地球内部的热能，是一种低碳、安全的清洁能源，其中埋藏在地表以下 200 m 范围内的岩土体和地下水中的浅层地热能分布广泛、储量较大、可以循环再生，功能持续稳定且利用便利[82]，在清洁能源发展中占有重要的地位。我国地热资源丰富，遍布全国各地，2023 年世界地热大会发布报告显示，我国地热直接利用规模多年居世界第一。截至 2021 年底，我国地热供暖（制冷）能力达 13.3 亿 m^2，温泉年利用能力 6665 MW，地热农业年利用能力 1108 MW。浅层地热能是一种可再生、储量大、可就地开采、清洁环保的优质新型非化石能源，大力开发利用浅层地热能是实现"双碳"目标和能源结构转型的重要路径选择。

5.5.1.1 构建能源新型标准体系建设是推动"双碳"目标实现的基础

《中华人民共和国国民经济和社会发展第十四个五年规划和 2035 年远景目标纲要》《关于完整准确全面贯彻新发展理念做好碳达峰碳中和工作的意见》《2030 年前碳达峰行动方案》等文件提出，推进重点领域、重点行业和有条件的地方率先达峰。《"十四五"现代能源体系规划》（发改能源〔2022〕210 号）提出：加强能源新型标准体系建设，制修订支撑引领能源低碳转型的重点领域标准和技术规范，提升能源标准国际化水平，组织开展能源资源计量及其碳排放核算服务示范。

5.5.1.2 热泵产业是"双碳"目标背景下实现化石能源替代的重要领域

能源是人们生产生活的重要物质基础，是经济发展的重要支柱，也是国家经济发展的重要战略物资。在全球终端能源消费量中，供热和制冷能源消费量约占 50%，是非常重要的终端能源需求，也是实现"碳中和"目标需要关注的重点领域。地源热泵系统因其高效、节能、环保的特点而备受世界各国的青睐，近年来在我国国内也得到了快速发展。我国热泵产业发展规模和应用面积居世界首位，以北京为例，据《北京统计年鉴 2020》，2019 年北京能耗总量为 7360.3 万吨标煤，其中地热及热泵（含空气源）利用总量为 80.7 万吨标煤，地热及热泵（含空气源）供热面积为 9516.7 万 m^2。在"碳达峰、碳中和"的背景下，大力发展节能技术，加快清洁能源替代化石燃料进而减少温室气体排放是大势所趋，地源热泵技术是利用浅层地热能实现建筑供冷供暖的技术，是清洁能源供暖技术中非常重要的一环。

5.5.1.3 热泵可再生能源利用可助力“双碳”目标实现

以北京冬季供热为例：采暖季燃气锅炉供热，CO_2 排放量为38.5 kg/(a·m^2)；空气源热泵供热，CO_2 排放量为30.2 kg/(a·m^2)；地源热泵供热，CO_2 排放量为20.1 kg/(a·m^2)；再生水源热泵供热，CO_2 排放量为17.3 kg/(a·m^2)；中深层地热供热，CO_2 排放量为12.1 kg/(a·m^2)。与天然气供热相比，减少 CO_2 排放依次为21.6%、47.8%、55.1%、68.6%。总体而言，关于热泵系统碳排放研究偏少，数据精准度不够，且未涉及全生命周期各阶段。

5.5.1.4 建立热泵产业生命周期碳排放核算体系势在必行

基于生命周期评价的产品碳足迹分析是目前国内外认可度较高的一种应对气候变化、解决碳排放强度定量评价的研究方法。该方法通过对产品或服务系统在整个生命周期范围内对区域环境及全球的影响进行评价，从而寻找改进的方向，兼顾社会经济的发展与环境的可持续发展。虽然我国热泵技术发展较快，但相应对该领域的碳足迹、碳排放研究较少，缺乏理论数据支撑，在我国大力推进低碳生产转型时期，发展热泵产业，亟需合适的研究方法解决相关的碳排放量化评价问题。

基于上述研究背景，从碳减排角度出发，结合地源热泵系统的特点、发展现状及碳减排量的计算方法，通过对地源热泵系统在生命周期内各个阶段进行碳足迹分析，明确地源热泵系统碳足迹评估的技术路线以及碳排放的量化方法，构建适用于地源热泵系统的碳足迹评估模型，并对具体研究实例的碳足迹进行计算与分析，为今后对地源热泵系统各阶段开展碳排放量分析与研究、探寻减排途径等提供依据，助力我国早日实现“双碳”目标。

基于国内外研究综述，对碳足迹理论、生命周期理论以及低碳生产理论进行了解和学习，以生命周期评价（LCA）作为主要方法，评价地源热泵系统整个生命周期中各个阶段的碳排放，明确地源热泵系统碳足迹计量的技术路线，找出合适的碳足迹计量方法，构建地源热泵系统碳足迹计量的模式。通过计算与分析具体实例的碳足迹，找到温室气体的关键排放源，分析出地源热泵系统的减排潜势。

5.5.2 碳足迹评价基本方法

5.5.2.1 碳足迹的概念

“足迹”是以面积为单位的空间性指标，是表示资源消费水平的指标和人类活动的环境影响指标，“碳足迹”是随着人类对全球气候变暖关注度的提高而产生的环境评价指标，表征温室气体排放量的强度[83]。在有关针对全球气候变化的研究中，“碳足迹”这一术语和概念已经被广泛地使用。碳足迹（carbon footprint）的概念缘起于哥伦比亚大学提出的“生态足迹”[84]，主要是指在人类生产和消费活动中所排放的与气候变化相关的气体总量，相对于其他碳排放的研究，碳足迹是从生命周期的角度出发，分析产品生命周期中与活动直接和间接相关的碳排放过程。本质上，它以 CO_2 为标准衡量全球增温潜势，其他温室气体以自身的增温潜势值转化为 CO_2 当量，以达到统一的目的，单位为千克二氧化碳当量（kg CO_2eq）[85]。对于碳足迹的准确定义目前还没有统一，各国学者有着各自不同的理解和认识，但一般而言是指个人、其他实体（企业机构、活动、建筑物、产品等）所有活动引起的温室气体或二氧化碳排放量，既包括制造、供暖和运输过程中化石燃料燃烧产生的直接排放，称第一碳足迹；也包括产生与消费的商品和服务所造成的间接碳排放，称第二碳足迹。

碳足迹可以用来衡量人类活动对环境的影响，为个人和其他实体实现减排确定一个基准线。碳足迹大致可以分为国家碳足迹、企业碳足迹、产品碳足迹和个人碳足迹四个层面。

国家碳足迹：包括所有为了满足家庭消费、公共服务以及投资所排放的温室气体或二氧化碳。

企业碳足迹：主要包括按照国际标准化组织所发布的环境标准（ISO 14064）核算出的企业生产活动直接和间接产生的温室气体或二氧化碳排放。

产品碳足迹：是产品生命周期内产生的温室气体或二氧化碳排放，目前有多种针对产品碳足迹的计算方法，其中运用较为广泛的是英国标准协会、碳信托公司及英国环境、食品与农村事务部联合发起的《PAS2050：2008 商品和服务在生命周期内的温室气体排放评价规范》（通常简称为“PAS2050”），这也是全球首个产品碳足迹标准。

个人碳足迹：主要是针对个人或家庭的生活方式和消费行为，计算出相关的温室气体或二氧化碳排放量[86]。

碳足迹是碳排放量的评价指标，为能够定量评价碳足迹，国际相关组织制定了评价标准。2006 年，国际标准化组织编写了 ISO 14064、ISO 14067 等产品生命周期碳足迹相关标准；同年，联合国政府间气候变化专门委员会制定并发布了《IPCC2006 国家温室气体清单指南》，以定量核算不同行业的碳足迹；2008 年，第一份完整阐述产品碳足迹评价方法的文件诞生，由碳基金和英国环境部联合发起的《PAS 规范》。各类碳足迹评价方法都会根据社会实际发展和环境变化，做出适当的修正。为了更加准确地核算各个地区各类产业生命周期的碳排放强度，各个地区相继建立了本地区的碳排放核查规范[83]。

5.5.2.2 碳足迹核算方法

学术界开展的碳足迹相关研究，主要以碳足迹作为测量消费侧温室气体排放的指标，按照评价尺度不同，可分为个人碳足迹、家庭碳足迹、产品碳足迹、组织机构碳足迹等，涉及的产业部门包括工业碳足迹、建筑碳足迹、交通碳足迹等。在学术领域内，碳足迹作为重要关键词出现在各种研究文献中，但对于碳足迹中涉及的温室气体种类及系统边界问题，不同文献之间仍有很大区别，研究方法也存在多种。碳足迹作为评价产品（或服务）生命周期内的二氧化碳排放量，与生命周期评价方法（Life Cycle Assessment，LCA）中的全球暖化潜值指标相一致，因此可采用基于生命周期评价的过程分析法核算碳足迹。同时，研究碳足迹的方法还包括投入产出法和混合生命周期法（Hybrid - LCA）。投入产出法是以经济系统为对象，通过投入—产出表计算各类投入和产品与产出之间的关系。投入产出法不能将碳排放与具体的生产活动相对应，而且建模过程也需要复杂的数学运算，一般适用于宏观系统的分析。目前关于碳足迹的学术研究仍不断涌现。

碳足迹核算生命周期评价方法目前常用的主流方法有三种，分别是投入产出的生命周期评价方法（Economic Input - Output Life Cycle Assessment，EIOLCA）、基于清单分析的过程生命周期评价方法（Process - based Life Cycle Assessment，PLCA）、混合生命周期评价方法（Hybrid - LCA，HLCA），此外还有部分学者应用 Kaya 碳排放恒等式法进行碳足迹核算[83]。

投入产出生命周期评价方法（EIO - LCA）是美国瓦西里·列昂捷夫（W. Leontief）教授在 20 世纪 30 年代研究创立的，最开始是用于研究经济体系中各个部分之间投入与产出数量相互关系的分析方法。把一系列部门在一定时期内的投入类型与产出去向排成一张纵横交叉的投入产出表格，根据此表建立数学模型，得到产品或服务的能源消耗和环境影响。投入产出生命周期评价方法广泛应用于建筑业、水电、可再生能源工程的环境影响，很少用于工业产品评价。EIO－LCA 方法在核算结果上精确性不高，体现的是一个平均水平，不能够代表特定的产品或者服务，适用于宏观范围；同时该方法还有一定的滞后性，不能够及时得到实地数据[83]。

基于清单分析的过程生命周期评价方法（PLCA）是应用最广的碳足迹分析方法，具有较强的针对性，能够精确地分析研究对象“从摇篮到坟墓”全过程的环境影响，特别适用于产品、部门等中小尺度的研究，打破了“有烟囱才有污染”的观念，将末端静态评估转变为生命周期动态评估。但 PLCA 方法也有不足，在清单分析阶段，需要将清单数据追溯到矿石化石能源的开采阶段，要消耗大量的时间、人力、物力和财力，同时仍然有一些数据不能得到，就会通过假设条件或者界定边界来平衡，所以具备一定的主观性，导致核算结果存在阶段误差。应用生命周期评价方法核算碳排放时，一般会借用碳排放因子（Carbon Emission Factor）[83]。

混合生命周期评价方法（HLCA）是 Moriguchi Y 等人在 20 世纪 70 年代出现石油危机之后提出的，在 20 世纪 90 年代末期得到了普遍的应用。混合生命周期评价方法是将过程生命周期评价方法和投入产出生命周期评价方法相结合的一种生命周期评价方法，具备了两种评价方法的优点，又避免了两种方法的缺点。混合生命周期评价方法又有分层混合生命周期评价、基于投入产出的混合生命周期评价和集成混合生命周期评价三种混合生命周期评价方法[83]。

现对 EIO－LCA、PLCA、HLCA 三种方法的优缺点、适用范围及特点进行分析比较，表 5－2 是比较分析的内容。

表 5－2　碳排放核算方法比较分析

方法名称	特点	优点	缺点	适用范围
EIO－LCA	自上而下	投入小	不适用微观系统	宏观系统
PLCA	自下而上	针对性强	投入大	微观系统
HLCA	客观/全面	针对性强；投入小	理论要求较高	宏观与微观系统

此外，部分研究者还通过二氧化碳测量仪器，在碳排放源附近通过实测法得到碳足迹[83]。

5.5.2.3 碳足迹评价应用研究现状

随着LCA发展日渐成熟，其应用领域也愈加广泛。近年来，LCA已广泛应用于工业产品或工艺设计、政府法规制定、企业或政府战略规划、市场决策以及产品材料环境性能评价等方面。

（1）国外应用研究

欧洲、美国等地的LCA发展水平较高，LCA应用较为深入。纵观国外LCA研究案例，大致可分为以下几个部分，各部分之间存在部分交叉，但不影响分析效果。

①材料领域

在国外，利用LCA对材料的环境影响评价进行得较为深入，其研究主要包含了材料开发、材料利用、废弃物资源化及产品环境标志等方面。

LCA用于材料开发与综合利用领域，主要有助于辨识出对环境负荷较小的材料。不同材料品种，其资源再循环的合理性不同，并且其合理性还受环境影响评价项目的影响。

LCA用于产品环境标志产品。随着人们环保意识的增强，带有环境标志的产品更易被社会接受。欧洲明确规定使用LCA作为评价产品可否授予环境标志的方法。美国、法国、加拿大、英国、丹麦、瑞典、瑞士、荷兰等国家的环境标志制度文件均从不同角度阐述了LCA对于环境标志产品的适用性。

②化工领域

国外LCA应用于化工行业已经比较成熟，在化工领域，LCA主要包含化工系统工程和产品评估。

LCA用于化工系统工程。在化工设计阶段使用LCA分析，可以在源头上有效控制化工生产过程的环境污染。近年来，在化工过程设计和优化等方面，国外多名学者基于LCA做了较为深入的研究。例如，Faisal等人建立了以环境效益、经济效益以及技术可行性为属性LCA决策模型，利用LCA对化工产品及其过程进行设计；Gonzalo等人利用LCA对化工过程设计流程进行优化，并尝试运用LCA和非线性整数数学模型解决生产成本最小化的问题。

LCA用于化工产品评价。近几年，国外LCA研究案例主要集中于能源生产和能源利用等方面。Ben等人对生物能源替代化石能源的潜力进行了LCA

分析：Kian 等人利用 LCA 方法对棕榈制生物柴油进行了评价。

③清洁生产领域

国外 LCA 用于清洁生产领域除了帮助政府制定及实施环境相关的政策与计划外，还包括帮助企业对产品进行比较、改进及设计。

LCA 用于政府政策和计划制定主要包括产品、工艺及过程。LCA 能够对产品、服务或者食品包装材料的环境影响进行评价，进而帮助政府制定相关的政策。在欧洲，LCA 被明确纳入“包装和包装法”；1993 年，比利时政府规定利用 LCA 方法评价包装和产品的环境负荷。

LCA 用于企业产品的比较、改进及其设计时，要求将环境因素纳入产品开发的所有阶段，从而减少产品整个生命周期的环境负荷。基于将环境因素纳入产品开发阶段的目的，一些国家发起并实施了相关的 LCA 研究项目和计划。例如，美国生命周期设计项目、北欧环境友好产品开发计划、德国 21 世纪工业生产策略、瑞典产品生态项目、荷兰生态设计计划以及生态指数计划等。

（2）国内应用研究

近年来，LCA 技术在我国取得了一定程度的发展，LCA 在我国应用领域涉及行业产品、工艺或者服务评价等各方面。同时，LCA 作为环境管理工具，在我国企业环境管理和清洁生产等方面都发挥了积极作用。

①行业领域

国内大量学者研究利用 LCA 改善产品的环境性能，或者利用 LCA 判断产品的优劣，LCA 应用的产品范围也逐步拓宽，如燃料中的精细水煤浆、食品行业中的啤酒酿造等；姜金龙等人对湿法、火法金属铜冶炼技术进行了生命周期评价，许海川等人对不同钢铁生产工艺进行了生命周期评价。

随着环境影响评价中 LCA 思想的进一步发展，我国学者对服务业和农业 LCA 研究进行了有益的探索。金声琅等人利用 LCA 建立了酒店服务业 LCA 模型，对酒店服务业中 LCA 的应用前景进行了探讨。刘黎娜等人对我国北方农业沼气系统进行了 LCA 研究，研究表明沼气系统具备显著的环境效益。

②环境管理

在我国，LCA 用于环境管理，主要是作为企业环境管理工具、参与企业清洁生产审核及用于环境标志的评价。LCA 越来越广泛地被企业用于废物管理和工艺、产品设计等方面。a. 废物管理。一般认为废物循环利用对环境有利，但是在废物循环利用过程中不可避免会产生环境负荷。国内有研究提出了固废资源化的生命周期循环图，并建立了固废资源化 LCA 方法和步骤。b. 工艺、产品设计。近年来，国内企业开始重视产品的生命周期设计，以期开发出更加经济、生态、环保的产品和工艺体系。该方面研究成果主要用于一些 LCA 设计指南及研究案例等。

LCA 在我国清洁生产审核方面发挥积极作用，为企业清洁生产方案的制定提供决策依据。基于 LCA 框架，将 LCA 与清洁生产审核相结合，利用生命周期思想辨识出环境影响关键阶段，并结合生产实际提出清洁生产方案，从而达到清洁生产审核的目的，如普通硅酸盐水泥生产 LCA 研究和以泡沫聚苯乙烯为对象的 LCA 研究。

5.5.2.4 LCA 在环境标志标准的建立过程中发挥着积极作用

1998 年，我国发布 ISO 14020《环境管理 环境标志和声明 通用原则》，标志我国环境标志进程的开始。在我国，开展环境标志认证的时间还较短，环境标志认证方法未统一，简化定性的 LCA 受到各种条件限制。随着方法学的发展，在环境标志评价中，更加科学、严谨的 LCA 分析将占据主导地位[87]。碳足迹应用示例如下。

（1）北京公园布设碳足迹计算器

2020 年 11 月，北京市园林部门在海淀公园、北京动物园、国家植物园等全市 30 个站点，布设了碳足迹计算器。市民通过在计算器的触摸屏上操作，就可以得出自己的碳排放量，以及碳中和所需栽植的树木。

（2）成都推动出口产品低碳认证

2017 年 3 月，成都成为国家低碳城市试点。2019 年 7 月，成都启动出口产品低碳和碳足迹认证工作，提升“成都造”产品附加值和国际竞争力，探索国际经贸合作新规则。

（3）山东邹平启动“企业碳标签”项目

2021 年 1 月，山东省邹平市山东创新集团启动全国首个“企业碳标签”项目，在产品标签上标示生产中的温室气体排放量，引导低碳消费，促进企业优化生产结构、加快低碳技术转型。

（4）浙江临安水果笋贴上碳标签

2021 年 7 月，浙江临安的特色农产品“天目水果笋”获得全国首张农产品碳标签，单位碳排放值为 −45.53 克/千克，相当于每天可吸收约 39 人排出的二氧化碳，作用约等于39 000棵树。

5.5.3 大型地源热泵系统碳足迹评价现状

地源热泵系统碳足迹评价，基于生命周期评价理论，定量评价地源热泵系统“从摇篮到坟墓”过程中的碳排放量，结合地源热泵系统生产、使用、能源消耗等各阶段输入与输出的清单数据，核算地源热泵系统碳排放量，根据地源热泵系统生产加工、运输安装、运行使用、拆除回收四个阶段建立地源热泵系统碳足迹评价模型，分析碳排放强度。

5.5.3.1 基于LCA的地源热泵系统的国外研究现状

Abdeen Mustafa Omer主要介绍了北美与欧洲部分地区的成熟的地源热泵技术的应用、建设与运行的费用和优势，为英国发展地源热泵技术提供了方向。

Dominik Saner运用生命周期评价理论，对地源热泵系统的能量流体、资源使用和对环境的影响进行了评价，显示了浅层地热系统的资源耗竭贡献值占总值的34%、人类健康贡献值占43%，生态系统影响占23%。在地源热泵系统中对环境造成影响的主要原因是运行阶段消耗了大量的电力，其次是热泵制冷剂、热泵设备的生产、运输等过程。

Yutaka Genchi主要研究了东京高能耗地区用地源热泵系统区域供冷与供热的二氧化碳回收期。首先，运用生命周期评价理论，当用地源热泵系统代替空气源热泵系统时，估计了地源热泵系统的二氧化碳回收期。计算了用地源热泵系统代替空气源热泵冷却系统时，冷却塔、地下热交换材料等设备在挖掘、交通运输等所有过程中的二氧化碳排量，还计算了在最高能效运行下的地源热泵系统二氧化碳排量，得出使用地源热泵系统每年的二氧化碳排量是33 935 t，比起空气源热泵，估计每年二氧化碳排量可以减少54%，即39 519 t，用地源热泵系统代替传统的空气源热泵系统，以1 m^2 的研究区域，二氧化碳的回收期大约为1.7年。

Katsunori Nagano介绍了一种新的关于地源热泵的性能测算工具，这是一个具有令使用者舒适的输入界面和带有图解的输出界面。作者用该工具计算温度变化，再在日本Sapporo的室内花园实施热响应测试测量的温度变化，计算温度几乎和测量温度一致，证明了开发工具的准确性。以室内花园为例，进行了地源热泵的性能预测和可行性研究。计算结果显示，地源热泵系统的生命周期内，其 CO_2 每年的排放量为 2038 kg，比燃油锅炉少一半，而且地源热泵系统的生命周期成本每年减少大约 50 000～90 000 日元。相比于其他常规系统，地源热泵系统的增加投资的回收期大约是 9～14 年。

在炎热和潮湿的气候条件下，地源热泵技术和其经济适用性存在着不确定性，Yimin Zhu 采用了概率统计的方式对数据的不确定性进行了分析，基于蒙特卡罗模拟，计算了地源热泵系统的概率生命周期成本。

S. Rinne 研究了季节变化下的热电联产地源热泵系统的二氧化碳的排放因素，研究结果表明，季节变化会导致显著不同的排放因子，温暖季节的碳排放量明显少于寒冷季节。

土耳其住宅建筑中常用的供暖系统是传统的燃煤锅炉系统、天然气锅炉系统与地源热泵系统。Aysegul Abusoglu 结合了能效和生命周期评价，分析了这三种供暖系统的能效和环保性能，结果显示，从热力学角度看，地源热泵的使用系数和㶲效率分别为 2.5 和 10%，是一种高效的供暖系统。根据 LCA 结果，与地源热泵系统相关的环境影响最大，此外还得出了三种系统的环境影响，从热力学角度来看，使用一个高效的系统，不能提供一个明显的环境优势[88]。

5.5.3.2 基于 LCA 的地源热泵系统的国内研究现状

相比于国外，我国对地源热泵技术的研究及应用起步比较晚，通过生命周期评价对地源热泵系统进行评价就更是落后于国外，近几年才成为各研究单位的研究热点。马明珠利用 LCA 对土壤源与空气源两种热泵系统进行了对比评价。主要考虑两种热泵系统的生产安装阶段和运行阶段，选取了能耗回收期（EPT）和 CO_2 回收期（CPT）两个评价指标，分别计算了两种系统的能耗值和二氧化碳排放量，得出了土壤源热泵相对于空气源热泵的能耗消减量和二氧化碳的减排量，土壤源热泵相对能耗回收期为 2.87 年，二氧化碳的回收期为 0.89 年，土壤源热泵的两种回收期较短，且具有良好的节能减排效益。

随着全球气候变暖问题日益严峻，世界各国越来越关注温室气体的排放，碳足迹作为衡量人类活动过程中能源和材料消耗而造成的碳排放对气候变化影响的指标，逐渐被广泛应用。齐智用生命周期评估方法，对某地源热泵项目各个生命周期阶段进行碳排放走向分析，得到碳排量数据，为今后对空调冷热源系统各阶段开展碳排量分析与研究、探寻减排途径等提供了依据。

常青运用 LCA 方法，选取我国 20 个地区作为典型代表，研究了土壤源热泵系统在不同气候和岩土地质条件下的适宜性。首先，用 DeST－C 建立了办公楼建筑模型，并模拟出该建筑在不同地区的全年动态冷热负荷。根据计算结果，建立地源热泵系统数学模型。其次，为了得到区域适宜性，建立起分类权重设置的可靠性、节能性、经济性、环保性四个评价指标，进行模糊相似分类的影响评估，且分类得出了土壤耦合热泵系统适宜区域，为我国地源热泵技术在不同区域的发展应用提供了理论参考与技术支持。

单伟贤调查了我国北方供暖能耗的现状，发现北方大学城冬季供暖能耗占整个社会能耗的比例巨大，节能减排的地源热泵系统用于北方供暖有很大的潜力。开发了一套用于地源热泵系统的碳减排计算公式和监测方法，以地源热泵项目实例作为研究对象，计算了碳减排量，并对地源热泵项目的经济效益、环境效益等进行了分析。

单绪宝采用全生命周期评价的思想，将土壤源热泵系统分为五个生命周期阶段，不同的阶段建立相应的评价指标，利用 TRNSYS 软件模拟出某办公楼土壤源热泵系统运行能耗情况，用 AHP—模糊综合评价法对土壤源热泵应用技术进行定量和定性综合评价，然后采用层次分析法并进行分析计算，确定全生命周期土壤源热泵技术评价各指标的权重系数。

基于生命周期理论，杨从辉分别计算了土壤源热泵和传统的暖通空调系统的 CO_2 排放量，采用 CO_2 回收期和减排量两个指标对土壤源热泵系统进行减排效果评价。研究结果表明，建造阶段的管井钻探过程在 CO_2 排放总量中占 47%，成为减少 CO_2 排放量的突破口，热泵机组运行占 CO_2 排放总量的 31%，热泵机组有很大的减少碳排放量潜力计算出土壤源热泵系统在全生命周期内的 CO_2 回收期为 0.95 年，减排量为 4745 t。

地源热泵技术的经济性评价大多应用生命周期成本分析（LCC）作为研究工具，具有代表性的是张长兴对土壤源热泵系统的研究，其通过建立土壤源热泵系统的模型，在全生命周期内，对土壤源热泵系统的运行特性进行动态模拟，主要包含土壤温度、地埋管循环水温、空调水温和运行能耗的逐时模拟，并对土壤源热泵系统进行了优化设计，计算了最优化的土壤源热泵系统的生命周期成本，为土壤源热泵技术的发展、方案设计提供了有力保证和技术支持[88]。

5.5.4 大型地源热泵系统碳足迹评价研究

为清晰掌握地源热泵系统的碳排放量而进行定量分析，则需要建立数学模型。基于碳足迹评价基本原理，结合地源热泵系统的实际情况，对地源热泵系统生命周期进行阶段划分，并对各个阶段建立碳足迹核算模型。

5.5.4.1 地源热泵系统生命周期分析

地源热泵空调系统进行生命周期评价，包括从原材料的生产及运输直至报废处理全生命周期。根据地源热泵空调系统生命周期过程特性，本文将地源热泵空调系统生命周期过程划分为原材料制备和运输、设备生产安装及运输、运行使用及运输和报废回收四个阶段。为研究方便，本书将地源热泵系统分为四个子系统，分别划分研究范围和系统边界（图 5－25）。

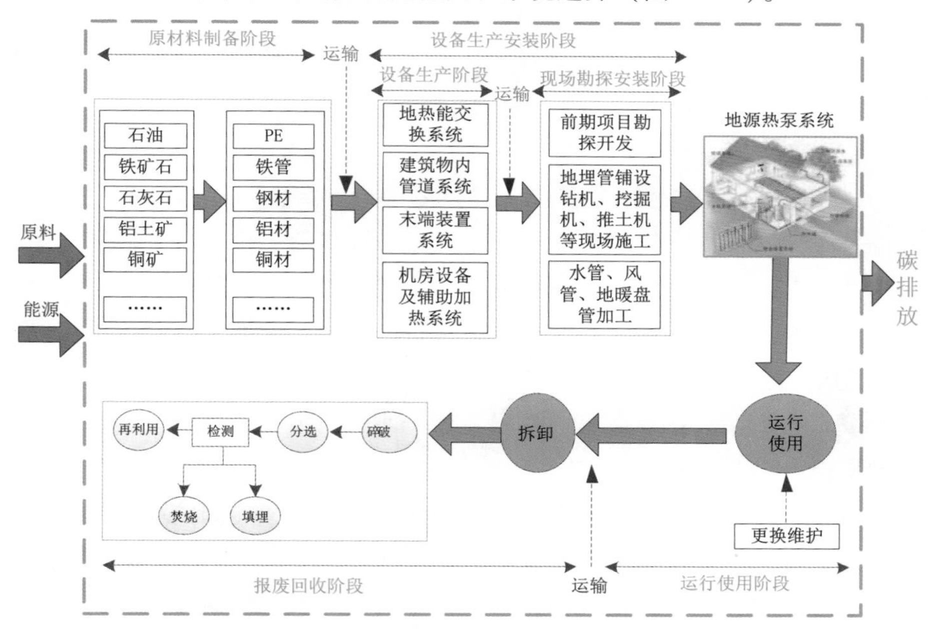

图 5－25 地源热泵空调系统生命周期

5.5.4.2 子系统边界及清单分析

（1）地热能交换系统的系统边界及清单

地热能交换系统是指地埋管换热器，为了解决腐蚀问题，地埋管由最初的金属管变成了聚乙烯等塑料管，则系统边界应该包括原材料的开采过程，即从原油的开采开始，到聚合加工成为塑料，再到加工制作成为地埋管，最后到钻井安装地埋管换热器的整个过程。

（2）建筑物内管路系统的系统边界及清单

地源热泵的建筑物内管路系统主要是水管、风管和管道各种附属设备，这里的管道系统包括采暖末端的地暖系统。管道系统，包括风管、水管、流量计、各种阀门、管件等，能量流向和物质流向与环境影响主要集中在原材料开采与运输、材料生产加工和产品制造安装阶段，使用阶段能源、资源的损耗并不大，环境影响也很小，所以忽略运行及维护阶段，主要考虑其他三个生命周期阶段。

（3）末端装置系统的系统边界及清单

末端装置主要是指空调末端，而建筑物采暖和热水末端这部分的清单分析可放入建筑物管路部分进行研究。风机盘管等空调末端设备的能量流向、物质流向与环境影响不仅产生在原材料生产及运输、材料生产加工和产品制造安装阶段，还要研究它在运行和维护阶段与报废处理阶段的资源、能源消耗和对环境的影响。

（4）机房设备与辅助加热装置系统的系统边界及清单

在一个地源热泵系统中，机房设备和辅助加热器等由于受到时间、相关数据、背景资料的限制，对其原材料、生产加工过程进行各个单元过程的资源、能源输入和各项输出数据进行分析评价较为困难，而且热泵机组在原材料获取与运输阶段、生产安装阶段的资源、能源消耗，与它在使用与运行阶段的资源、能源消耗比起来可以忽略不计，而忽略报废处理阶段是因为目前中国还缺乏相应的信息。

综上所述，地源热泵系统全生命周期的环境影响和能源消耗为地热能交换系统、建筑物内管道系统、末端装置系统和机房设备与辅助加热装置系统，四个部分在原材料制备及运输阶段、设备生产安装及运输阶段、运行使用及运输阶段和报废回收阶段的总和[88]。

5.5.4.3 基于碳排放因子法的地源热泵系统碳足迹核算

开展地源热泵系统生命周期碳足迹核算工作时，对地源热泵系统生命周期的原材料制备阶段、生产制造阶段、使用维护阶段、报废回收阶段的碳排放量进行单独核算。在核算地源热泵系统生命周期各阶段的碳排放量时运用碳排放因子方法进行核算，表达式见式5-2。碳排放因子是指消耗单位质量物质伴随的温室气体的生成量，是表征某种物质温室气体排放特征的重要参数。

$$C_i = AD_i \cdot CEF_i \quad \text{（式 5-2）}$$

式中，C_i 为碳排放量；

AD_i 为物质活动水平数量；

CEF_i 为碳排放因子。

构成地源热泵系统生命周期碳足迹的过程有：原材料制备阶段的碳排放量，原材料运输的碳排放量；零部件及设备生产制造阶段各工序能源消耗产生的碳排放量；使用维护阶段能源消耗产生的碳排放量；报废回收阶段各回收工序能源消耗产生的碳排放量，材料回收产生的负碳排放量。将碳排放因子法和碳排放过程结合，建立不同子系统各阶段的碳足迹核算模型。

结合以上内容，地源热泵系统全生命周期的碳排放为地热能交换系统、建筑物内管道系统、末端装置系统和机房设备与辅助加热装置系统四个部分在原材料制备及运输阶段、设备生产安装及运输阶段、运行使用及运输阶段和报废回收阶段的碳排放的总和。

参考文献

[1] Wei W S, Li X. Solutions to key geological problems of super large - scale ground - source heat pump underground heat exchange system [J]. Proceedings World Geothermal Congress 2023.

[2] 陈建平，宾德，潘小平，等. 北京市地热资源可持续利用规划（2006—2020 年）. 北京市国土资源局，2006.

[3] 卫万顺，李翔. 未来 10 ~ 15 年中国浅层地热能发展方向战略分析 [J]. 城市地质，2020，16（1）：1 - 8.

[4] 李娟，郑佳，雷晓东，等. 地质条件及埋管形式对地埋管换热器换热性能影响研究 [J]. 地球学报，2022，44（1）：221 - 229.

[5] 何文君，向贤礼，李勇刚，等. 浅层地热能在岩溶地区的开发应用 [J]. 地下水，2014，36（4）：74 - 76.

[6] 李岸林，刘长宁. 浅层地温能开发利用管理的有效措施 [J]. 绿色科技，2019，14：205 - 206.

[7] 郭敏. 基于温度场均匀原则的蓄热式地埋管换热器传热分析与优化 [D]. 济南：山东

建筑大学，2017.

[8] 王庆鹏. 地下水渗流对地源热影响的研究 [D]. 北京：北京工业大学，2007.

[9] 张东海. 分层和渗流条件下竖直地埋管换热器传热特性研究 [D]. 北京：中国矿业大学，2020.

[10] 徐瑞. 水平螺旋型地埋管换热器传热特性的理论与实验研究 [D]. 扬州：扬州大学，2019.

[11] Yang W, Chen Y, Shi M, et al. Numerical investigation on the underground thermal imbalance of ground - coupled heat pump operated in cooling - dominated district [J]. Applied Thermal Engeering, 2013, 58 (1 - 2): 626 - 637.

[12] Qian H, Wang Y. Modeling the interactions between the performance of ground source heat pumps and soil temperature variations [J]. Energy for Sustainable Development, 2014, 23 (1): 115 - 121.

[13] Luo J, Rohn J, Bayer M, et al. Heating and cooling performance analysis of a ground source heat pump system in southern germany [J]. Geothermics, 2015, 1: 57 - 66.

[14] 张天安，王睿峰，王沣浩，等. 中浅层地埋管换热器负荷不平衡率承载能力影响研究 [J]. 油气藏评价与开发，2022，12 (6)：886 - 893.

[15] 陈仪侠，裴鹏，罗婷婷，等. 复杂地质条件下浅层地热能开发中地埋管布置优化研究 [J]. 中国水运（下半月），2022，22 (6)：99 - 101.

[16] 王冲. 地源热泵回填材料优化集成及导热特性研究 [D]. 绵阳：西南科技大学，2014.

[17] 王荣，杨晨磊，董世豪，等. 回填材料热物性对地埋管换热器换热性能影响综述 [J]. 建筑热能通风空调，2021，40 (4)：35 - 40.

[18] 关浩然，张晓明，陈柏龙. 地埋管回填材料传热性能的研究与分析 [J]. 节能，2021，40 (5)：14 - 16.

[19] 陈波，步珊珊，孙皖，等. 颗粒堆积床接触导热的数值分离和分析 [J]. 西安交通大学学报，2019，53 (11)：91 - 95，111.

[20] 杜红普，齐承英. 回填材料对埋地换热器传热性能的影响研究 [J]. 河北工业大学学报，2010，39 (5)：44 - 47.

[21] 陈卫翠，刘巧玲，贾立群，等. 高性能地埋管换热器钻孔回填材料的实验研究 [J]. 暖通空调，2006，36 (9)：1 - 6.

[22] Remund CP. Borehole thermal resistance: laboratory and field studies [J]. Asherae Transactions, 1999, 105 (1): 439 - 445.

[23] Lee C, Lee K, Choi H, et al. Characteristics of thermally - enhanced bentonite grouts for geothermal heat exchanger in South Korea [J]. 中国科学：技术科学英文版，2010，53

(1)：123－128.

[24] 张旭，高晓兵. 华东地区土壤及土沙混合物导热系数的实验研究［J］. 暖通空调，2004，34（5）：83－85，89.

[25] 邱正松，韩成，黄维安，等. 微粉重晶石高密度钻井液性能研究［J］. 钻井液与完井液，2014，31（1）：12－15.

[26] 马磊. 重晶石粉表面改性研究及在钻井液中的应用［D］. 济南：山东师范大学，2010.

[27] 李宁波，刘爱华，张进平，等. 重晶石粉用于提高地埋管回填材料导热性能的实验研究［J］. 河北工业大学学报，2018，47（5）：112－115.

[28] 陈明华. HDPE管材专用树脂的开发［J］. 合成树脂及塑料，2007，24（5）：30－32.

[29] 刘洋，许文革，张宏岩，等. 高导热辐射交联地暖管材料的研究［J］. 科学技术创新，2022，(1)：1－4.

[30] 张伟娇，陶岳杰，张娜. 地源热泵用高导热PE管的研究［J］. 广东化工，2012，39（6）：352－353.

[31] 周文英，齐暑华，涂春潮，等. 绝缘导热高分子复合材料研究［J］. 塑料工业，2005，33（A1）：99－103.

[32] 张师军，乔金樑. 聚乙烯树脂及其应用［M］. 北京：北京工业出版社，2016.

[33] Dassanayaka D G, Alves T M, Wanasekara N D, et al. Recent progresses in wearable triboelectric nanogenerators [J]. Advanced Functional Materials, 2022, 32, 2205438.

[34] Bai P, Zhu G, Lin Z H, et al. Integrated multilayered triboelectric nanogenerator for harvesting biomechanical energy from human motions [J]. ACS Nano, 2013, 7 (4): 3713－3719.

[35] Zhang B, Tang Y, Dai R, et al. Breath－based human－machine interaction system using triboelectric nanogenerator [J]. Nano Energy, 2019, 64: 103953.

[36] Du W, Han X, Lin L, et al. A three dimensional multi－layered sliding triboelectric nanogenerator [J]. Advanced Energy Materials, 2014, 4 (11): 7963－7975.

[37] Yang Y, Zhou Y S, Zhang H, et al. A single－electrode based triboelectric nanogenerator as self－powered tracking system [J]. Advanced Materials, 2013, 25 (45): 6594－6601.

[38] Zheng Q, Shi B, Fan F, et al. In vivo powering of pacemaker by breathing－driven implanted triboelectric nanogenerator [J]. Advanced Materials, 2014, 26 (33): 5851－5856.

[39] Dudem B, Huynh N D, Kim W, et al. Nanopillar－array architectured PDMS－based triboelectric nanogenerator integrated with a windmill model for effective wind energy harvesting [J]. Nano Energy, 2017, 42: 269－281.

[40] Trinh V L, Chung C K. A facile method and novel mechanism using microneedle－struc-

tured PDMS for triboelectric generator applications [J]. Small, 2017, 13 (29): 1700373.

[41] Shin S H, Kwon Y H, Kim Y H, et al. Triboelectric charging sequence induced by surface functionalization as a method to fabricate high performance triboelectric generators [J]. ACS Nano, 2015, 9 (4): 4621 -4627.

[42] Wang S, Xie Y, Niu S, et al. Maximum surface charge density for triboelectric nanogenerators achieved by ionized - air injection: methodology and theoretical understanding [J]. Advanced Materials, 2014, 26 (39): 6720 -6728.

[43] Yu Y, Li Z, Wang Y, et al. Sequential infiltration synthesis of doped polymer films with tunable electrical properties for efficient triboelectric nanogenerator development [J]. Advanced Materials, 2015, 27 (33): 4938 -4944.

[44] Cui N, Gu L, Lei Y, et al. Dynamic behavior of the triboelectric charges and structural optimization of the friction layer for a triboelectric nanogenerator [J]. ACS Nano, 2016, 10 (6): 6131 -6138.

[45] 张涛, 侯君达. MEVVA 源金属离子注入和金属等离子体浸没注入 [J]. 中国表面工程, 2000, 13 (3): 8 -12.

[46] Kobayashi T, Nakao A, Iwaki M. Structural and mechanical properties of amorphous - carbon films produced by high - fluence metallic ion implantation into polyimide [J]. Surface and Coatings Technology, 2002, 158 -159 (3): 399 -403.

[47] Hnatowicz V, Peina V, Mackova A, et al. Degradation of polyimide by 100 keV He^+, Ne^+, Ar^+ and Kr^+ ions [J]. Nuclear Instruments & Methods in Physics Research, 2001, 175, 437 -441.

[48] 常先问, 冀兆良. 智能控制技术在中央空调系统节能中的应用 [J]. 建筑节能, 2007, 35 (10): 4 -7.

[49] Fong K F, Hanby V I, Chow T T. HVAC system optimization for energy management by evolutionary programming [J]. Energy and Buildings. 2006, 38 (3) : 220 -231.

[50] Henault B, Pasquier P, Kummert M. Financial optimization and design of hybrid ground - coupled heat pump systems [J]. Applied Thermal Engineering. 2016, 93 (12): 72 -82.

[51] Koury R N N, Machado L, Ismail K A R. Numerical simulation of a variable speed refrigeration system [J]. International Journal of Refrigeration. 2001, 24 (2): 192 -200.

[52] 罗坚. 地源热泵中央空调运行优化控制系统设计 [D]. 长沙: 湖南大学, 2010.

[53] 陈帆. 地源热泵地埋管侧水系统变流量调节方法研究 [D]. 长沙: 湖南大学, 2014.

[54] 冯杨杰, 倪美琴, 吴登海, 等. 地埋管变区域运行对土壤源热泵系统性能的影响 [J]. 供热制冷, 2018 (3): 54 -56.

[55] 杨卫波, 王松松, 刘光远, 等. 土壤源热泵地下埋管传热强化与控制的试验研

究 [J]. 流体机械，2012，40（10）：62－68.

[56] 罗仲，张旭. 小型土壤源热泵冬季间歇运行的地温恢复特性实验研究 [J]. 制冷技术，2015，35（4）：1－5.

[57] 王松庆，贺士晶，马珂妍. 严寒地区土壤源热泵系统运行策略研究 [J]. 可再生能源，2016，34（6）：900－907.

[58] 袁毅. 大型地埋管管群互联互通系统的适应性研究 [D]. 重庆：重庆大学，2020.

[59] Andrew D，Chiason P E，Cenk Y. Assessment of the viability of the hybrid geothermal heat pump systems with solar thermal collectors [J]. Ashrae Tans，2003，109（22）：487－500.

[60] Phetteplace G，Sullivan W. Performance of a hybrid GCHP system [J]. Ashrae transactions，1998，104（1）：763－770.

[61] Ozgener O，Hepbasli A. Exergoeconomic analysis of a solar assisted ground－source heat pump greenhouse heating system [J]. Applied Thermal Engineering，2005，37（1）：101－110.

[62] Gilbreath C S. Hybrid ground－source heat pump systems for commercial applications [D]. Tuscaloosa：University of Alabama，1996.

[63] Winteler C，Dott R. Heat pump，solar energy and ice storage systems－modeling and seasonal performance [C]. //11th IEA HEAT PUMP CONFERENCE. 2014，3－12.

[64] Yavuzturk C，Spitler J D，Rees S J. A short time step response factor model for vertical ground loop heat exchangers [J]. Ashrae Transactions. 1999，105（2）：475－485.

[65] 雷宇，朱娜，彭波，等. 武汉市某办公楼地源热泵－相变蓄冷系统优化配置 [J]. 流体机械. 2015，（2）：75.

[66] 张志英. 地源热泵与水蓄能耦合系统的 TRNSYS 模拟与优化研究 [D]. 天津：天津大学. 2015.

[67] 程晓曼，刘金祥，陈高峰，等. 基于 TRNSYS 的地源热泵复合系统运行策略的优化 [J]. 建筑节能. 2015，（3）：9－11，26.

[68] 卢海勇，董彦军，李津，等. 基于地源热泵的多能利用方式耦合系统优化配置研究 [J]. 上海节能. 2020（01）：55－78.

[69] 武佳琛，张旭，周翔，等. 基于运行策略的某复合式地源热泵系统运行优化分析 [J]. 制冷学报. 2014，35（2）：6－13.

[70] 张翔. 夏热冬冷地区混合式地源热泵系统控制方案研究 [D]. 长沙：中南大学. 2013：47－65.

[71] 任万辉，何理霞，周鑫志，等. 青岛科技馆地源热泵复合系统运行控制策略分析 [J]. 制冷与空调，2022，22（8）：67－72.

[72] 董天禄. 离心式/螺杆式制冷机组及应用 [M]. 北京：机械工业出版社，2005：155－168.

[73] 沈卓民. 地源热泵控制系统的设计与实现 [D]. 杭州：杭州电子科技大学，2013.

[74] 林昕，陈海霞. PLC 在地源热泵系统中的应用 [J]. 智能建筑，2010，5：69－71.

[75] 王利全，陈志平，施浒立. 基于 51 单片机的空气压缩机控制器 [J]. 机电工程，2007 (6)：58－60.

[76] 房军磊. 地源热泵空调控制系统设计及节能优化技术研究 [D]. 青岛：青岛科技大学，2019.

[77] 陆烁玮. 综合能源系统规划设计与智慧调控优化研究 [D]. 杭州：浙江大学，2019.

[78] 田雪. 区域综合能源系统从源侧到负荷侧全过程优化与应用研究 [D]. 天津：天津大学，2020.

[79] 王桂洋. 基于神经网络的土壤源热泵系统运行优化控制研究 [D]. 北京：北京工业大学，2013.

[80] 姜伟昌. 基于智能优化算法的土壤源热泵系统运行优化控制研究 [D]. 北京：北京工业大学，2015.

[81] 国家统计局. 中华人民共和国 2021 年国民经济和社会发展统计公报 [R]. 2022－02－28.

[82] 朱巍. 城市浅层地热能开发利用适宜性区划及可持续开发利用模式研究 [D]. 长春：吉林大学，2022.

[83] 叶金屏. 面向全生命周期的汽车保险杠碳足迹评价研究 [D]. 重庆：重庆理工大学，2023.

[84] Wackernagel M, Rees W. Our Ecological Footprint: reducing human impact on the earth [M]. New Society Publisers, 1996.

[85] 方恺. 足迹家族：概念、类型、理论框架与整合模式 [J]. 生态学报，2015，35 (6)：1647－1659.

[86] 王强. 基于生命周期评价的化工建材类产品碳足迹分析 [D]. 天津：河北工业大学，2019.

[87] 袁波，李秀敏. 生命周期评价技术应用现状 [J]. 安全、健康和环境，2013，13 (7)：1－3.

[88] 王天华. 寒冷地区地源热泵系统的生命周期影响评价 [D]. 锦州：辽宁工业大学，2016.